인간이해에서 뇌과학의 의의와 한계

류영주
대구가톨릭대학 인간과영성연구소
지음

홍릉과학출판사

프롤로그

인간이해에서 뇌과학의 의의와 한계

이 연구는 최근 수십 년 동안 눈부시게 발전해온 뇌과학 분야의 다양한 연구들을 살펴봄으로써, 인간이해에서 뇌과학의 의의와 한계를 고찰하는 것을 주목적으로 한다. 이를 위해 기본적으로 뇌과학 연구의 현황과 전망, 뇌과학 연구로 밝혀진 뇌의 메커니즘, 그리고 뇌과학의 주요 연구 분야를 개괄적으로 살펴보고, 뇌과학이 대중적 관심을 이끌어내는 데 주요한 역할을 했던 '뇌와 마음(영혼)'의 문제에 관한 뇌과학 연구 자료들을 분석해 보았다. 이러한 기본적인 토대 위에서 본 연구는 총 네 가지 연구 주제를 선정하였다.

첫째는 뇌과학 연구의 현황에 대한 이해로서, 선진 외국 특히 미국과 일본을 중심으로 뇌과학 연구의 현황에 관해 살펴보면서 뇌과학에 세기적인 관심이 집중되고, 많은 나라들이 국가전략사업으로 막대한 투자를 하는 이유를 살펴보았다.

둘째는 뇌과학 연구로 밝혀진 뇌의 메커니즘에 대한 이해로서, 인체를 관리하고 외부의 자극들과 정보들을 인지하며 고도의 정신작용을 하는 뇌의 다양한 기능들을 고찰하였다. 호르몬, 전기적 작용, 의식, 감각, 감정, 기억과 같은 요소들을 세부적으로 고찰하기보다는 전체를 조망하는 안목으로, 인간 전체를 이해하는 데 필요한 정도만 각 영역에 따라 개괄적으로 고찰해 보았다.

셋째는 뇌과학의 의의에 대한 고찰로서, 의학적 · 경제적 · 사회문화적 · 법적 측면에서 뇌과학의 의의와 뇌과학 주요 연구 분야들의 성과에 대해서 고찰해 보았다. 뇌과학 영역의 바깥이라고 여겨져 왔던 분야들이 하나 둘씩 뇌과학과 융합하여 다학제간 접근을 시도하고 있다.

넷째는 뇌과학적 인간이해의 한계에 대한 고찰로서, 뇌과학에서 본 인간이해와 철학 · 신학에서 본 인간이해를 비교 검토해 보았다. 뇌과학은 인간의 정신 작용이 뇌의 특정한 전기 · 화학적 활동의 산물로 환원될 수 있다고 보는데, 철학이나 여타의 인문학, 특히 그리스도교 신학에서는 이와 다른 의견을 표방하고 있다. 신학의 인간관에 의하면 인간은 물질의 한 영역에 불과한 신경작용에 의한 존재가 아니라 하느님의 창조를 받은 영적인 존재이다. 비록 불순종의 죄를 범해 속박된 존재이지만 기계적으로만 움직이는 존재가 아니라 본향으로 나아갈 수 있으며 결단할 수 있는 자유의지를 가진 존재이다.

오늘날 뇌과학은 장구한 세월에 걸쳐 구축되어온 신학적 인간상을 뒤흔들어 놓고 있으며, 그러한 뇌과학의 도전에 신학은 힘겹게 대응하면서 뇌과학적 인간상을 검토하고 있다. 하지만 뇌과학적 인간상과 신학적 인간상의 충돌은 "새로운 '계몽의 기획'을 요청할 것이며 뇌과학적 이론과 신학적 이론 사이에 공진화를 낳는 계기가 되리라는 목소리도 나온다. 몸과 분리되어 독립적으로 존재하는 정신(영혼)과 영혼불멸성을 부정할 수밖에 없는 뇌과학적 인간상과 각기 고유한 영혼을 가진 영적 존재이자 자유의지를 가진 주체적 존재로서의 신학적 인간상이 대립한다면, 그 사이에서 사람들은 딜레마에 빠질 수 있지만, 긴 안목으로 보면 새로운 인간상의 개념에 기초해 인간과 사회의 연대를 창출하는 계기가 될 수 있기 때문이다.

논자는 인문학의 범주에 속하는 종교학을 전공한 사람이지만 종교의 주체인 인간이해에 큰 도움이 되는 뇌과학에도 관심과 시간을 투자해 왔다. 이 연구를 통해 다양한 문헌들을 고찰하여 뇌과학 연구의 현황과 성과를 살펴보고, 인간이해에서 뇌과학의 의의와 한계에 대한 깊은 이해에 이르고자 한다.

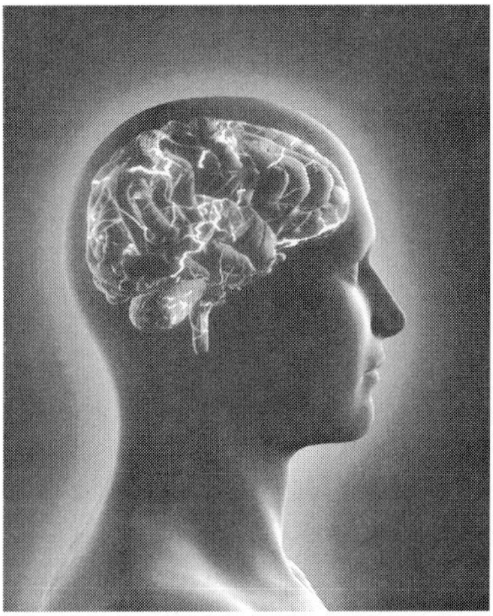

이 연구를 통해 인간이해에 있어 뇌과학의 의의와 한계에 대한 깊은 이해에 이르고자 한다.
http://images.natureworldnews.com/data/images/full/4059/brain.jpg

contents

차례

I 서론

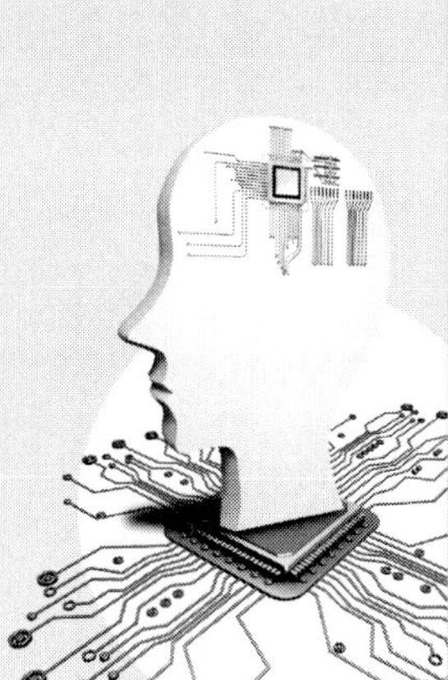

1 연구의 필요성

뇌연구는 인간의 정체성 규명을 위하여 원천 지식을 축적하는 최첨단 연구 분야로 꼽힌다. 오랫동안 미지의 영역이던 뇌의 비밀이 하나둘씩 드러나면서 뇌과학을 중심으로 거대한 학문의 재편이 이뤄지고 있다. 영국의 생물학자 스티븐 로즈의 말을 인용하면, "한때 서로 분리되어 있던 분야들, 즉 해부학, 생리학, 분자생물학, 유전학, 행동과학 등이 이제 '신경생물학' 안에 모두 모였다. 이 변형된 과학들은 한발 더 나아가 역사적으로 경쟁하던 생물학, 심리학, 철학 영역으로 들어가고 있으며, 이제는 모든 것을 포괄하는 용어인 '뇌과학들'이 되었다."[1]

많은 나라들이 국가전략사업으로 뇌과학에 막대한 투자를 하고 있다.

주요 선진국에서는 뇌가 일찍부터 관심의 대상이었다. 뇌는 정신 작용과 관련된 것으로 간주되었으며, 영혼과의 관계에서도 중요한 위치를 차지한다고 생각했다. 기원전 5세기에 히포크라테스는 대뇌피질을 영혼이 머무는 곳으로 보았던 반면, 데카르트는 송과체

1. 데이 리스 외, 『새로운 뇌과학』, 김재영 외 역, 한울, 2010, p. 12. 보통 뇌과학(brain science)이라고 함은 인간의 두뇌를 포함한 신경계의 구조와 기능과 연관된 모든 측면을 연구하는 새로운 분과학문을 말한다. 서구권에서는 신경과학(neuroscience)이란 용어가 이를 뜻하는 말로 종종 쓰이기도 하지만, 최근 인문학적 담론을 포함하는 통섭적 성향을 보이면서 뇌과학이란 용어를 선호하는 분위기가 조성되고 있다. 이길용, 『뇌과학과 종교 연구』, 늘품플러스, 2013, p. 15.

를 영혼의 자리로 지목했다. 20세기 중반까지만 해도 극소수의 전문적인 학자들만이 평생을 바쳐 연구에 매달리던 뇌과학은 20세기 말로 접어들면서 최첨단 연구 분야가 되었다.

미국은 '뇌의 10년The Decade of Brain' 법안을 마련하여 막대한 연구비를 지원하고 있으며 서방 선진 7개국에서는 인간 첨단과학 프로그램Human Frontier Science Program을 제정하였고, 일본에서는 21세기를 '뇌의 세기Century of the Brain'로 명명하여 뇌과학 연구에 투자하고 있다. 우리나라도 이와 같은 세계적인 추세에 부응하여 〈뇌연구 촉진법〉을 제정하고, 'BRAIN TECH 21' 뇌연구 프로젝트를 새로 마련하여 뇌연구에 집중 투자하고 있다.

뇌과학의 목표는 뇌의 구조와 복합적인 기능에 대한 연구를 통해 인간에 대한 온전한 이해를 하고자 하는 데 있다. 뇌과학은 노령화 사회에서 치매로 대표되는 신경계 질환의 병인을 규명해 보건복지를 위해 이바지할 수 있을 뿐만 아니라, 뇌신경 모방 칩chip과 같은 산업혁명의 기술을 개발하는 첩경을 이루는 데에도 기여할 수 있다. 이러한 이유로 뇌과학은 21세기를 이끄는 키워드이자 첨단과학의 최전선이라고 불린다.

그런데 이 첨단과학의 최전선이 긍정적인 측면만을 보여주는 것은 아니다. 이미 생명복제 문제와 관련된 논쟁에서 경험한 것처럼, 생명공학과 같은 첨단 과학기술이 윤리적 문제에서 격한 논란을 부른 '뜨거운 감자'라는 사실을 알고 있다. 현대 과학기술이 지니는 위력을 염두에 둘 때, 윤리적 함의에 대한 깊은 성찰이 요구된다. 뇌과학의 경우도 다르지 않다. 신경교육학 영역에서 논란이 되는 '신경신화', '개인의 정체성과 사생활 보호', '마음 = 뇌 환원론' 등에 대한 우려의 목소리가 적지 않다. 물론 뇌과학의 발달은 종교나 여타의 인문학에서 논의되던 의식 · 마음 · 영혼 등을 과학적으로 분석하면서 예전에는 성스럽게만 여겨졌던 정신의 영역을 과학화시킨 측면이 있다.[2] 하지만 이러한 측면의 이면에는 인간이해가 더욱 물질화되며, 자아(주체성, 책임성)와 같은 인간이해의 알맹이가 사라져 '유물론적 인간관'이 극대화될 것이라는 염려도 있다. 본고를 통해 이러한 염려의 전제들이 올바른 것인지, 뇌과학이 진지하게 고민해야 하는 사항들은 무엇인지 밝혀보기로 한다.

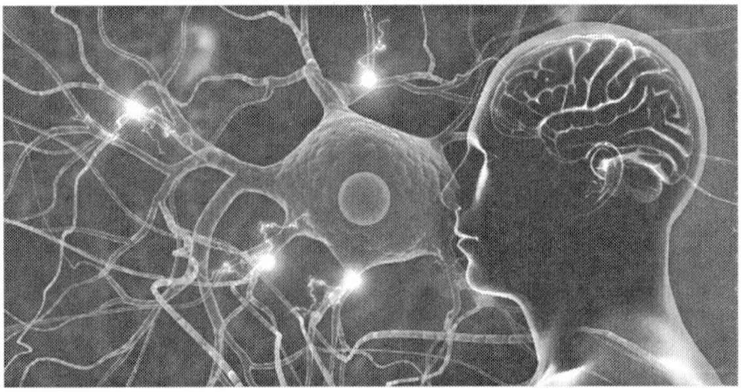

http://jhealthmedia.joins.com/news/photo/201512/16237_10308_298.jpg

2. 수상돌기와 축삭돌기, 시냅스와 세로토닌 등 기존의 추상적 · 관념적 개념과는 전적으로 대치되는 물질에 기반을 둔 용어들이 뇌의 메커니즘을 설명하는 도구로 사용되고 있다. 또한 주류 뇌 과학자들은 이러한 물질들이 한데 뒤엉켜 만들어내는 행동 속에 정신 현상을 설명할 수 있는 열쇠가 있다고 본다.

2 연구의 범위와 방법

본고에서는 총 네 가지 연구 주제를 다루고자 한다. 첫째는 뇌과학 현황에 대한 이해로서, 선진 외국 특히 미국과 일본을 중심으로 뇌과학 연구의 현황에 관해 살펴보면서 뇌과학에 세기적인 관심이 집중되고, 많은 나라들이 국가전략사업으로 막대한 투자를 하는 이유를 알아보고자 한다.

뇌과학이 대중적 관심을 이끌어내는 데 주요한 역할을 했던 '뇌와 마음(영혼)'의 문제

아울러 세계적인 추세에 부응하여 뇌연구에 박차를 가하고 있는 우리나라 뇌과학 연구의 현주소를 진단해 보고자 한다.

둘째는 뇌과학 연구로 밝혀진 뇌의 메커니즘에 대한 이해로서, 인체를 관리하고 외부의 자극들과 정보들을 인지하며 고도의 정신작용을 하는 뇌의 다양한 기능들을 고찰해 보고자 한다. 호르몬, 전기적 작용, 의식, 감각, 감정, 기억과 같은 요소들은 세부적으로 고찰해 들어가면 끝이 없는 영역이므로 전체를 조망하는 안목으로, 인간 전체를 이해하는 데 필요한 정도만 각 영역에 따라 개괄적으로 고찰해 보고자 한다.

셋째는 뇌과학의 의의에 대한 고찰로서, 의학적 · 경제적 · 사회문화적 · 법적 측면에서 뇌과학의 의의와 뇌과학 주요 연구 분야들의 성과에 대해서 고찰해 보고자 한다. 뇌과학 영역의 바깥이라 여겨져 왔던 분야들이 하나둘씩 뇌과학과 융합하여 다학제간 접근을 시도하고 있다.

넷째는 뇌과학적 인간이해의 한계에 대한 고찰로서, 뇌과학 연구를 통해 본 인간이해와 철학 · 신학에서 본 인간이해를 비교 검토해 보고자 한다. 뇌과학의 눈부신 발전은 전통적 인간이해에 새로운 시각과 해석을 요청해 왔고, 철학과 신학은 그러한 뇌과학의 도전에 힘겹게 대응하고 있다. 특히 살아 있는 사람의 뇌를 직접 관찰할 수 있는 뇌 영상술brain imaging의 발달과 함께 시작된, 뇌의 개봉은 전통적 인간이해에 변화를 가져왔으며, 이는 기계론적 인간이해가 가속화되는 계기가 되었다. 뇌과학은 진화론을 전제로 하면서, 정신을 뇌의 전기 · 화학적 산물로 환원하거나, 영혼이 몸으로부터 독립된 실체로 존재할 수 있는 가능성을 제거하는데, 이는 철학과 신학의 인간관과 전적으로 대치된다.

이 연구는 뇌과학, 뇌의학, 생명공학 등 자연과학의 논문과 저서들, 그리고 이것을 바탕으로 그 다음 단계를 탐색한 철학, 신학 등 인문학 문헌들을 토대로 뇌과학의 현황과 성과를 살펴보고, 뇌과학의 의의와 한계에 대한 깊은 이해에 이르는 것을 목적으로 한다.

Ⅱ 뇌과학의 의의

뇌과학은 신경세포와 신경섬유로 구성된 '생물학적 존재'이면서 고도의 정신활동의 근원이 되는 뇌를 연구하는 학문으로 21세기 최첨단 연구 분야로 조명 받고 있다. 하지만 기본적인 뇌기능 연구 분야가 아니라 하나의 통합된 학문으로서 뇌과학이 확립된 것은 얼마 되지 않는다. 이 장에서는 주요 선진국 특히 미국과 일본을 중심으로 뇌과학 연구의 현황에 관해 살펴보면서, 뇌과학에 세기적인 관심이 집중되고 많은 나라들이 국가전략사업으로 막대한 투자를 하는 이유를 알아보고자 한다.

1 뇌과학 연구의 현황과 전망

뇌에 대한 연구는 20세기 초 뉴런neuron(신경세포)의 발견으로 본격적으로 시작되었고, 이후 신경세포 및 생체전기현상에 대한 많은 연구가 이어졌다. 20세기 중반 들어서는 신경전달물질과 관련한 발전이 있었는데, 뉴런들이 입수된 정보들을 자체 안에서는 전기적 작용을 통해 빛의 속도로 이동시키고, 다른 뉴런들과는 접촉점인 시냅스 사이에 오가는 수많은 종류의 화학물질들을 통해 주고받는다는 사실이었다. 최근에는 유전공학의 발전으로 뇌 기능 관련 유전자가 밝혀지고 있고, 공학기술의 발전에 힘입어 뇌의 형태는 물론 기능까지도 영상으로 볼 수 있는 뇌 영상시대가 도래했다. 또한 이러한 뇌과학 연구에 철학, 심리학, 교육학 등의 인문사회과학과 뇌 회로망, 인공지능, 로봇을 연구하는 공학 분야가 연계됨으로써 '인지과학'이라는 새로운 학문분야가 탄생하여 발전하고 있다.[3]

3. 탁희성 외, 뇌과학의 발전과 형법적 패러다임 전환에 관한 연구(I), 형사정책연구원 연구총서, 한국형사정책연구원, 2012, p. 51 참조.

미국 신경과학회Society for Neuroscience는 1973년 7백 명의 회원으로 발족한 이래 미국뿐만 아니라 유럽, 일본 등 선진국들의 뇌 과학자들이 거의 다 참여하는 신경과학계의 핵심으로서 역할을 해왔다. 2000년 연차총회에는 3만여 명의 학자들이 참여하여 학문적 성과를 발표함으로써 지난 28년간 기초 신경과학계가 얼마나 급성장했는지를 보여주었다.[4]

SOCIETY for NEUROSCIENCE

http://209.18.71.143/wp-content/uploads/2015/11/SFN_logo.jpg

뇌과학의 중요성은 학계뿐만 아니라 정부, 입법기관에서도 제기되어 미국회에서는 1990년, 20세기의 마지막 10년(1990~1999년)을 '뇌의 10년Decade Of the Brain/DOB'으로 선언하는 의회제정안을 제174조에 서명하여 법령으로 공포했다.

이것은 과학과 기술 분야에 있어 정부 정책적 지원에 대한 강한 의지의 표현임은 물론, 학문들의 흐름과 연구의 우선순위를 가름하고자 한 미국사회의 중대한 결단을

많은 나라들이 국가전략사업으로 뇌과학에 막대한 투자를 하고 있다.

4. 서유헌, 뇌과학이란 무엇인가, 과학과 기술 34(5), 한국과학기술정보연구원(KISTI), 2001, pp. 48-49.

내포한 하나의 분기점이었다.[5]

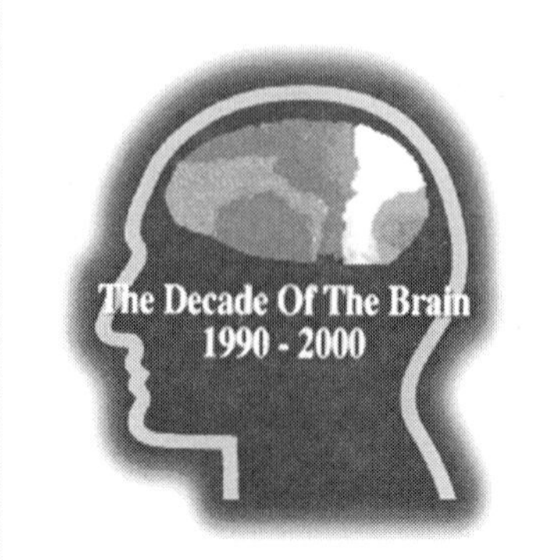

뇌의 10년(The Decade of Brain)
http://www.loc.gov/loc/brain

조지 부시 대통령의 '뇌의 10년' 선언문을 인용하면, "매년 수백만 명의 미국인들이 뇌졸중, 정신분열증, 자폐증, 언어 · 청각 장애는 물론 알츠하이머병과 같은 신경유전성 질환에서 퇴행성 질환에 이르는 각종 뇌질환으로 쓰러지고 있다. 그러나 오늘날 이러한 환자와 그 가족들은 희망에 부풀어 있다. 새로운 발견들이 뇌연구에 서광을 비치고 있기 때문이다. 고성능 현미경과 유전학에서의 장족의 진보, 그리고 뇌 측정 장비의 발달은 의사들과 과학자들에게 뇌에 관한 더 나은 통찰을 제공하고 있다."[6]

이와 같이 미국은 1990년에 선포한 '뇌의 10년' 이후에도 꾸준히 뇌 관련 연구개발을 지원해 왔다. 2004~2005년까지는 뇌연구를 위한 연구 방법 및 연구 자원 등 연구 기반을 확충하는 정책을 폈고, 2006~2008년까지는 신경퇴행, 신경발생, 신경가소성 연구 등 특정 연구 분야에 집중적으로 지원하는 정책을 폈다. 그리고 2009년 이후에는 최근까지 축적된 관련 기초과학을 중심으로 신경계 질환 치료를 목적으로 하는 〈위대한 도전의 청사진Blueprint Grand Challenges〉 정책을 펴고 있다. 미국정부는 산하 기관인 미국국립보건원 아래에 16개 연구 기관을 모아 뇌연구를 위한 〈신경과학

5. 허균, 신경과학과 신학, 우원사상 논총 10, 강남대학교, 2001, pp. 150-151.

6. 류영주, 『뇌와 마음』, 대구가톨릭대학출판부, 2005, pp. 28-29.

연구소를 위한 청사진Blueprint for Neuroscience Research〉을 만들어 집중 지원하고 있다. 뇌 관련 연구를 위해 미국이 투자하는 예산은 2010년 기준 320억 달러 수준에 이른다. 2013년에는 버락 오바마 대통령이 '브레인 이니셔티브Brain Initiative'를 공표했으며 10년간 30억 달러를 투자하기로 했다.[7]

http://www.hfsp.org/sites/www.hfsp.org/files/webfm/Communications/logo-blue-6x6.jpg

서방 선진 7개국에서는 인간 첨단과학 프로그램Human Frontier Science Program을 제정하여 뇌연구와 분자기능 연구에 선진국 상호간의 협동연구를 수행했으며, 일본에서는 한발 더 나아가 21세기를 '뇌의 세기Century of the Brain'로 명명하는 등 뇌과학 연구에 집중 투자하고 있다. 일본 정부에서는 향후 20년 동안 뇌연구에 20조원(2조엔, 1백80억 달러), 즉 매년 1조원(1천억엔)을 투자하는 계획을 세우고 있다.

우리나라도 이와 같은 세계적인 추세에 부응하여 1997년 〈뇌연구 촉진법〉을 제정하고, 'BRAIN TECH 21' 뇌연구 프로젝트를 새로 마련했으며, 과학기술부는 뇌연구촉진심의회를 열고 사람의 뇌를 모방한 신경회로망 칩과 치매 치료제를 개발하는 것을 골자로 한 '뇌연구 촉진 기본계

7. 이길용, 앞의 책, pp. 92-93; 류영주, 『인성교육』, 대구가톨릭대학출판부, 2014, p. 42; 류영주, 『사람의 참모습 II』, 대구가톨릭대학출판부, 2015, p. 54.

획'을 확정, 3천7백63억원의 연구비를 투입했다. 정부는 체계적이고 집중적인 뇌연구를 위해 한국과학기술원(KAIST)에 '뇌과학연구센터'를, 국립보건원에 '뇌의학연구센터'를 각각 설립해 2001년 1백45억5백만원을 투입하는 등 뇌연구에 본격 착수했으며 보다 효과적인 사업수행을 위해 뇌과학 연구사업을 뇌신경생물학연구사업과 뇌신경정보학사업으로 분리하여 수행했다. 또한 2017년까지 세계 7위권의 뇌연구 선진국으로 진입한다는 목표 하에 2010년 연구개발, 인프라구축, 인력양성 등에 총 635억원의 예산을 투자했다.[8]

뇌과학은 정신 및 행동을 지배하는 사령탑인 뇌의 구조와 기능에 대한 해석을 통해 인간이 가진 가능성의 한계에 대해 답을 구하는 학문이다. 뇌과학의 목표는 뇌의 해부학적 구조나 기능을 밝히는 것뿐만 아니라 정신 및 행동의 물리적 기초를 밝혀 궁극적으로 인간의 정체성과 본질을 규명하는 데에 있다. 뇌과학은 노령화 사회에서 치매 등으로 대표되는 수많은 신경계 질환의 병인을 규명해 보건복지를 위해 기여할 수 있다. 또한 뇌과학 연구를 통하여 신경망에서의 신호전달과 정보처리의 구조를 이해한다면, 뇌 기능을 모방한 반도체 칩[chip]과 같은 산업혁명의 기술을 개발하는 첩경을 이룰 것으로 기대된다.[9]

이렇듯 효용적 목적과 실용적 관심 하에 견인된 뇌과학의 연구 결과물들은 당초 의도와는 거리가 먼 인문학계에도 혁신을 가져오고 있다. 인식, 사유, 의식, 자유의지, 마음, 정신 등과 같은 종교나 철학의 전유물로 여겨졌던 주제를 과학의 영역으로 데리고 왔으며, 실제로 다수의 과학자들

8. 서유헌, 앞의 논문, pp. 49-50; 류영주, 『인성교육』, p. 42.
9. 류영주, 앞의 책, pp. 41-42.

이 뇌를 측정하고 관찰하는 실험적 연구를 통해 이 문제와 고투하고 있다. 이러한 뇌과학 연구의 진행 방향은 전통적으로 믿음, 영혼, 신, 종교 체험 등을 연구의 대상으로 삼고 있는 신학 쪽에서도 관심을 갖지 않을 수 없게 했으며 전통 신학적 인간상(자유의지적 · 인간중심적 인간상)에 충격을 가하고 있다.[10] 이러한 문제는 장구한 세월에 걸쳐 축적된 인간상에 대한 도전이기 때문에 문제가 심각하지만, 긴 안목으로 보면 전통 인간관을 새로운 시각에서 재정립하는 계기가 될 수 있다.[11] 이에 대한 진지한 고민과 성찰, 제기되는 문제에 관해서는 '뇌과학의 의의와 고려사항', '뇌과학의 입장에서 본 인간이해와 철학 · 신학의 입장에서 본 인간이해'에서 상세히 다루기로 하고, 아래에서는 앞서 고찰한 미국과 유럽, 그리고 일본의 뇌과학 연구의 현황과 전망에 대해 심층적으로 살펴보기로 한다.

http://www.spotrias.org/assets/centers/ninds-a7cacbeda9d0f8b59c21fdaf135192c4.png

미 국립보건연구원의 국립신경질환 및 뇌졸중 연구소National Institute of Neurological Disorders and Stroke, NINDS의 소장이었던 게럴드 피슈바흐가 예산 신청을 위해 국회에서 증언한 말을 인용

10. 윤리와 종교 역시 뇌 작용으로 환치되어 설명되고 있다. 가령 인간의 뇌가 뉴런의 전기 · 화학적 깜박임에 의해 종교적 체험을 할 수 있도록 진화해 왔다는 것, 결과적으로 뇌가 종교를 만드는 것으로 보고 있다.

11. 한정선, 철학적 인간상에 도전해오는 뇌과학의 쟁점들, 철학연구 83, 2008, pp. 211-212.

하면, "NINDS의 임무는 평생에 걸쳐 지속되는 신경퇴행성 질환을 치료하고, 미성숙 신경계의 발생에 대한 연구와 성숙한 신경계의 재생에 대한 연구를 증진하며, 간질과 만성 두통 등을 효과적으로 치료하고 정상적인 인지과정과 기억상실에 대한 이해를 증진하기 위해 시냅스와 신경회로에 대한 이해의 폭을 넓혀나가고, 정상적인 뇌 뿐 아니라 뇌종양, 다발성 경화증과 같은 질병을 앓고 있는 뇌에서 신경교세포나 다른 비신경계세포가 담당하는 중요한 역할을 이해하고, 국가적으로 신경과학산업에 대한 하부구조를 마련해 자원의 분배를 촉진하고, 임상실험을 확대해 나가는 것이다."[12]

신경과학회Society for Neuroscience의 논문발표 분야를 보더라도, 신경발생 및 재생, 신경세포 생물학, 신경전도 및 전달, 신경전달물질 및 수용체, 신경내분비 및 자율신경계, 감각 및 운동신경계, 인지 및 학습 등을 중심으로 한 기초 신경과학과 신경계질환 및 노화 등을 중심으로 한 임상신경과학이 주류를 이루고 있다. 따라서 뇌과학은 신경계의 구조와 기능 연구에 바탕을 두고 각종 뇌 신경질환을 퇴치하는 데 연구목표가 있다고 볼 수 있다. 결국 뇌과학은 인간의 건강과 삶의 질을 향상시키려는 데 주안점을 두고 있는 것이다.[13]

미 국립정신건강연구소에서는 뇌질환 및 행동 이상으로부터 국민의 고통을 덜어준다는 목표 아래 뇌와 행동 전반의 기초연구를 위한 장기 계획을 수행하고 있다. 예를 들면 학교폭력을 억제하는 방안을 강구하기 위하여

---

12. 김경진, 주요 선진국의 뇌과학 연구현황과 전망, 과학과 기술 34(5), 한국과학기술정보연구원(KISTI), 2001, pp. 65-66.

13. 김인묵, http://cafe.daum.net/stalking21; 김경진, 앞의 논문, pp. 66-67.

안전교육을 하고 약물 없는 교육부서를 마련하고 청소년 정의실천 및 범죄방지 사무국과 공동연구 및 청소년 선도를 위한 대책을 마련하고 있다.

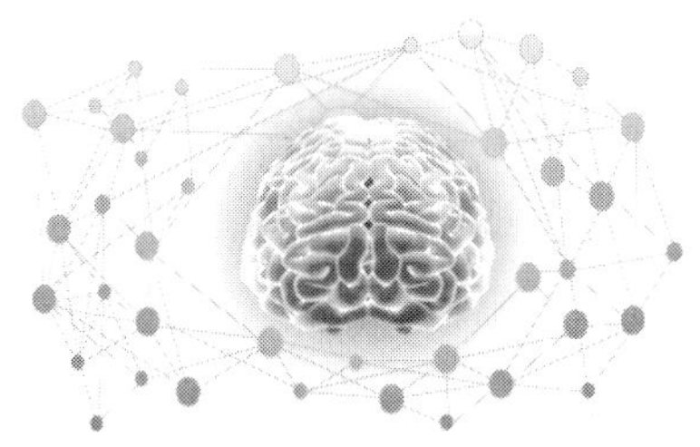

http://pulsar.freeiz.com/Presentar/images/atom.png

또한 미 국립정신건강연구소는 정신분열증, 조울증, 우울증, 자폐증 그리고 그밖의 다른 정신장애의 유발에 관여하는 유전자를 찾고자 포괄적인 계획을 수행하고 있는데 이것이 바로 '뇌 분자 해부학 프로젝트Brain Molecular Anatomy Project: BMAP'이다. 특정 뇌조직에서 발생하는 유전자를 모두 밝히고, 검색할 수 있는 DNA 칩을 개발하는 데 주력함으로써 분자생물학과 생물정보학Bio-informatics의 학제간 연구를 추진하고 있다.[14]

유럽연합도 기초뇌과학과 임상뇌과학을 중심으로 일차적으로 뇌신경계의 기능을 이해하고 이를 바탕으로 뇌신경계 질환의 병인 규명과 퇴치에 최우선적인 투자를 하고 있다. 예를 들어 프랑스의 과학기술조정위원회는 정부지원 연구의 우선순위에서 '살아있는 과학(게놈, 약품학, 뇌연구 등)'을 1순위로 발표하고 2000년에 뇌연구를 포함한 생명과학분야에 총 4억 프랑(6백80억원)을 투입했다.[15] 영국, 독일을 위시한 기타 유럽의 국가들도 '인간 첨단과학' 사업 및 막대한 정부지원을 통해 뇌과학에 집중 투자하고 있음은 앞서 살펴본 바와 같다.

14. 김경진, 앞의 논문, p. 67.

15. 김경진, 앞의 논문, pp. 67-69.

또한 유럽연합은 2013년 초반 유럽 전역의 86개 연구기관이 참여하는 휴먼브레인 프로젝트Human Brain Project를 출범시켰다. 10년 동안 1조6천억원이 넘는 자금이 투입되는 이 초대형 프로젝트는 실제 인간의 뇌를 슈퍼컴퓨터에서 그대로 구현하여 시뮬레이션 하는 것을 목표로 삼는다. 프로젝트의 총괄 책임자 헨리 마크람은 2012년 6월 "휴먼브레인 프로젝트는 사람 두개골 안의 뉴런 890억 개와 이들이 만든 100조 개의 연결을 컴퓨터로 시뮬레이션 하는 것"이라며, "뇌의 컴퓨터 시뮬레이션이 완성되면 뇌과학, 의학, 컴퓨터 기술에 혁명적 변화가 일어날 것"[16]이라고 밝혔다.

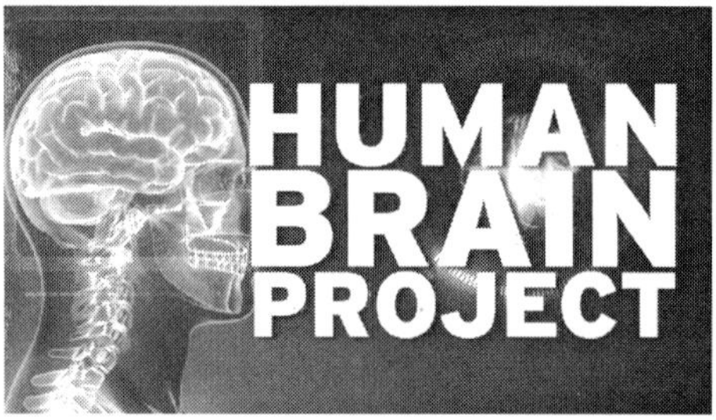

https://i.ytimg.com/vi/6-pWEEFINHA/maxresdefault.jpg

한편 일본은 '뇌의 세기'라는 선언법을 통하여 뇌과학 연구에 주력하고 있으며, 미국과 마찬가지로 뇌과학 연구 투자의 주요 방향은 뇌과학 관련 기초분야의 육성을 통한 질병 퇴치 및 삶의 질을 향상시키는 데에 두고 있다. 2008년에는 문부과학성을 중심으로 〈뇌과학 연구 전략 추진 프로그램〉을 착수했다. 일본 정부는 특히 뇌과학의 융합적 특성에 주목하여 이 부분을 집중 지원하는 전략을 취하고 있다. 1998년부터는 이화학연구소RIKEN 내에 뇌과학 종합연구소를 설립하여 운영하고 있는데, 뇌연구의 전반적인 방향을 1) 뇌의 이해Understanding the Brain(뇌과학) 2) 뇌의 보호

16. 인터넷 검색, [waf21.blog.me] 뇌질환 잡고, 인공 뇌 만든다.

Protecting the Brain(뇌의약학) 그리고 3) 뇌의 창조Creating the Brain(뇌공학)로 설정했다(표 1. 참조).[17] 일본 정부의 뇌과학 관련 예산은 문부과학성 전체 예산의 7.8%, 그리고 후생복지성 전체 예산의 23.7%를 사용하고 있으며, 전체 예산 규모는 300억엔 정도이다.[18]

---

17. 김경진, 앞의 논문, pp. 68-69; 사이언스올, '스스로 배우며 느끼며' 타치코마의 인공지능? 진짜지능?, http://scienceon.hani.co.kr/92516.

18. 이길용, 앞의 책, pp. 93-94.

표 1 일본 이화학연구소(RIKEN)내 뇌과학종합연구소(Brain Science Institute)의 뇌연구의 전략적 목표와 연구계획[19]

	전략적 목표	5년	10년	15년	20년
뇌의 이해 (뇌 기능 해명)	인지, 감정, 의식 조절 관련 뇌 구조와 기능 해명	• 언어, 감정, 지각 기능을 주관하는 뇌 부위 해명 • 기억과 학습의 뇌 기전 이해	• 뇌 구조원리 해명 • 인식과 운동의 뇌 기능 이해 • 지각적 정서, 행동, 생체 주기의 뇌 기전 이해	• 중추신경계의 기능 통합 및 조절 기전 이해	• 자아 및 사회의식의 뇌 기전 이해
	정보전달(언어) 뇌 기능 해명	• 뇌의 언어 표상 해명 • 인간과 다른 생물간 정보 교환의 차이 이해	• 뇌의 문자 정보와 표상 관계 규명 • 비언어적 의사소통 (몸짓, 느낌 등) 이해	• 언어습득 과정의 이해	• 사고와 지능 형성시 언어 기능 이해
	(실례)	아동 양육과 교육을 위한 제안	정신적, 신체적, 사회적 스트레스에 대한 대처 방안 강구	뇌의 고차원적 기능 이해	인간 정체성에 대한 이해
뇌의 보호 (뇌 질병 정복)	뇌 발생과 노화 과정의 조절	• 뇌 발생과 분화에 관련된 유전자 집단 규명 • 뇌 노화와 관련된 인자 규명	• 정상적 뇌 발생의 연구 방법 개발 • 배양 신경 세포의 노화 과정 조절	• 정상적 뇌 발생의 조절 연구방법론 개발 • 뇌 발생과정 조절 • 뇌 노화과정 조절	• 인간 뇌의 노화과정의 조절
	신경 및 정신 의학적 질병의 예방과 복원	• 신경정신 질환의 기전 해명	• 단일 유전자성 뇌 질환 규명	• 다인성 중추신경질환 기전 규명	• 인공 신경 및 근육 개발

19. 김경진, 앞의 논문, p. 68에서 재인용.

	전략적 목표	5년	10년	15년	20년
뇌의 보호 (뇌 질병 정복)	신경 및 정신 의학적 질병의 예방과 복원	• 유해 신경증 이해 • 뇌손상 회복 방법 개발 • 뇌손상의 예방대책 개발	• 정신이상의 뇌 기전 규명 • 뇌 조직 이식 • 신경정신 질환의 예방	• 신경, 정신 질환 기전 규명 및 예방 • 뇌질환의 유전자 치료요법 개발	• 정신질환의 예방
	(실례)	AIDS 뇌 증상, 저산소성 뇌손상 치료	헌팅턴병, 심신성 질환 등 치료	알츠하이머병, 파킨스씨병, 노이로제, 마약중독	노화, 정신분열증, 조울증 치료
인공 뇌의 창조 (지능형 컴퓨터 개발)	지능형 장치와 구조 개발	• 1백만 시냅스 단위의 기억 뉴로칩 개발 • 지능형 다형 인지칩 개발	• 1억 시냅스 단위의 사고 가능한 뉴로칩 개발 • 자가습득 알고리즘의 기억장치 개발	• 지능, 감정적 자아 의지에 기반한 컴퓨터시스템 개발 • 창조적 정보 시스템 제작	• 인간과 공생적인 인간 친화적 네트워크에 의한 뉴로 컴퓨터 개발 • 인간의 지성적 생활을 지원하는 로봇 시스템 개발
	지능형 시스템 및 뇌정보 처리 네트워크 설계	• 지능형 동적메모리 시스템 개발 • 계획 및 관리 기능한 적응 조절 시스템 개발 • 신경 및 카오스 다이나믹형 사고와 결정을 할 수 있는 시스템 개발	• 정보통합형 자가조절기억 시스템 개발 • 직관적 사고와 논리적 추론성 통합 시스템 개발		
	(실례)	불확실, 카오스 환경에서 작동 가능한 정보처리기술	연상, 유연한 기억 및 직관적 사고에 기반한 능동적 정보 처리 기술	인간의 의도 및 행위를 인식하는 컴퓨터 개발	인간의 의지와 의도를 이해하는 인조인간 로봇

이상에서 주요 선진국, 특히 미국과 일본을 중심으로 뇌과학 연구의 현황에 관해 살펴보면서 뇌과학에 세기적인 관심이 집중되고, 많은 나라들이 국가전략사업으로 막대한 투자를 하는 이유를 알아보았다. 지금부터는 우리나라의 뇌과학 연구의 현황에 관해서 살펴보기로 한다.

국내에서도 일찍부터 뇌가 갖는 신비에 대해 지대한 관심을 갖고 연구에 강한 열정을 보여 왔다. 다만 주요 선진국의 경우처럼 조직적인 연구 여건에서 활발히 진행되지 못했을 뿐이다. 우리나라는 주요 선진국에서 불기 시작한 뇌과학 열풍에 힘입어 1980년대 중반부터 뇌과학의 체계적인 연구 시스템에 대한 필요성이 제기되어 오다가 1990년대에 들어서면서 한국신경생물학회와 한국신경과학회가 창립되었다. 두 학회는 상호 발전적인 관계를 유지하면서 성장을 해오다가 1998년 들어 한국뇌신경과학회The Korean Society for Brain and Neural Science로 통합되었다.[20]

http://www.abbreviations.com/images/1707543_KSBNS.png

1997년에는 〈뇌연구촉진법〉이 입법화되었으며, 2003년에는 국가 대형 프로젝트인 21세기 프론티어사업의 하나로 '뇌기능활용 및 뇌질환치료 기술개발사업단'이 출범했다. 2004년부터 보건복지부가 임상연구 인프라 조성 사업의 일환으로 지원하고 있는 임상연구는 2010년 11개 질환별 임

20. 강봉균, 한국과학기술정보연구원(KISTI), 과학과 기술 34(5), 한국과학기술단체총연합회, 2001, p. 70.

상연구센터를 통해 수행했다.[21]

국내 뇌과학연구센터 연구팀을 보면 신경생물연구팀, 인지과학연구팀, 뇌정보처리모델연구팀, 뇌정보처리구현연구팀, 인공시청각시스템연구팀, 추론기술연구팀 및 지능제어/통신시스템연구팀 등으로 구성되어 있어 뇌연구를 통한 공학적 응용이 강조되고 있다. 또 뇌연구의 기초과학적 연구를 활성화하기 위한 방안으로 2001년 8월부터 시행한 제2단계 뇌연구사업부터는 뇌과학사업단이 뇌신경생물학사업단과 뇌신경정보학사업단으로 분리되어 진행됨으로써 뇌연구의 기초과학적 연구와 이를 응용하는 공학적 연구가 상호 발전적인 시너지를 만들어 낼 수 있는 기대를 갖게 해주었다.[22] 이상에서 살펴본 바대로 뇌과학은 국가 차원의 지원이 집중되는 최첨단 연구 분야이며, 그 영향력은 갈수록 커질 것으로 예견된다.

2 뇌과학 연구로 밝혀진 뇌의 메커니즘

현대 의학의 눈부신 발전과 업적에 비해서 뇌에 관한 지식은 아직도 초보단계에 머물러 있을 정도로 빈약하다.[23] 오늘날 인류가 뇌에 대한 연구를

21. 이천무, 뇌과학연구 동향 및 시사점, 과학기술 및 연구개발사업 동향브리프, 한국과학기술기획평가원, 2011, pp. 21-23.

22. 강봉균, 앞의 논문, p. 73.

23. 하루야마 시게오 저, 『뇌내혁명 2』, 박해순 역, 사람과책, 199713, p. 71; 다치바나 다카시 저, 『임사체험 하』, 윤대석 역, 청어람미디어, 2003, p. 369; Peter Neuner(Hg.), Naturalisierung des Geistes - Sprachlosigkeit der Theologie?; Die Mind-Brain-Debatte und das christliche Menschenbild, Herder (Freiburg · Basel · Wien), 2003, pp. 57-77.

통해 뇌의 복합적인 구조와 기능을 좀 더 이해한다면 행복한 삶을 구축하면서 좀 더 밝은 사회를 건설하는 데에 큰 도움이 될 수 있을 것이다. 아래에서는 지금까지의 뇌과학 연구로 밝혀진 뇌의 메커니즘에 대한 이해로서, 뇌의 구조와 기능 및 정보전달 방법에 대해서 고찰해 보기로 한다.

1) 뇌의 구조와 작용원리

뇌의 구조와 기능에 대한 탐구는 계속 진행 중이어서 아직도 충분히 해명되지는 않았지만, 뇌는 서로 다른 역할을 하는 여러 부분들이 모여 구성되어 있고 서로 유기적으로 연결되어 정보를 주고받고 있어서 구조와 기능이 매우 복잡한 것만은 틀림없다.[24] "1천억 개의 신경세포들로 구성된 유기조직인 우리의 뇌는 지고한 형이상학적 진리를 추구하고, 인간 세계의 강박을 벗어나는 종교적 신념 체계를 구축하며, 때로는 추억의 단편들을 되살리는 풍부한 정신세계를 만들어내고 있다. 뇌는 영원히 단절된 것 같은 물질세계와 정신세계 사이를 가로지르는 유일한 접점이다."[25]

뇌는 겉에서 보면 두부나 푸딩 같은 생체조직 덩어리 같은데, 막상 뇌를 잘라서 그 내부구조를 들여다보면 생각보다 단순한 구성을 보인다. 뇌는 뉴런neuron이라 불리는 신경세포들이 촘촘히 들어차서 이루어지는데, 뉴

---

24. 박만상, 『한국인의 두뇌 개발 I; 총명한 두뇌 만들기』, 지식산업사, 20014, p. 22; 스티븐 핑커(Steven Pinker) 저, 『빈 서판』, 김한영 역, 사이언스북스, 2004, p. 89; Andrew Newberg · Eugene d' Aquili · Vince Rause, Der gedachte Gott; Wie Glaube im Gehirn entsteht, Piper(München · Zürich), 2003, pp. 55-56.
25. 김호기 외, 『지식의 최전선: 정신작용의 메카, 뇌의 기능을 밝힌다』, 한길사, 2002, p. 342.

런들은 기다란 돌기들을 내어 거대한 세포망을 이루고 있다. 최첨단전자장비로 이러한 회로망을 조립한다면 약 30층짜리 빌딩과 비슷한 크기가 된다고 한다. 그러한 의미에서 뇌의 구성은 그 숫자에 있어서는 상식의 한계를 뛰어넘지만, 한편으로는 이 거대한 규모를 구성하는 단위인 신경세포 하나 하나의 구조와 기능은 비교적 상세히 밝혀져 있다.[26]

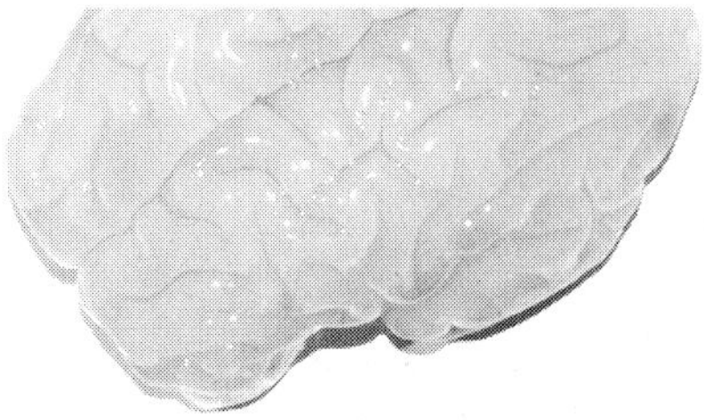

http://ichef-1.bbci.co.uk/news/1024/cpsprodpb/30E2/production/_88041521_107686.jpg

신경세포는 세포체와 수상돌기, 축색돌기로 구성되어 있다. 세포체는 핵이 유전 물질을 지니고 자리 잡고 있으며 들어온 메시지를 처리한다. 수상돌기는 다른 신경세포로부터 메시지를 세포체 안으로 받아들인다. 축색돌기는 세포체 내에서 결정된 메시지를 다른 신경세포로 전달한다.[27] 성인의 대뇌

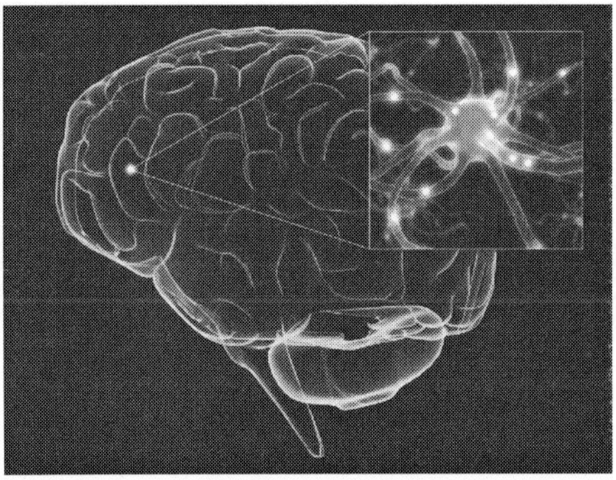

http://scicurious.scientopia.org/wp-content/uploads/sites/3/2011/05/neurons51.jpg

26. 허균, 신경과학과 신학, 우원사상 논총 10, 강남대학교, 2001, p. 152.

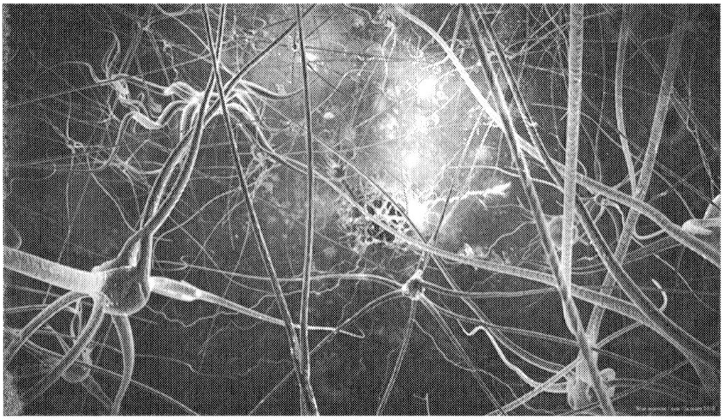

http://www.geek.com/wp-content/uploads/2014/06/chat-neurons-head-625x350.jpg

피질 1mm^{3}에 약 6~10억 개의 시냅스가 있다. 뇌에는 1,000억 개의 신경세포가 있고 한 개의 신경세포는 수천 개의 시냅스로, 수천 개의 다른 신경세포들과 정보를 교환하므로 총 시냅스의 수는 10^{14}~10^{15}개나 된다.[28]

뇌 과학자들은 뇌의 여러 부분에 전기 자극을 주어 나타나는 행위를 연결한 후, 각 부위의 특성에 따라 구역을 나누어 뇌 지도를 만들었다. 대뇌피질 중심구 뒤쪽에는 온몸의 피부감각을 분담하는 감각피질이 있고 중심구 앞쪽에는 전신의 근육에 운동 명령을 보내는 운동피질이 있으며, 운동피질 앞쪽에는 감각기를 통해 들어온 내부의 정보를 처리하는 연합피질

27. 박만상, 앞의 책(I), pp. 39-41; 얼윈 스콧(Alwyn Scott) 저, 『마음에 이르는 계단: 새로운 의식의 과학에 대한 논쟁』, 안창림 · 백은경 역, 이화여자대학교출판부, 2001, p. 94, pp. 106-110.

28. 박만상, 『한국인의 두뇌 개발 II; 정상인과 기억력 개발』, 지식산업사, 19942, p. 29, p. 129, 『한국인의 두뇌 개발 III; 정신생물학』, 지식산업사, 1992, p. 78; 『과학동아』, 동아사이언스, 2003. 10, p. 86.

이 있다. 측두엽에는 청각센터가 있고 그 뒤쪽에는 언어를 해석하고 기억하는 감각성 언어센터인 베르니카 언어센터가 있으며, 전두엽에는 입 안 근육을 조정하여 말을 만들어 내게 하는 운동성 언어센터인 브로카 언어센터가 있다. 후두엽에는 시각센터가 자리 잡고 있다.[29]

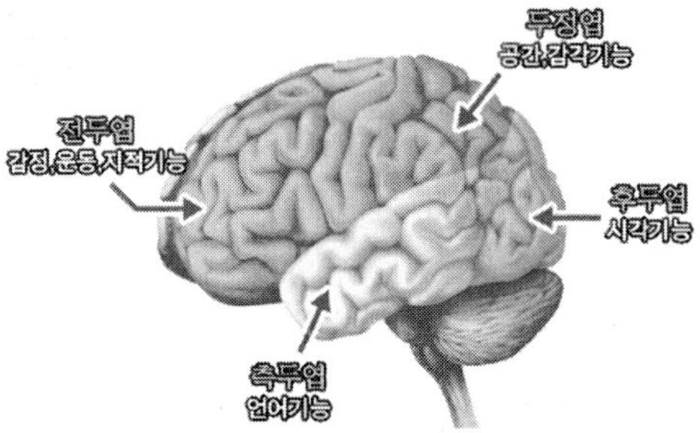

http://www.aistudy.co.kr/physiology/brain/images/brain_lobe2.gif

이렇듯 뇌의 표면은 마치 독립된 섬들처럼 기능적으로 분리되어 각 지역이 시각이나 언어, 운동이나 감각 등을 담당한다는 것은 잘 알려진 사실이나, 뇌의 각 영역의 기능이 고정되어 있는 것이 아니라 외부의 자극, 경험, 학습에 의해 재조직화 되는 가소성plasticity에 대해서는 잘 알려지지 않았다.

예를 들면 맹인들의 경우 뇌의 각 영역의 경계가 조금씩 이동하는데 그 이유는 촉각이 시력의 결여를 보완하기 때문이다. 집게손가락을 담당하

29. 그러나 뇌의 각 부위는 서로 긴밀한 협조를 하고 있기 때문에, 특수한 기능을 관할하는 영역들 사이에 뚜렷한 경계선을 긋기가 어렵다. 박만상, 『한국인의 두뇌 개발 I; 총명한 두뇌 만들기』, 지식산업사, 20014, pp. 83-85; 다치바나 다카시 저, 『임사체험 하』, 윤대석 역, 청어람미디어, 2003, p. 336.

고 있는 대뇌피질의 일부분에서 이를 가장 분명하게 살펴볼 수 있다. 맹인들은 집게손가락으로 점자를 읽기 때문에 대뇌피질의 그 부분은 시력이 있는 사람보다 더 많이 발달해 있다. 뇌과학자 알바로 파스쿠알 레오네는 점자로 기사를 읽는 한 맹인 편집자를 관찰하면서 점자를 읽는 그 손가락에 해당되는 뇌 부분이 첫날 저녁에 이미 확장되었음을 확인할 수 있었다. 그러나 그 맹인 편집자가 기사를 읽지 않은 주말을 보내고 나자 감각피질의 이 부분은 다시 줄어들었다.[30] 이러한 현상은 오케스트라 단원들의 뇌를 관찰한 결과에서도 드러났는데, 그들의 뇌 부위 중 음악과 언어적 기능을 담당하는 영역이 보통 사람들에 비해 월등하게 큰 것으로 관찰되었다.[31]

http://www.gemmlearning.com/wp-content/uploads/2015/06/brain-with-workers.jpg

사고로 손이 절단된 지 얼마 되지 않은 사람의 경우, 손 대신 그의 얼굴이나 팔

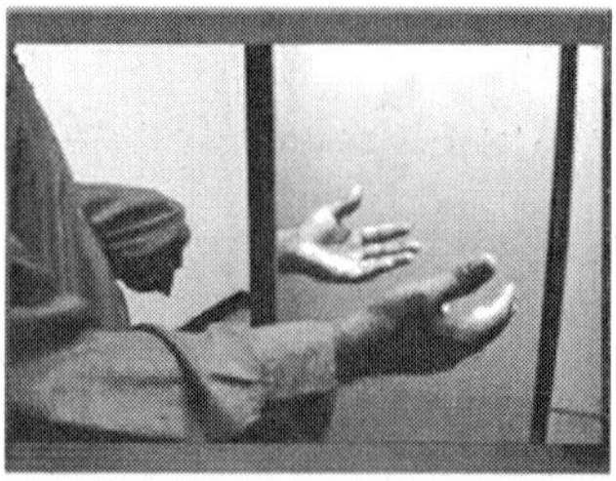

https://mostodd.wordpress.com/2011/05

30. 류영주, 『성공두뇌만들기』, 대구가톨릭대학출판부, 2013, pp. 107-108.

31. 류영주, 앞의 책, p. 106.

을 만져도 마치 없어진 손이 만져지는 것처럼 느껴진다고 하는데 이유는 그의 뇌 표면이 변했기 때문이다. 즉 뇌에는 손으로부터 전달되는 감각을 느끼는 지역이 있는데, 이 지역은 얼굴이나 팔의 감각을 담당하는 주변 지역에 둘러싸여 있다. 손이 사라져 더 이상 손의 감각이 전달되지 않게 되면 뇌에서 손의 감각을 담당하는 지역은 위축되면서 주변의 얼굴 또는 팔 감각 담당 지역에 의해 점령당하고 교체되는 것이다.[32]

이번에는 뇌의 오른쪽과 왼쪽을 넘나드는 좀 더 광범위한 섬들의 움직임에 대해 살펴보면, 뇌졸중으로 왼쪽 대뇌의 언어영역에 손상을 입어 실어증에 빠진 7명의 환자에게 몇 달 동안 언어 훈련을 시켜 말을 할 수 있게 했다. 그 결과, 왼쪽 대뇌의 언어 기능이 오른쪽 대뇌로 이동한 사실이 밝혀졌다. 이와 같이 겉으로 보이는 뇌의 구조는 크게 변함이 없지만 보이지 않는 뇌의 기능적인 국경선은 마치 움직이는 섬들처럼 자유자재로 바뀌는 것이다.[33]

폴 매클린
http://yalemedicine.yale.edu/autumn2008/features/capsule/51224/
http://onlinephilosophyclub.com/forums/viewtopic.php?f=1&t=7759

미국 정신건강연구소 폴 매클린Paul MacLean(1913~2007)은 뇌의 각 부위별 특징과 행동 양식 등을 비교하여, 뇌는 진화의 흔적을 갖는다고 보았으며 진화의 각 단계에서 더 오래된 뇌 부분은 사라지지 않고 새로운 기능을

32. 김은준, MRI 이용 뇌기능 실시간대 관찰 가능, 뇌구조 변화없이도 기능은 움직이는 섬, 과학과 기술 34(5), 한국과학기술정보연구원(KISTI), 2001, pp. 55-56.

33. 류영주, 앞의 책, p. 105; 김은준, 앞의 논문, pp. 55-56.

가진 층이 추가되는 방식으로 뇌가 진화해 왔다고 주장했다. 매클린은 이러한 뇌의 진화적 과정을 담은 일종의 뇌 진화 흔적을 세 부분triune brain으로 분류했다. 한 가지는 인간뿐만 아니라 다른 파충류 역시 가지고 있는 부분으로 공격적 행동이나 사회적 서열에 대한 의식을 담당하며 이 부분을 파충류의 뇌(뇌간)라고 부른다. 다른 한 가지는 파충류의 뇌를 둘러싸고 있는 포유류의 뇌(대뇌변연계)로 공포나 흥분, 분노 등의 정서적 부분을 담당하며, 1억 5000만 년 이전에 진화되었을 것으로 추정된다. 마지막으로 뇌의 가장 바깥쪽에 위치한, 진화 단계에서 가장 나중에 나타난 대뇌피질 부분이다. 고등동물이나 다른 영장류와 마찬가지로 인간은 상대적으로 커다란 대뇌피질을 가지고 있는데, 진화의 정도가 앞서 갈수록, 그 동물의 대뇌피질이 더욱 발달되어 있는 것은 분명해 보인다. 가장 정교하게 발달해 있는 대뇌피질은 바로 인간의 대뇌피질이며, 수천만 년 전에 처음으로 인간이 나타났을 때 급속히 발달해 왔을 것으로 추정된다.[34]

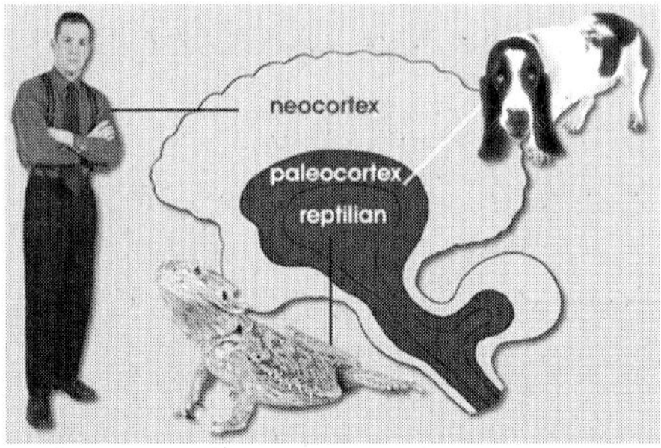

http://onlinephilosophyclub.com/forums/viewtopic.php?f=1&t=7759

그런데 진화의 방향에 대한 것은 여러 가지 논란의 거리가 된다. 인간 뇌의 진화도 생존을 위한 투쟁의 과정에서 진화한다는 것과 지성적이고 문

34. 류영주, 『뇌와 마음』, p. 27.

화적인 발전의 과정에서 진화할 것인가에 대한 추정은 어떠한 근거도 가질 수 없기 때문이다. 매클린이 주장하는 뇌진화의 세 부분 중에 대뇌피질에 해당하는 가장 정교한 부분의 진화가 인간에 의해 급속히 발달되어 왔다고 하나, 그것으로 인간의 문화적인 발전의 계기로 볼 수 있을 것인가는 증빙할 수 없다. 뇌의 진화는 하등동물의 흔적들이 지층처럼 기록되어 있고 그 진화의 방향이 생존과 직접적인 관련성을 가진 것은 분명하나, 지성과 문화적 발전의 요소들이 거기에 상존했다는 것은 증명해 낼 수 없기 때문이다.

2) 뇌의 정보전달 방법

인체를 관리하고 외부 자극과 정보를 인지하며 고도의 정신작용을 하는 뇌는 의식을 비롯한 감각과 감정, 기억과 지능 그리고 언어와 같은 여러 가지 기능을 호르몬과 전기적 작용을 통해 수행한다. 여기서는 오늘날 뇌과학 연구의 결과로 인해 이러한 작용에 대해 어디까지 이해하고 있는가를 알아본다. 호르몬, 전기적 작용, 의식, 감각, 감정, 기억과 같은 요소는 세부적으로 들어가면 끝이 없는 영역이다. 그러므로 여기서는 전체를 조망하는 안목으로, 인간 전체를 이해하는 데에 필요한 정도만 각 영역에 따라 개괄적으로 고찰하고자 한다.

✔ 호르몬과 전기적 작용

신경세포들은 입수된 정보들을 자체 안에서는 전기적 작용을 통해 빛의 속도로 이동시키고, 다른 뉴런들 사이에서는 접촉점인 시냅스 사이에 오가는 수많은 종류의 화학물질들을 통해 주고받는다. 이와 같은 전달 과정은 1천억 개에 이르는 뇌 신경세포와 이보다 몇 천 배나 더 많은 시냅스 사이에서 쉴 새 없이 이루어지고 있다. 뇌과학적 측면에서 사람의 정신활동은 신경 회로망에 각기 다른 신경전달물질이 분비되어 특유의 전기적 활동상태가 시공간에 펼쳐지는 물리·화학적 현상이다.[35]

오늘날 인류는 뇌에서 분비되는 화학물질들의 작용과 전기적 작용의 현상과 원리를 탐구하여 인간의 의식과 행동, 감정의 상당 부분을 밝혀내고 있다. 지구촌에서 연구에 전념하고 있는 수많은 뇌 과학자들에 의해 뇌

35. 허균, 앞의 논문, p. 154. 이러한 측면에서 신경전달이 일어나는 장소인 시냅스의 중요성을 간과할 수 없다. 하나의 시냅스 단백질이 잘못되면 다양한 뇌질환이 초래될 수 있는데, 일례로 시냅스 형성의 첫 단계는 세포접착 단백질에 의한 시냅스 접착이며 이 단계가 잘못되면 시냅스가 만들어지지 않고 이어서 뇌 회로 및 기능에 문제가 생긴다. '뉴롤리긴(Neuroligin)-3'이라는 세포접착 단백질이 잘못되면 인간에서 자폐증 및 정신박약이 발생하는 것으로 보고되었다. 2012년 9월 스위스 바젤대 생명과학센터 연구진은 Neuroligin-3이 부족한 쥐는 자폐증에서 나타나는 증상과 비슷한 행동장애를 보인다는 점과 이들 쥐의 시냅스 신호 전달에 문제가 있음을 발견했다. 또한 신호 전달을 조절하는 특정 신경 글루탐산 수용체 생산력이 시냅스 신호 전달에 밀접한 관련이 있음을 밝혀냈다. 글루탐산 수용체가 과잉 생산되면 시냅스 신호 전달을 억제해 장기적으로는 뇌 기능과 발달을 방해하게 되는 것이다. 특히 쥐의 Neuroligin-3 생산을 정상 수준으로 끌어올린 결과 글루탐산 수용체 과잉 생산이 억제되고 정상적인 수준으로 회복되었다. 그 결과 자폐증 환자들에서 나타나는 뇌의 구조적인 결함이 사라졌다. 이 실험 결과는 "글루탐산 수용체 생산력을 조절하는 약물을 개발해 시냅스의 신호 전달이 억제되는 자폐증을 치료하는 데 첫걸음을 뗀 연구"라는 점에서 시사하는 바가 크다.

한편 '섕크(Shank)'라는 시냅스 단백질이 결손 되면 언어장애 등을 수반하는 필란-맥더민드씨병이 초래된다. 2002년 KAIST 생명과학과 김은준은 Shank 단백질을 과발현하는 유전자조작 생쥐의 생산 및 분석을 통하여 Shank 단백질의 신경조절 기능에 대한 유전적인 증거를 확보했다. 그는 모델동물 연구를 통해 얻은 Shank 유전자의 기능에 근거한 약물개발, 유전자 특허 및 Shank 과발현 Tg mice 동물 특허를 계획했다. 김은준, Shank 유전자 도입을 이용한 smart mice 생산, 한국연구재단, [NRF] 특정연구개발사업/원자력연구개발사업 학술기사, 2002, 초록 중; 김은준, 뇌신경 작용의 기본 단위 '시냅스', 과학과 기술(한국과학기술단체총연합회) 41(11), 2008, p. 31; 김민수, "자폐증 치료제 나올까?", 『과학동아』, 동아사이언스, 2012년 10월호.

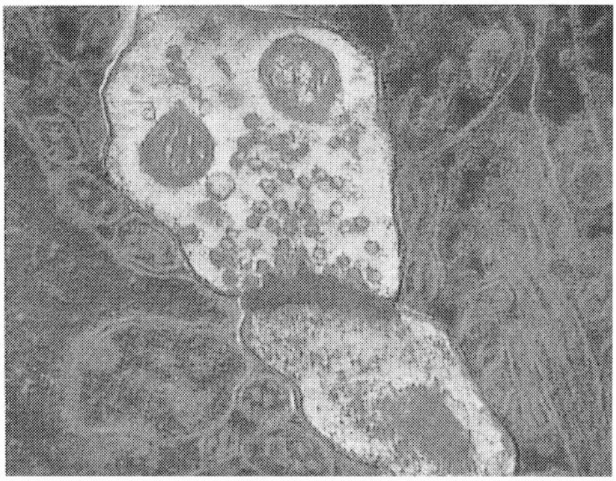

뇌 과학자들은 의식 또는 마음에 상응하는 생물학적 작용의 이해에서 상당한 진척을 보았다. 그들은 뇌 신경세포들 사이의 각 시냅스(위)가 가장 발달한 스위치보다 훨씬 정교하다는 걸 밝혀냈다. 각 시냅스는 적응력이 매우 뛰어난 응답 기능을 갖고 있으며, 각 신경세포는 소형 프로세스처럼 행동한다. 뇌 과학자들은 마음은 몇 조에 이르는 시냅스들을 통해 교신하는, 수십억 신경세포들의 동시 작용에 의해 생겨난다고 본다. 문제는 어떻게 이런 일이 벌어질 수 있느냐 하는 것이다.
일러스트=데이비드 코언, 〈마음의 비밀〉, p. 15

안에서 작용하는 많은 종류의 신경전달물질들, 수용체, 2차·3차 전달자들, 각종 기능 단백질들을 비롯한 활성 물질들이 새롭게 발견되고 있다. 이 중에서 신경전달물질들과 그 수용체들이 가장 중요한 역할을 담당하고 있다.[36]

뇌과학적 측면에서 볼 때 사람의 생각과 행동은, 타고난 화학 물질과 태어난 뒤 겪은 여러 가지 경험이 누적되어 저장된 화학 물질들이 통합되어 나타나는 화학 작용의 집대성과 연계되어 있기 때문에, 각 사람마다 고유한 특성이 있다. 그래서 이 세상에 나와 생각과 느낌을 온전히 똑같이 공

36. 박재갑 외, 『인간생명과학』, 서울대학교 출판부, 1993, p. 142; 다치바나 다카시 저, 『임사체험 상』, 윤대석 역, 청어람미디어, 2003, p. 124.

유하는 사람이 있을 수 없다.

❶ 호르몬

인체의 기관과 조직들은 부단한 정보 교환을 통해 복잡하고 미묘한 유기적 관계를 맺고 있다. 정보 전달의 길로는 신경계와 내분비계가 있는데, 신경계는 신경섬유를 경유하여 정보를 전하고 내분비계는 혈액순환을 통하여 정보를 전한다. 신경계는 내분비계를 자극하여 호르몬을 분비하도록 하며 면역계라는 시스템과 연결되어 있다. 이 신경계 · 내분비계 · 면역계 세 가지는 네트워크를 형성하고 있다.[37]

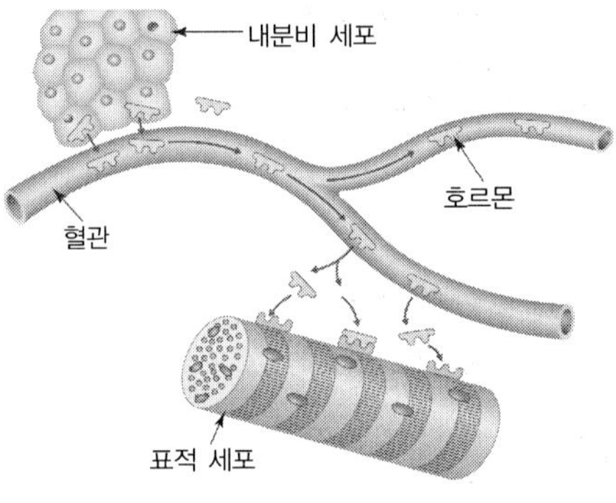

호르몬은 우리 몸의 생리 기능을 조절하는 화학 물질이다. 내분비샘에서 분비되어 혈액을 통해 운반된다. 특정한 표적 세포나 표적 기관에만 작용 → 생성되고 작용하는 장소가 다르다.
일러스트=http://study.zum.com/book

37. 하루야마 시게오 저, 『뇌내혁명 2』, 박해순 역, 사람과책, 199713, p. 76.

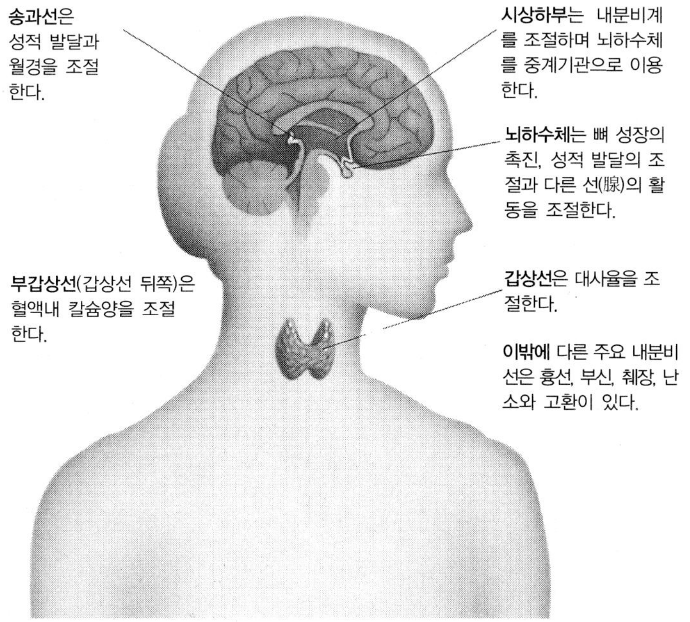

내분비계의 힘

시상하부는 4g정도로, 엄지손가락 끝만큼 작은 조직이다. 그러나 이 기관이 내분비계 전체를 조정한다. 혈당치가 내려가면 시상하부는 우리에게 식욕을 느끼게 한다. 날씨가 갑자기 더워지면, 시상하부는 우리 내부의 체온 조절 장치를 가동시켜 체온을 낮춘다. 200개 이상의 인체 호르몬 중 20개가 뇌 안에서 만들어진다.
일러스트=리더스 다이제스트, 〈신비로운 정신의 세계〉, p. 76

내분비계는 우리의 감정 표현, 성장, 에너지의 효용, 신진대사, 기초생활 등 신체의 기본적인 행동 기능을 활성화하고 조절한다. 뇌하수체는 시상하부의 명령을 받아 여러 가지 조종 호르몬을 순환 중인 혈액으로 분비한다. 호르몬들은 혈액을 따라 순환하다가 부신, 생식선 등 관역기관의 세포막에 있는 수용체와 결합하여 그 기관의 분비세포를 활성화시킨다. 그러면 관역분비세포들은 그들 특유의 호르몬을 생성하여 순환하는 혈액에 방출한다. 이 호르몬들은 신체의 여러 특수한 조직에 작용하여 생리를 조절한다. 이 호르몬들은 순환하는 혈액을 따라 뇌나 뇌하수체에까지 도달하여 이들의 기능에 역으로 영향feedback mechanism을 미친다. 뇌하수체의 조종을 받는 내분비선은 생식선(난소와 고환), 부신, 갑상선, 췌장, 흉선, 송과선 등이다. 콩팥과 소화관(위장)도 내분비선으로 작용하기도 한다. 관역기관은 뇌하수체의 조종을 받고 뇌하수체는 뇌의 일부인 시상하부의 조종을 받으므로 인체의 내분비계는 뇌의 지배하에 있는 것이다. 뇌는 많은 종류의 호르몬을 직접 생성하는 거대한 호르몬샘이고 동시에 신체 곳곳에 자리 잡고 있는 여러 호르몬샘을 조종하는 사령탑이기도 하다.[38]

뇌의 모든 기능은 많은 종류의 신경전달물질에 의해 이루어진다. 사람들의 생각과 사상, 행동을 이해하기 위해서는 신경전달물질계에 대한 연구가 필수적이다. 하지만 고도의 정신 기능, 감정, 운동 및 감각 기능을 수행하기 위하여 얼마나 많은 신경전달물질들이 뇌에서 고유의 기능을 수행하는지에 대해 아직 정확하게 알지 못한다. 앞으로 뇌에 대한 연구가 계속 진행되면 이러한 기능을 수행하고 있는 많은 종류의 신경전달물질들에 대한 정보를 좀 더 정확하게 밝혀낼 수 있을 것이다. 인류는 신경전달물질계의 특성을 밝힘으로써 인간의 정체성과 본질을 규명하는 데에 한발 더 나아가게 될 것이다.[39]

신경전달물질은 각자 특유의 수용체 분자하고만 결합하여 특정 정보를

38. 박만상, 『한국인의 두뇌 개발 III; 정신생물학』, 지식산업사, 1992, pp. 139-144.
39. 박재갑 외, 앞의 책, p. 137; 수전 그린필드(Susan Greenfield) 저, 『브레인 스토리』, 정병선 역, 지호, 2004, pp. 57-69.

전달한다. 정보를 가지고 있는 신경전달물질이라는 화학 분자와 그 정보를 받아들이는 수용체라고 하는 특수 단백질 분자의 상호 결합으로 고도의 정신 기능에서부터 행동, 감정에 이르기까지 여러 가지가 이루어진다. 뇌의 두 주역인 신경전달물질과 수용체의 특성에 관한 연구가 현재 활발히 진행되고 있다.[40]

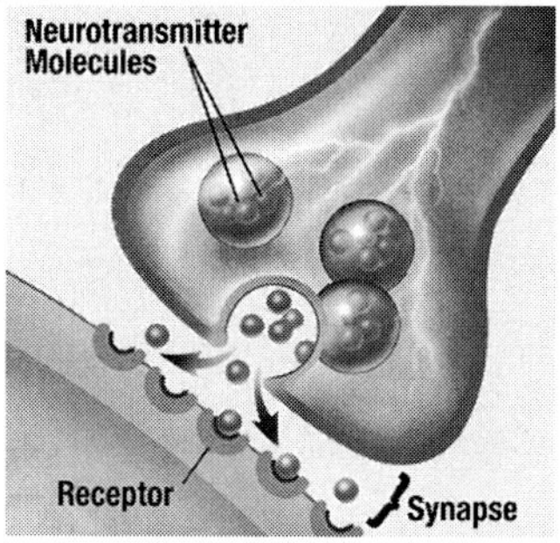

신경전달물질(Neurotransmitter)이 시냅스(Synapse) 간격을 넘어 수용체(Receptor)에 전달되는 과정. 일러스트=http://m.blog.daum.net

신경세포의 신경섬유 끝인 시냅스에서 발생한 신경전달물질은 다음 신경세포의 수상돌기막에 도달하여 수용체에 자극을 전하고 자신은 본래의 세포로 돌아간다. 그러면 그 자극은 다시 전기 자극으로 전환되어 그 세포의 신경섬유를 통해 다음 신경세포로 전달된다.[41]

말초신경계는 아세틸콜린과 노르아드레날린과 같은 소수의 신경전달물질을 사용하는데 비해, 뇌는 현재 밝혀진 것만도 200개 이상의 신경전달물질을 사용하고 있고 지금도 새로운 신경전달물질들이 계속해서

40. 박재갑 외, 같은 책, pp. 138-139; 다치바나 다카시 저, 『임사체험 하』, 윤대석 역, 청어람미디어, 2003, p. 359; 신경전달물질은 크게 흥분성 물질과 억제성 물질로 나뉜다. 흥분성 물질로는 노르에피네프린, 도파민, 세로토닌, 아세틸콜린, 글루타민산염 외 다수가 있고, 억제성 물질로는 감마아미노부티르산, 글리이신 외 다수가 있다.(성영신 외 12인, 앞의 책, pp. 459-460.)

41. 박만상, 『한국인의 두뇌 개발 I; 총명한 두뇌 만들기』, 지식산업사, 20014, p. 77.

발견되고 있다. 뇌의 주요한 신경전달물질은 노르아드레날린, 도파민, 히스타민, 세로토닌과 같은 모노아민류인데 이들은 아미노산이 변형된 것이다. 어떤 경우에는 글리신, 글루탐산과 같이 변형되지 않은 아미노산들이 직접 신경전달물질로 작용하기도 한다. 신경펩티드는 아미노산으로 된 짧은 사슬로 뇌의 신경펩티드에는 엔케팔린과 엔도르핀이 있는데 이들은 고통에 대한 느낌을 변형시켜 기분이 좋아지게 하는 능력을 지니고 있다.[42]

세로토닌은 변연계와 대뇌피질을 잇는 신경세포에서 분비되는데 감정, 쾌락, 수면, 진통 작용을 조절하는 중요한 신경전달물질이다. 부족하면 우울증이 발생하고 과하면 환각과 기분 상승, 쾌락 및 진통 효과가 나타난다.[43] 노르아드레날린은 각성 · 수면 · 감정 조절과 교감신경계 조절을, 아드레날린은 혈압 및 혈관 조절 · 스트레스 반응을 담당한다. 아세틸콜린은 아픔을 느끼게 한다. 이 신경전달물질들은 한 가지 일에만 쓰이는 것이 아니라 여러 다른 장소에서 다른 목적으로 쓰이기도 한다.[44]

다른 동물에 비해 특별히 인간의 뇌에서 많이 유리되는 신경전달물질 중 가장 대표적인 것이 도파민이다. 도파민은 고도의 정신 기능, 창조 기능을 주로 담당하며 신경세포를 활발하게 움직이게 하여 더 많은 신호를 보내는 역할도 수행한다. 도파민은 인류 문화 창조에 핵심인 정

42. Robert A. Wallace 외 저, 『생물학: 생명의 과학』, 이광웅 외 역, 을유문화사, 19988, pp. 714-715; 다치바나 다카시 저, 『임사체험 상』, 윤대석 역, 청어람미디어, 2003. p. 123 이하; 『과학동아』, 앞의 글(2005), p. 168.

43. 서유헌, 『바보도 되고 천재도 되는 뇌의 세계』, 중앙교육연구원, 1996, pp. 141-145; 닉 아놀드 저, 『두뇌가 뒤죽박죽』, 이무열 역, 주니어김영사, 200210, p. 118.

44. 박재갑 외, 앞의 책, p. 141; 박만상, 앞의 책(I), p. 103; 다치바나 다카시 저, 앞의 책(상), p. 131.

신 기능과 창조력을 담당할 뿐만 아니라 인간의 본능, 감정, 호르몬 및 운동 조절에 없어서는 안 될 중요한 물질이다.[45]

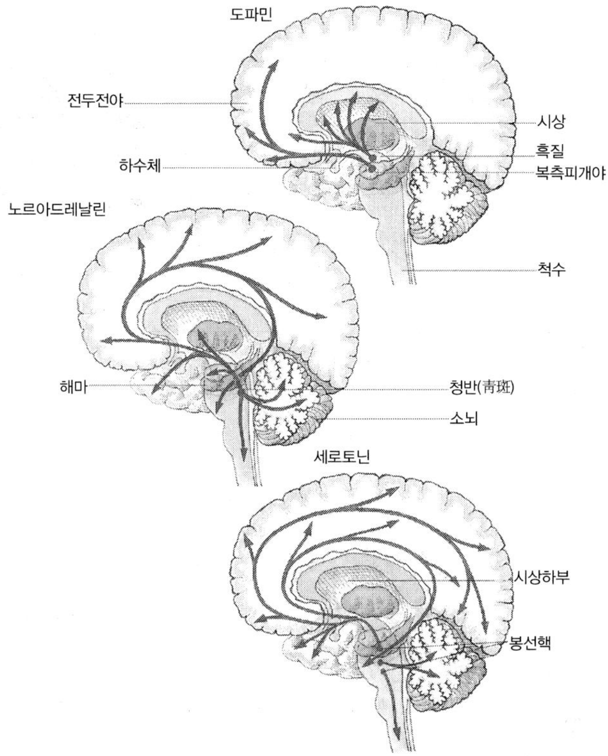

세 가지 신경전달물질 체계. 모두 분수와 유사하다. 세 경우 모두 신경전달물질은 세포체(세포의 주요 부분)에서 만들어진다. 세포체는 뇌의 가장 기본적인 부위에 밀집해 있는데, 붉은 색 점으로 표시돼 있다. 그러나 점 한 개가 수만 내지 수십만 개의 세포체를 나타낸다. 화살표는 사방으로 뻗어나가는 신경세포의 축색을 가리킨다. 그 끝에서 신경전달물질이 뇌와 척수의 다른 부위로 방출된다.
일러스트=수전 그린필드, 〈브레인 스토리〉, p. 58

45. 박재갑 외, 같은 책, pp. 140-141; 닉 아놀드 저, 앞의 책, p. 117; 성영신 외 12인, 앞의 책, p. 467.

❷ 전기적 작용

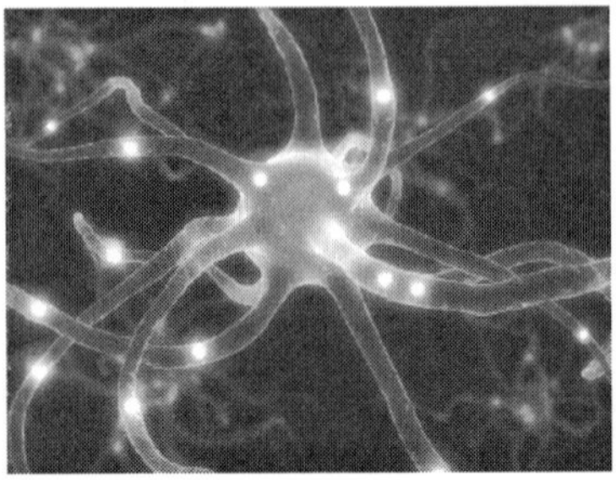

http://www.sandiegohealthclinic.com/wp-content/uploads/2013/05/hormones.jpg

신경세포는 일반 체세포와 달리 세포막 위에 약한 전류가 발생할 수 있는 발전 장치 비슷한 구조를 지니고 있어, 어떠한 자극 에너지에 접하면 그것을 전류 에너지로 전환한다. 이 전류 에너지의 주파수와 파장은 들어온 자극 에너지 주파수와 파장에 따라 다르다. 손가락으로 물건을 만질 경우 손가락 끝의 접촉 에너지가 전류 에너지로 바뀌어 다른 신경세포로 전해진다.

눈으로 들어온 수많은 영상 하나 하나가 고유한 빛의 파장과 주파수를 가지고 눈의 감각세포를 자극한다. 그러면 그 자극 고유의 파장과 주파수에 따른 전류가 감각세포막의 발전 장치에 의해 발생되고, 이 전류는 신경섬유를 통해 시냅스를 거쳐 다른 세포로 전달된다. 뇌 신경세포들이 지니고 있는 전력을 다 합하면 약 20와트쯤 되어 약한 전구를 희미하게 밝힐 수 있을 정도가 된다고 한다.[46]

뇌세포는 항상 전류를 발사하기 때문에 이것을 기계로 기록하면 물결

46. 박만상, 『한국인의 두뇌 개발 I; 총명한 두뇌 만들기』, 지식산업사, 20014, pp. 74-77, 『한국인의 두뇌 개발 IV; 슬기로운 두뇌관리』, 지식산업사, 1994, pp. 20-21; Andrew Newberg · Eugene d' Aquili · Vince Rause, Der gedachte Gott; Wie Glaube im Gehirn entsteht, Piper(München · Zürich), 2003, pp. 39-40; 성영신 외 12인, 앞의 책, pp. 33-37, p. 459; 수전 그린필드(Susan Greenfield) 저, 앞의 책, pp. 48-55.

처럼 나타나고 이 전기 기록을 뇌파라고 한다. 사람마다 지문이 다르듯이 뇌파의 패턴도 다르게 나타난다. 사람마다 타고난 유전적 요소, 현재와 과거에 처한 생활환경과 경험, 뇌세포 사이의 연결 상태와 세포 안에 저장된 화학 물질 등이 다르기 때문이다. 뇌파는 그 주파수와 진폭에 따라 분류한다. 기본적으로 뇌파는 0.5~30 Hz의 주파수를 갖는다. 델타파(0.5~3 Hz), 세타파(4~7 Hz), 알파파(8~13 Hz), 베타파(14~30 Hz), 감마파(30 Hz 이상)가 있다.[47]

뇌파의 종류와 기능

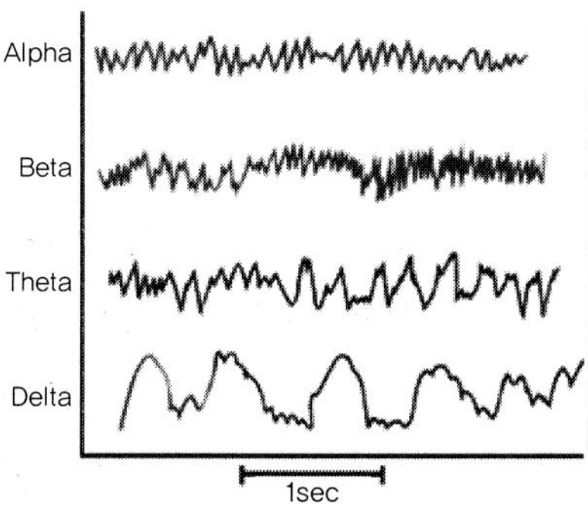

	Hz	나오는 때
Alpha	7~14	마음이 편한 하면서도 의식이 집중되고 있는 상태
Beta	14~30	의식이 깨어있는 상태에서도 나옴
Theta	4~7	얕은 수면 상태에서 나옴
Delta	0.5~4	깊은 수면 상태에서 발생

한스 베르거(Hans Berger, 1873~1941)는 사람의 머리피부에 전극을 붙이고 전위를 기록하여 뇌파를 그려냈다. 뇌파란 뇌신경세포의 활동에 수반되는 전기적인 변화를 외부에서 측정하여 기록한 것이다.
일러스트=김미경. 〈뇌. 춤추는 미로〉. p. 98

47. 박만상, 『한국인의 두뇌 개발 I; 총명한 두뇌 만들기』, 지식산업사, 20014, p. 78; 김미경, 앞의 책, p. 98; 성영신 외 12인, 앞의 책, p. 109, pp. 311-315; 다케다 유타카 저, 『자기개발법: 대뇌생리학에 의한 재능개조』, 오영근 역, 전파과학사, 19947, pp. 18-19.

뇌파는 태아 시절부터 나타나며, 처음에는 불규칙한 느린 파였다가 수태 후 6개월쯤 되면 0.5~1 Hz의 델타파가 된다. 갓 태어난 신생아의 뇌파는 0.5~2 Hz의 델타파이며 불규칙성이 강하고 진폭도 작은데, 이후 주파수가 점점 높아지고 불규칙성이 줄어들며 진폭도 커진다. 생후 3개월부터 델타파가 점차 세타파 우위로 바뀐다. 첫돌 전후에 점차 알파파 우위로 변하고 델타파는 점차 없어지지만 그때까지 세타파가 상당량 섞여 있다. 대체로 20세가 되면 알파파가 지배적이 되면서 성인의 뇌파가 된다. 40대부터 60대까지는 알파파 패턴이 가장 안정되는 시기이다.[48]

3) 뇌의 기능

인간의 뇌 기능은 외부로부터 정보를 받아 스스로 생각하고 판단하여 행동하는 것으로 정의할 수 있다. 먹고 마시는 행위 · 자고 깨는 행위 · 호흡하고 체온을 조절하는 행위 등과 같은 기본적인 생명 유지와, 시각과 청각을 중심으로 한 감각과 지각, 감정 · 기억력 · 이해력 · 사고력 · 판단력 · 의지력 그리고 행동을 모두 가능하게 하는 것이 인간의 뇌이다.

"인간의 뇌는 놀라운 기관이다. 뇌는 감각과 지각, 감정 · 기억 · 의식을 생성한다. 뇌는 우리에게 이성과 창조성과 직관을 부여한다. 뇌는 자신을 관찰할 수 있고 자신의 내적 활동을 숙고할 수 있는 유일한 생물학적 기관이다. 그러나 자신의 그 모든 노력에도 불구하고 뇌의 내적 활동은 신비에 싸여 있다." - 수전 그린필드 일러스트=http://static.naver.com

48. 다치바나 다카시 저, 『뇌를 단련하다』, 이규원 역, 청어람미디어, 2004, pp. 74-81.

뇌는 언어를 구사하고 추상적인 사고를 하며, 어떤 사실이나 지식을 배워서 익히고 어떤 일에 대해 판단하고 계획을 하며 고도의 추리작업을 수행한다. 또한 수의적인 활동과 불수의적인 동작, 모든 감각과 감정들을 주관한다. 컴퓨터는 한 번에 한 단계씩 정보를 처리하지만 뇌는 동시에 수백만 개의 다양한 방향의 통로들을 통해 정보들을 처리한다.[49]

뇌가 없으면 그림이나 시, 관현악이나 아름다운 풍경을 감상할 수 없을 뿐만 아니라 아무것도 할 수 없다. 그러나 뇌가 외부에서 오는 수많은 자극을 구체적으로 어떻게 입력하고 이들을 어떻게 기억하는가에 대해서는 아직 완전히 알지 못하고 있으며, 의식과 마음이 뇌에서 발생되는 과정에 대해서도 아직 온전히 이해하지 못하고 있다. 인간의 마음 · 뇌 · 행동의 관계는 생물학적인 연구만으로 완전히 밝혀낼 수 없다. 마찬가지로 심리 · 사회학적인 관점만으로도 밝혀낼 수 없다. 이것은 신경생물학, 인지과학, 정신과학, 심리 · 사회학, 인간행동과학, 철학, 종교학, 신학 등 다양한 측면에서 접근해야 가능할 일이다.[50]

✔ 감각

눈, 코, 혀, 귀, 피부와 같은 감각수용기는 외부에서 전해오는 감각 정보

49. 수전 그린필드(Susan Greenfield) 저, 앞의 책, p. 329; Andrew Newberg · Eugene d' Aquili · Vince Rause, Op. cit., pp. 26-27.

50. 『리더스 다이제스트』, 「경이로운 사람의 몸: 과학 상식 시리즈 3」, 리더스 다이제스트 · 두산 동아, 19982, pp. 46-47; 대한 총명학회, 앞의 책, p. 51; 김미경, 앞의 책, p. 106; 야마모토 다이스케, 『3일 만에 읽는 뇌의 신비』, 박선무 · 고선윤 역, 서울문화사, 20033, p. 13; 박만상, 『한국인의 두뇌 개발 III; 정신생물학』, 지식산업사, 1992, p. 166; Daniel L. Schacter · Elaine Scarry 저, 『뇌와 기억 그리고 신념의 형성』, 권준수 외 11인 역, 시그마프레스, 2004, p. 4.

를 감지하면 모두 전기신호로 전환하여 뇌로 전달한다. 뇌는 외부 환경에 관한 정보를 빛, 소리, 열, 냄새, 맛 등으로 해석한다. 학습과 경험을 통해 뇌의 각 부위는 각 감각 정보를 해석하는 데 특수화되어 있고, 각 감각 신경세포는 해석한 정보를 특정 신경로를 통해 뇌의 특정 부위로 전달한다.

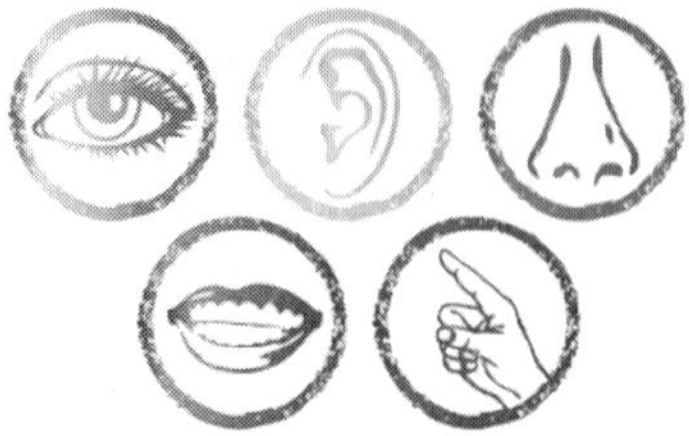

https://blogsomemoore.files.wordpress.com/2012/01/5-senses1.jpg

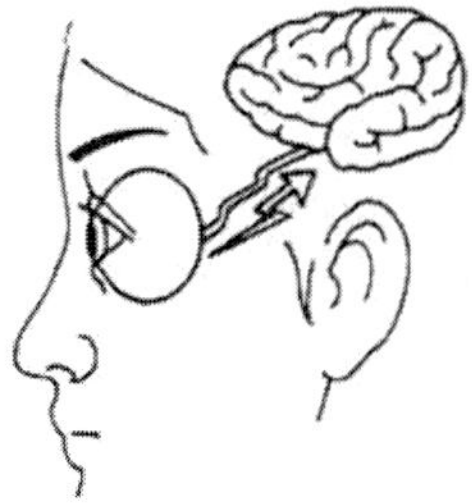

눈에서 뇌로 이어지는 신경은, 귀에서 뇌로 이어지는 신경보다 25배나 많다. 귀로 듣는 것보다, 눈으로 본 인상이 강렬한 것은 그 때문이다. '백문이불여일견(百聞而不如一見, 백번 듣는 것보다 한번 보는 게 낫다)'이란 속담도 있지 않은가.
일러스트=Tony De Saulles

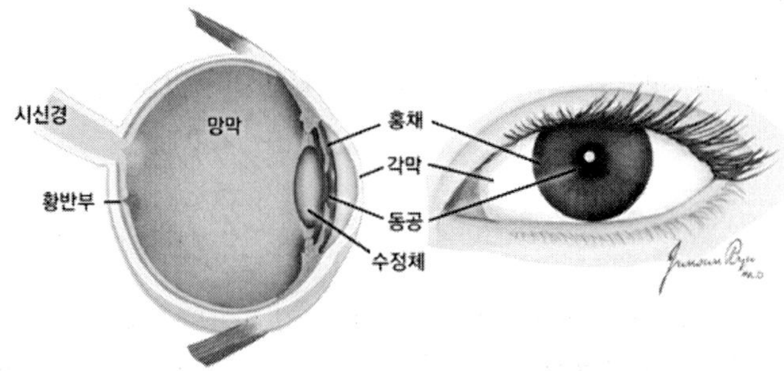

눈의 구조

일러스트=http://cancer.go.kr

예를 들어 뇌의 어떤 부위는 단지 소리만을 다루며 그 부위가 자극받았을 때 우리는 그 자극을 청각으로 감지한다. 사람은 시각과 청각을 통해서 대부분의 정보를 얻는데, 특히 외부 세계의 정보 가운데 70~80%를 시각으로부터 얻고 있다.[51] "인식 능력의 우열은 잘 발달된 시각령을 가지고 있느냐의 여부에 상당 부분이 달려 있다고 해도 좋을 것이다"고[52] 말할 수 있을 정도로 시각은 정보를 얻는 데 큰 역할을 하고 있다.

✔ 의식

학자들은 의식consciousness이 무엇인가에 대해서 오랫동안 논쟁을 벌여 왔고, 일반적으로 특정한 대상을 염두에 두지 않고 깨어 있는 상태를 의미하는 것으로 생각하고 있다. 한편 의식이란 잠에서 깼을 때부터 잠자리에 들 때까지의 상태라고 생각해볼 수도 있으나 명확한 정의를 내리는 것은 아직까지 이루어지지 않고 있다. 의식이 무엇인가에 대해 우리 모두 일반적으로 알고 있지만 명확한 정의

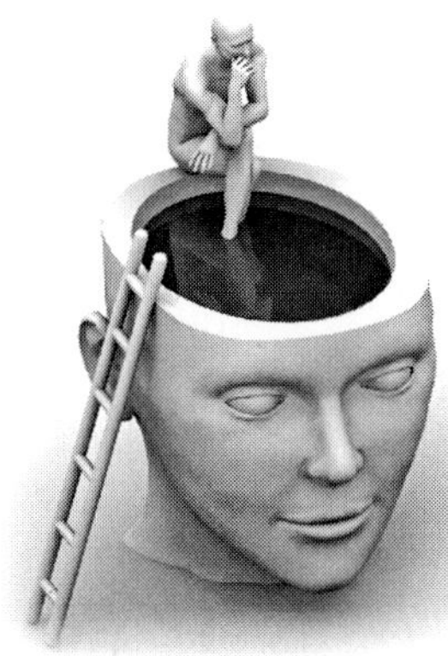

의식 자체가 뇌에서 어떻게 생성되는지는 아직 알지 못하고 있고 명확하게 알아내는 것은 앞으로도 아마 불가능할지 모른다.

http://www.koreatimes.net/files/attach/images/428/653/143/brain_power.gif

---

51. 야마모토 다이스케, 앞의 책, p. 41, pp. 130-133, p. 134; Robert A. Wallace 외 저, 앞의 책, pp. 714-715.

52. 다치바나 다카시 저, 『뇌를 단련하다』, 이규원 역, 청어람미디어, 2004, p. 91.

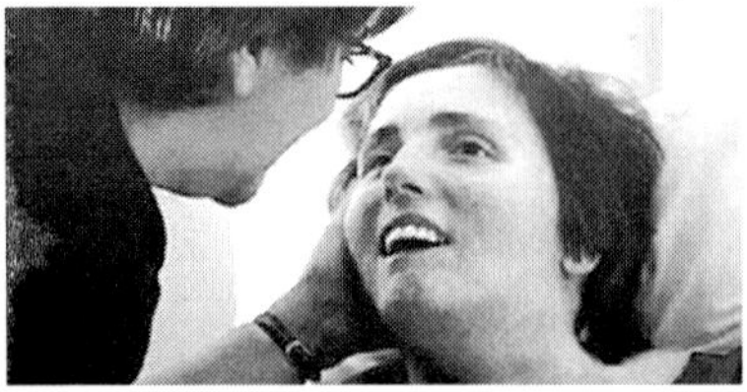

테리 사이보와 그녀의 어머니

1990년 과체중이었던 테리 사이보는 무리한 식이요법으로 제대로 식사 조절을 못하는 상태에 빠지고, 그로 인한 '화학적 불균형'으로 심장 박동이 잠시 정지되었다. 결국 뇌에 치명적인 손상이 가해졌고 의식을 회복하지 못했다. 사이보는 식물인간 상태에서 무려 16년을 보내다가 법원의 동의하에 남편에 의해 안락사 당했다. 사이보가 계속 살았다 할지라도 그녀는 삶을 살 만한 가치가 있는 것으로 만들어 주는 중요한 뇌 기능, 곧 의식을 잃은 채 살아야 했을 것이다.

를 내리는 것은 불가능할 만큼 신비한 요소가 내재해 있다.[53]

의식 자체가 뇌에서 어떻게 생성되는지는 아직 알지 못하고 있고 명확하게 알아내는 것은 앞으로도 아마 불가능할지 모른다. 하지만 지금까지 연구를 살펴보면 의식은 뇌에서 이루어지며 특히 대뇌피질이 중요한 역할을 담당하는데, 그 중에서도 특히 전전두엽이 가장 큰 역할을 한다.

53. 수전 그린필드(Susan Greenfield) 저, 앞의 책, p. 282; Daniel L. Schacter · Elaine Scarry 저, 앞의 책, p. 6; 『리더스 다이제스트』, 「신비로운 정신의 세계: 현대인의 정신 건강 가이드-과학 상식 시리즈 2」, 리더스 다이제스트 · 두산 동아, 19942, p. 63; 다치바나 다카시 저, 앞의 책, pp. 266-267; Stanislav Grof u. a., Wir wissen mehr als unser Gehirn; Die Grenzen des Bewusstseins überschreiten, Herder(Freiburg · Basel · Wien), 2003, pp. 7-34; Peter Neuner(Hg.), Naturalisierung des Geistes - Sprachlosigkeit der Theologie?; Die Mind-Brain-Debatte und das christliche Menschenbild, Herder(Freiburg · Basel · Wien), 2003, pp. 43-56, p. 61; Andrew Newberg · Eugene d' Aquili · Vince Rause, Op. cit., pp. 50-53; 얼윈 스콧은 "의식은 많은 개개의 사건들이 합쳐져 하나의 경험으로 태어나는 것이다"라고 정의하면서, "의식을 이해하기 위해서는 뇌를, 뇌를 이해하기 위해서는 뉴런을, 뉴런을 이해하기 위해서는 단백질의 동역학을, 단백질을 이해하기 위해서는 화학과 원자 물리학을 이해해야 한다"고 했다(얼윈 스콧(Alwyn Scott)). 저, 앞의 책, pp. 24-25.

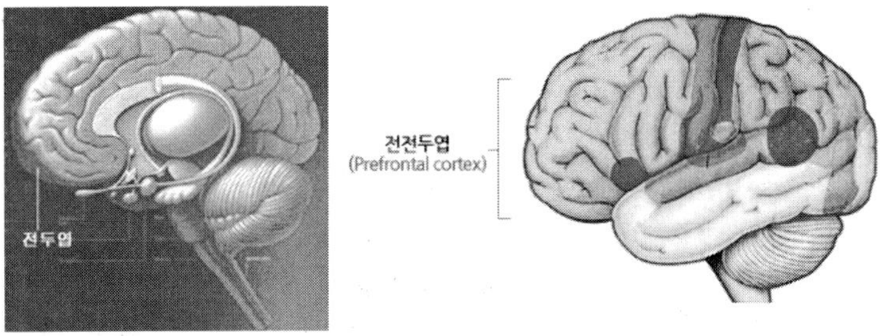

전전두엽은 의식 생성에 중요한 역할을 한다.
일러스트=류영주, <성공적인 대학생활 I권>, p. 45

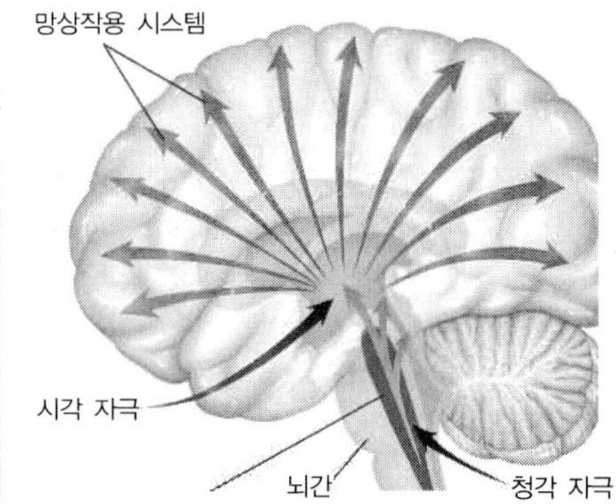

뇌간 뉴런에 넓게 퍼진 망상조직인 망상체는 의식을 명료하게 유지시킨다. 일러스트=google

대뇌에 들어온 정보는 시상을 거쳐 일차적으로 분석된 다음 최고 중추인 대뇌피질에 도달하게 된다. 그러면 대뇌피질에서 최종적인 판단을 하여 필요한 명령을 다시 아래로 내려 보내 적절한 행동을 하게 한다. 이때 거미줄 같은 수많은 전파 섬유가 각성 전파를 계속 보내 대뇌피질을 맑은 정신으로 깨어 있도록 하는데, 이 전파 섬유를 망상활성화계(그물활성화계)라고 한다. 망상활성화계는 인간의 의식을 명료하게 유지해 주는 것이기 때문에 이것이 망가지면 의식을 명료하게 유지할 수 없게 된다.[54]

54. 서유헌, 『바보도 되고 천재도 되는 뇌의 세계』, 중앙교육교육원, 1996, pp. 24-25.

감정

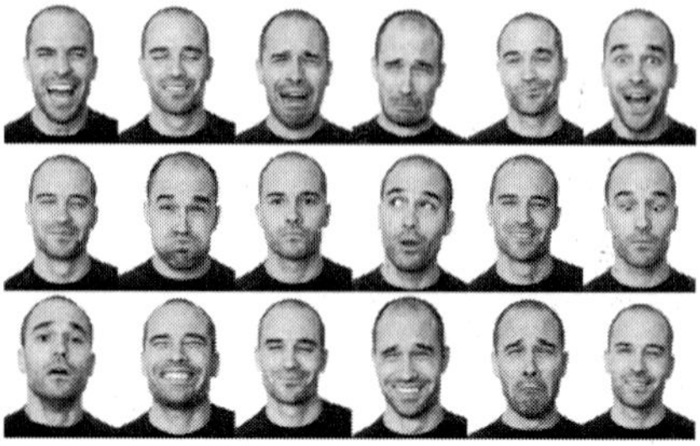

감정이 이성보다 더 지배적인 것으로 인식된다.
http://cfile28.uf.tistory.com/image/276E5F4A53880C1618DAF2

최근에 인류는 인간의 감정에 대한 뇌생리학적 연구를 통해 감정이 이성보다 더 지배적인 것으로 인식하고 있다. 오랫동안 인간은 이성적인 동물이라는 생각으로 이성적인 요소를 더 중요하게 생각하고 더 중점적으로 계발해야 하는 것으로 여겨왔다. 그러나 이러한 견해는 감정을 담당하는 뇌 부위에 손상을 입은 사람이 논리적 예측이나 추론에 아무런 문제가 없음에도 불구하고, 합리적인 행동을 제대로 수행하지 못하는 것을 알게 되면서 바뀌고 있다.[55]

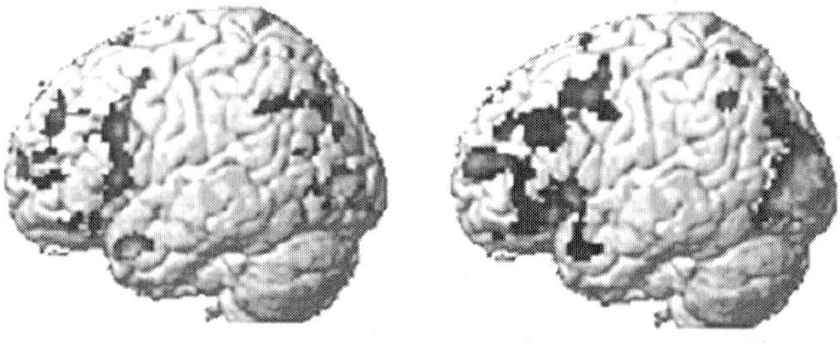

http://www.livescience.com/images/i/000/053/987/original/happysadbrainactivity.jpg?interpolation=lanczos-none&fit=inside%7C660:*

55. http://blog.joins.com. 인간 마음의 실체를 밝힌다-인지과학.

감정이 배제될 경우에 마치 컴퓨터처럼 더욱 냉철하고 합리적인 판단을 내릴 수 있고 그에 따라 빈틈없는 행동을 보일 것으로 생각했었지만 실제로는 이와 반대되는 현상이 일어나기 때문이다. 감정을 담당하는 뇌 부위에 손상을 입은 사람들은 수행해야 하는 일을 꾸준히 해내지 못하고 심한 변덕을 부리며 시작한 일을 제대로 끝내지 못한다. 또한 다른 사람들과 합리적인 대화와 협동이 불가능하여 대인 관계에 심한 어려움을 겪는다.[56]

현재는 '뇌정서과학'이라는 용어가 생겨날 만큼 감정과 관련된 뇌연구가 활발히 진행되고 있다. 이러한 연구 결과들을 요약하면 감정을 느끼고 표현하는 데는 뇌의 많은 부위가 관여하기 때문에 감정만을 담당하는 뇌의 어느 한 부위, 즉 '감정 중추'라고 부를 만한 것은 없다. 현재까지 뇌와 감정의 관계에 대한 연구들이 주로 보여 준 것은, 사람이 어떤 특정한 감정을 느낄 때 뇌의 특정 부위들이 활성화된다거나 뇌의 어느 부위가 손상되거나 자극을 받으면 정서 행동에 어떤 변화가 생긴다는 것이다. 이는 기본적으로 특정 감정과 특정 뇌 부위 사이에 상관관계가 있다는 얘기일 뿐, 특정 뇌 부위의 활동이 왜 우리로 하여금 특정 감정을 느끼게 하는지는 설명해 주지 못한다. 편도체의 신경세포들이 활동한다고 해서 왜 공포를 느끼고 몇몇 뇌 부위가 활동한다고 해서 왜 사랑을 느끼는지 아직 모른다. 좀 더 넓게 보면 뇌가 어떤 식으로 작용하는지를 모두 밝혀낸다고 하더라도 왜 우리가 어떤 특정한 감정을 느끼는지 설명할 수 없을지도 모른다. 하지만 최소한 우리의 감정, 더 나아가 우리의 마음은 뇌가 어떻게 작용하는가와 따로 떼어서 생각할 수 없다는 사실은 확인할 수

56. 앞의 사이트.

있다.[57]

정서의 문제도 이성적인 문제와 같이 학습에 기초하고 있다. 정신과적 입장에서 보면 동일한 사물이나 상황 혹은 환경에 대해서 과거의 학습이나 경험에 따라 쾌 혹은 불쾌, 미움과 사랑 등 그 어느 하나를 서로 다르게 느낄 수 있다. 이는 과거 학습의 결과로 알려져 있다. 극단적으로 말해서 과거에 사랑에 대한 경험이 없다면 질적으로나 양적으로 사랑이 무엇인지 알 수 없으며, 심지어 보통 사람이 느끼는 사랑에 대해 노여움으로 반응할 수 있다.

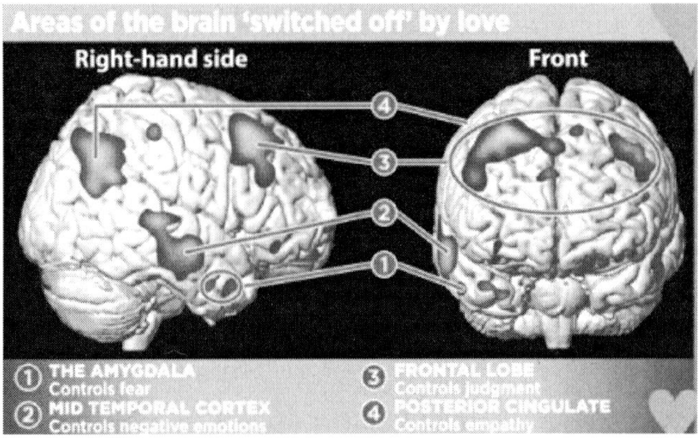

감정의 중요성이 강조되면서 감정의 정보처리가 일어날 때 뇌의 활동은 어떠한지에 대한 연구가 급증하고 있다. 사진은 사랑에 빠진 사람의 뇌를 찍은 것인데, 사랑에 빠지면 두려움과 부정적 감정 부분이 비활성화되는 것으로 밝혀졌다.
일러스트=데일리메일

57. 앞의 사이트; 『과학동아』, 동아사이언스, 2003년 10월호, p. 81; 스티븐 핑커(Steven Pinker) 저, 『빈 서판』, 김한영 역, 사이언스북스, 2004, p. 150 이하.

Tip 감정 관련 뇌 부위

전두엽 속에 파묻혀 밖에서는 보이지 않는 섬엽(insula)은 '고통의 뇌'로 부당한 대우를 받았을 때 활성화되며 몸이 아플 때, 마음이 아플 때 활성화된다.

고통의 뇌는 학습을 할 수 있어, 과거에 따돌림을 당했거나 동료에게 배신당한 경험이 있는 사람의 경우 비슷한 상황에서 일반인보다 그 트라우마가 더 심각하게 작용한다. 또한 고통의 뇌는 자신뿐 아니라 남이 부당한 대우를 받았을 때도 강하게 반응한다.

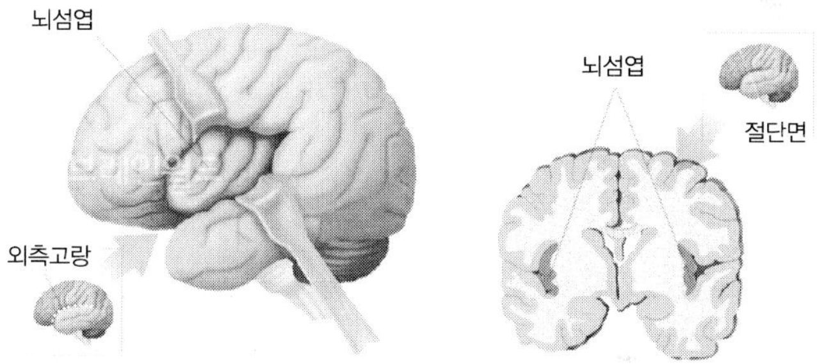

섬엽은 몸이 아플 때도 활성화되지만 마음이 아플 때도 활성화된다.
일러스트=브레인

Tip 격앙된 감정 완화법

눈물이 주룩주룩? 수다로 닦으세요!

슬픔이나 분노를 말로 풀면 격앙된 감정을 완화할 수 있다는 연구 결과가 나왔다. 미국 로스앤젤레스 캘리포니아대 심리학과 매슈 리버먼 교수팀은 슬픔이나 분노를 말로 표현하면 그 감정이 누그러진다는 연구 결과를 미국 심리과학회지에 냈다.

감정을 억누르지 않고 말로 표현하면 이 감정이 약화된다는 것. 연구팀은 18세에서 36세 전후의 정신 병력이 없는 성인 남녀 30명을 뽑아 슬픔, 분노, 놀람 등 다양한 표정을 담은 남녀의 얼굴 사진을 보여줬다.

슬픔을 느낄 때 / 감정을 표현할 때

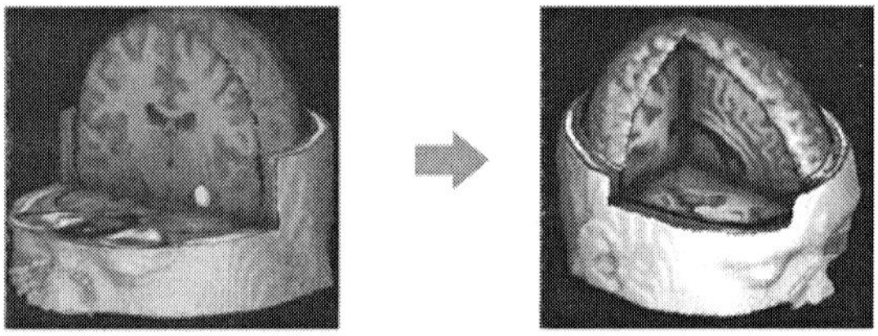

사람이 감정을 느끼면 활성화되는 뇌 편도체(왼쪽). 최근 감정을 말로 표현하면 이 부위의 활동이 현저히 줄어드는 반면 절제된 사고를 관장하는 '우측 복외측전전두피질'의 활동이 늘어난다는 연구결과가 나왔다. 사진제공 미국 로스앤젤레스 캘리포니아대

연구팀은 피험자에게 각각의 사진에 '슬프다' '화났다' 등의 단어를 붙이거나, 성별에 따라 '샐리' '해리'같은 이름을 붙이도록 했다. 그리고 fMRI로 피험자들의 뇌 변화를 살폈다. 그 결과 감정을 표현하는 단어를 붙인 피험자의 뇌에서 변화가 나타났다. 화난 표정의 사진에 '화났다'는 단어를 붙인 피험자의 경우 편도체 기능이 눈에 띄게 줄어든 것.

반면 정서적인 충격을 조절하는 '우측 복외측전전두피질'의 활동은 활발해지는 현상이 발견됐다. 사진에 감정을 나타내는 단어를 붙일 때 절제된 사고를 담당하는 뇌 기능이 더 활성화된 것. 감정을 말로 바꾸는 과정에서 고등 사고를 관할하는 부위가 활성화됐다는 뜻이다. 비슷한 표정이나 같은 성별을 찾는 등 감정을 표현하지 않을 경우 편도체의 기능은 떨어지지 않았다. 리버먼 교수는 "감정을 표현하는 과정에서 편도체와 전두엽은 서로 상쇄하는 방향으로 작동한다"며 "아주 간단한 감정 표시만으로 격한 감정을 누그러뜨릴 수 있다는 사실이 입증됐다"고 말했다.

이번 연구는 심리 상담이나 대화, 글쓰기 등의 언어활동이 감정을 누그러뜨리는데 도움이 된다는 기존 연구를 뒷받침하고 있다. 슬플 때 '슬프다', 화날 때 '화났다'고 솔직히 말하는 것이 감정을 조절하는 데 낫다는 얘기다.[58]

58. 박근태, 동아일보, 2007. 7. 6.

기억

기억하는 기능은 생각하는 기능과 마찬가지로 뇌세포가 수행하는 중요한 기능 가운데 하나이다. 눈이나 귀로 들어온 수많은 자극들은 다 기억되는 것이 아니라 대부분 시상에 의해 걸러지고 일부만 기억에 남는다.[59] 기억은 정신기능의 중심이며 일상의 여러 측면에서 중요한 역할을 한다. 현재까지 널리 받아들여지고 있는 기억 저장설에는 신경전달물질설과 신경세포 연결설이 있다. 전자는 노벨상 수상자 에릭 캔델이 주장한 이론으로 군소(바다달팽이와 비슷한 연체 동물로서 신경계가 매우 단순하기 때문에 신경생리연구에 사용된다)에게 여러 가지 단순한 학습을 시킨 결과 기억과 관련된 신경회로의 시냅스에서 신경전달물질이 증가하는 것을 관찰했다. 이와 마찬가지로 인간에게도 일정한 학습을 하면 그것을 담당하는 신경세포의 신경전달물질이 증가하는 것으로 생각했다.[60]

후자는 캘리포니아 대학교 린치가 주장하는 '신경세포 연결설'이다. 우리 뇌의 수많은 신경세포들은 서로 연결되어 있는데 학습을 통해 부가적으로 새로운 연결이 생긴다는 것이다. 즉 A라는 신경이 평소 B신경과 연결되어 있다면 학습을 통해 A신경 말단에서 새로운 가지가 나와 C신경과도 연결된다는 주장이다. 1천억 개나 되는 인간의 뇌 신경세포들이 적절

59. 박만상, 『한국인의 두뇌 개발 I; 총명한 두뇌 만들기』, 지식산업사, 20014, pp. 136-137; 성영신 외 12인, 앞의 책, pp. 164-175; 수전 그린필드(Susan Greenfield) 저, 앞의 책, pp. 132-134.

60. 실제로 약을 사용하여 NMDA 수용체를 억제시킨 쥐는 미로 찾기를 잘 못하며, 유전공학을 이용하여 NMDA 수용체를 더욱 활성화시킨 쥐는 정상 쥐에 비해 더 잘한다는 실험 결과가 있다. 또한 기억과 매우 관계가 깊은 해마 부위의 NMDA 수용체를 없앤 쥐에서 미로 찾기를 시키면 쥐는 예상대로 미로 찾기를 잘 못한다. 하지만 그 쥐에게 여러 가지 자극을 가하고 훈련을 시키면 결국은 기억력이 되돌아온다. 아마도 뇌라는 것은 매우 탄력적이어서 해마 이외의 다른 부분이 기억 습득 기능을 대신했을 가능성이 있다.

히 연결된다면 아무리 복잡한 사실도 기억할 수 있을 것이다. 신경전달물질설과 신경세포 연결설을 옹호 혹은 배척하는 여러 증거들이 있으나, 두 가설 모두 옳을지도 모른다. 실제로 이 두 가지 요소가 서로 상호 작용하여 새로운 기억의 회로를 형성할 가능성이 높다.[61]

잘 망각하는 것도 뇌의 선물이다.
일러스트=http://goodsaram.tistory

외상후장애와 대비되는 '외상후성장'이라는 심리학 용어가 있는데 과거에 갇히지 않고 미래에 대한 희망을 품었을 때 더 성장한 자신을 발견할 수 있다는 뜻이다. 나이가 들수록 긍정적인 장면을 잘 기억하고, 부정적인 장면은 잊는 능력이 생긴다는 연구는 장수하는 노인의 지혜를 깨닫게 한다.[62] 기억력은 고정된 것이 아니며 기억 장애는 특정 질환뿐 아니라 생활습관이 나쁠 때 일어난다. 나쁜 습관을 고치려고 노력한다면 누구나 기억력을 회복하고 향상시킬 수 있다는 말이다.[63]

61. 김종성, 『춤추는 뇌』, 사이언스북스, 2005, pp. 172-174.

62. 이재웅, "나는 기억한다. 고로 나는 살아있다", 『The Science』, 동아사이언스, 2011년 12월 18일자.

63. 이정아, "'쓸데없는 생각'이 기억장애를 만든다", 『과학동아』, 동아사이언스, 2011년 1월호, p. 37.

생각 나누기

기억은 사라지는 것인가, 찾지 못하는 것인가?

나이가 들면 건망증이 생기기 마련인데 보통 45세 때부터 본격적으로 찾아온다. 먼저 고유명사부터 까먹는다는 얘기가 있다. 뻔히 아는 사람을 마주보고도 이름이 떠오르지 않는다. 입안에서 맴돌 뿐 도저히 생각이 안 나 진땀이 난다. 상대가 눈치 안채게 대화를 하느라 고생을 하고 헤어진 뒤 문득 이름이 떠오르기도 한다. 이처럼 건망증의 상당 부분은 기억 자체가 사라진 게 아니라 머릿속 어딘가에 처박혀 있는 기억을 제때에 바로 찾지 못하는 현상이 아닐까?[64]

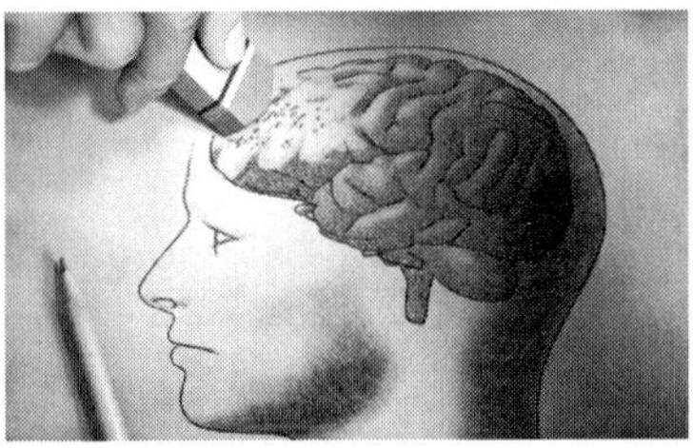

일러스트=http://boomerhighway.org/is-your-mother-losing-her-memory

64. 강석기, '잃어버린 기억을 찾아서', 동아사이언스, 2015. 6. 8 참조.

Tip 기억상실이 돼도 기억 자체는 사라지지 않는다?

나이 들어 생기는 건망증이 아니라 질병(예: 치매)이나 사고로 인한 충격 등으로 과거 기억이 사라져버리는 기억상실은 어떨까? 이 경우는 기억 자체가 사라진 것일까 아니면 일시적인 건망증처럼 기억은 남아있지만 여기에 접근하는 길이 폐쇄된 것일까?

노벨생리의학상 수상자인 도네가와 교수팀은 2012년 공포기억을 지니고 있는 엔그램을 해마에서 찾았다는 연구 결과를 발표했다. 엔그램engram이란 뇌 속에 있는 기억흔적을 나타내는 말이다. 도네가와 교수팀은 외부의 공포자극 없이 광유전학 기술을 써서 공포 엔그램을 자극할 경우 쥐가 공포반응(몸이 얼어붙는 행동)을 보인다는 사실을 입증했다.

즉 쥐를 우리에 넣고 특정 소리가 날 때 바닥에 전기쇼크가 일어나게 하면(물론 죽을 정도는 아니다) 나중에는 그 소리만 들어도 공포로 몸이 굳는다. 이 쥐들은 유전자 조작으로 해마 세포에 채널로돕신2라는 빛수용체 유전자와 노랑색형광단백질 유전자가 들어있다. 이 유전자들은 공포를 체험할 때 발현되게 조작돼 있어서 해마에서 어떤 뉴런이 특정 공포기억에 관여하는지 확인할 수 있다(형광단백질이 발현된 세포). 조사결과 해마에서 치상회라고 부르는 영역에 있는 세포들이 주로 활성화됐다.

그 뒤 소리 대신 뇌에 심은 광섬유를 통해 파란빛을 켜 세포막에 채널로돕신2 단백질이 박혀 있는 뉴런들이 활성화되게 만들었다. 즉 공포체험으로 채널로돕신2이 발현돼 세포막에 존재하는 뉴런이 파란빛을 쬐면 단백질 구조가 바뀌면서 채널이 열려 이온이 들어오면서 뉴런이 활성화된다. 실험 결과 파란빛을 쪼인 쥐들은 특정 소리를 듣지 않았음에도 몸이 얼어붙었다. 쥐의 마음에 들어갈 수는 없지만 머릿속에서 파란빛이 켜졌을 때 쥐

들은 어찌 된 영문인지 감전의 기억이 떠올랐을 것이다.[65]

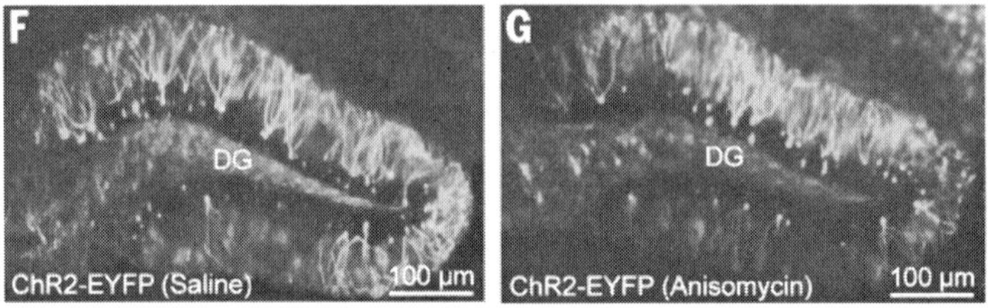

전기충격으로 공포 경험을 하면 해마의 치상회에 기억흔적(엔그램) 세포가 형성된다(왼쪽). 단백질 합성을 억제해 기억공고화를 방해하는 약물을 투입할지라도 엔그램 세포 형성에는 큰 영향을 주지 못한다(오른쪽). 빛을 쪼여 이 엔그램 세포를 활성화하면 기억상실인 쥐도 공포를 느낀다. 일러스트=사이언스, 동아사이언스, 2015. 6. 8 재발췌

65. 강석기, 앞의 글 참조.

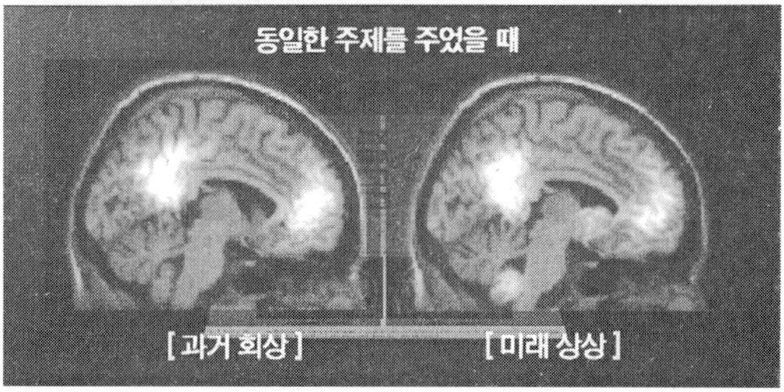

기억은 오래된 미래다! 〈신경심리학회지〉에 실린 다니엘 색터 교수의 논문에는 과거 회상과 미래 상상할 때 공통된 뇌 부위가 활성화된다는 연구 결과가 수록돼 있다.

최근 기억이 미래를 위한 차원으로 연구되면서, 인간 사고의 큰 부분은 미래에 있을 일들을 예측하는 데 필요하다는 것을 밝혀냈다. 즉 앞으로 일어날 일들을 예측하고, 그에 대비하고자 한다는 것이다.

놀랍게도 과거를 회상하는 뇌 부위와 미래를 상상하는 부위가 일치한다고 한다. 일단 뇌 뒤쪽 시각 영역과 함께 왼쪽 해마가 활성화된다. 그리고 좌뇌측 전전두엽, 두정엽이 공통적으로 활성화되었는데, 모두 자서전적 기억(미래 기억 포함)을 떠올릴 때 활성화되는 곳이다. 이렇게 과거를 회상하거나 미래를 상상할 때 같은 부위가 활성화되는 이유는 자기 자신과 관련이 있고, 맥락이 있으며, 에피소드가 있는 이벤트를 떠올릴 때의 과정이 같기 때문이다. 일러스트=KBS 〈기억〉, p. 116

✔ 지능

지능은 기억력, 창의력, 판단력, 분별력 등 다양한 요소들로 구성되기 때문에 여러 가지 유전자들이 지능에 영향을 미친다. 하지만 아직까지 지능과 관련된 유전자들이 발견되지 않고 있다. 오늘날 대부분의 학자들은 앞에서 언급한 것 외에도 통찰력, 인내력, 사고의 유연성, 뇌의 정보처리 속도 등을 포함하는 상호 관련된 여러 가지 능력들이 공동으로 작용하여 지능이 형성되는 것으로 생각한다.[66]

https://sites.psu.edu/siowfa15/wp-content/uploads/sites/29639/2015/10/stock-photo-intelligence-symbol-conceptual-design-creative-thinking-icon-isolated-on-white-background-126523163.jpg

인간과 동물의 지능 차이가 현저한 것은 뇌의 양이 아니라 질의 차이 때문이다. 신경세포들이 어떻게 조직되어 서로 얼마나 복잡하게 연결되고 정보를 처리하는 데 얼마나 많은 세포들이 관여하며, 뇌의 어떤 화학 물질이 작용하는가에 따라 큰 차이가 난다.[67] 지능을 규명하고 밝히는 일에는 장애 요소가 있는데 그것은 아직도 지능이 무엇인가에 대하여 정확하게 알지 못하고 있고, 또한 현재 활용 가능

---

66. Robert A. Wallace 외 저, 『생물학』, 701; 서유헌, 앞의 책(19964), p. 48.
67. 박만상, 앞의 책(I), pp. 107-108, 『한국인의 두뇌 개발 II; 정상인과 기억력 개발』, 지식산업사, 19942, pp. 18-20; 성영신 외 12인, 앞의 책, p. 112, 247; 김대식, 『공부혁명』, 에듀조선, 2003, pp. 49-50.

한 지능검사를 통하여 구체적으로 무엇을 측정할 수 있는가에 대하여 일치된 견해가 없다는 것이다. 지능을 측정하는 시도는 1904년 프랑스의 비네에 의해 지능 검사라는 형태로 실시되었다. 그 뒤 독일의 슈테른 William Stern이 〈지능 검사의 심리학적 방법〉(1911)에서 정신 연령과 실제 연령의 비를 제창했고, 이것을 미국 스탠포드 대학의 심리학자인 터먼 Lewis Madison Terman이 계승하여 저서 〈지능 측정〉(1916)에서 지능 지수, 즉 'IQ Intelligent Quotient'를 등장시켰다. 그러나 이 IQ는 양적인 측면이 강조되고 평생 변하지 않는다는 것을 전제하고 있기 때문에 현재 통용되고 있는 IQ 검사법으로는 뇌의 지능을 정확히 판정할 수가 없다.[68]

지능검사로 무엇을 측정할 수 있는가 또는 무엇을 지능이라고 부르는 것이 합당한가에 대한 논의보다는 우리의 일상생활이 훨씬 더 중요하다. 지능검사는 동기 부여, 사교 기술, 불행에 직면했을 때의 인내심, 합리적인 목표를 세우고 성취해 나가는 능력 등과 같은 중요한 부분의 기능을 고려하지 않고 있기 때문이다.[69]

인간의 모든 특성과 마찬가지로 지능도 환경과 유전 양쪽의 산물이다. 그래서 지능은 어느 정도 유전적으로 결정되기는 하지만 환경이나 개인적인 노력에 의해 변화될 수 있다.[70] 우리의 모든 경험은 신경회로를 형성하는 데 사용된다. 풍부하고 다양하며 도전적인 경험을 할수록 더 정교한 신경회로가 형성된다. 그러나 한계가 있는 것은 분명하다. 지능검사에서 보통 정도의 점수를 받은 사람이 어느 날 갑자기 아인슈타인처럼 난해한

---

68. 서유헌, 『바보도 되고 천재도 되는 뇌의 세계』, 중앙교육연구원, 1996, p. 54.
69. 리처드 레스탁 저, 앞의 책, p. 39.
70. 서유헌, 앞의 책, pp. 55.

물리이론을 이해할 수 있을 정도로 변하지는 않는다. 추론 능력이나 인지 과정이 급격히 발달할 수 없고 IQ 검사의 결과가 갑자기 높아지는 것도 아니다. 나이가 들수록 뇌의 기능이 쇠퇴하기 때문에 지능의 수행 능력은 점차 감소하는 경향이 있다. 그러나 변화에 적응하는 뇌의 능력, 곧 적응성은 일평생 큰 변화 없이 유지된다.

Tip 지능이 높은 뇌는 에너지 손실이 적다

캘리포니아 대학 리처드 헤이어는 지원자를 대상으로 간단한 추리시험을 보게 하는 동안 얼마나 많은 포도당(뇌가 에너지원으로 쓰는 당분)이 뇌에서 대사되는지 알아보았다. 놀랍게도 고득점을 얻은 대상자들의 뇌가 점수가 낮은 사람들의 뇌보다 훨씬 적은 포도당을 소비한 것으로 나타났다.

더구나 시험을 잘 친 사람일수록 그들의 포도당 사용은 뇌의 적은 부위에만 집중되어 있었다. 낮은 점수의 사람들은 시험 질문의 답을 찾기 위해 뇌의 모든 부분을 찾아다님으로써 더 넓은 부위에서 더 많은 포도당을 소비했다(남들이 놀 때 공부를 하듯, 보통사람들의 뇌는 추리시험 칠 때 놀아야 할 뇌까지도 열심히 동원하는 것).[71]

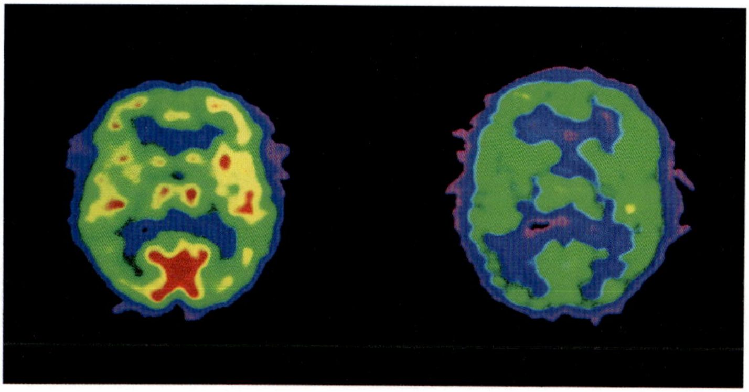

방사능색소를 사용한 이 PET는 얼마나 많은 포도당이 대사되는지 보여준다. 오른쪽에 있는 '지능이 높은' 뇌는 왼쪽에 있는 뇌보다도 시험에 정확한 답을 찾기 위해 더 적은 포도당을 이용한다. 일러스트=리처드 헤이어

71. 물론 이런 에너지 소비가 시험에 대한 흥분에 기인할 수도 있다. 하지만 리처드 교수의 가설 중 하나는 가장 효율적인 신경회로를 가진 뇌는 최소의 포도당을 이용한다는 것이다.

✔ 언어

말 또는 글로 된 언어 정보들은 서로 연결되어 현대인의 사고 대부분을 차지한다. 언어는 내면세계를 반영할 뿐만 아니라 역으로 언어가 내면세계를 만들어 간다.[72] 말은 인간의 뇌에만 있는 언어 영역에서 비롯된다. 언어 영역이 발달하면 다양한 어휘를 사용하여 생각이 풍부해지고 표현력도 우수해진다. 또한 청력도 높아져 다른 사람의 말을 쉽게 알아들을

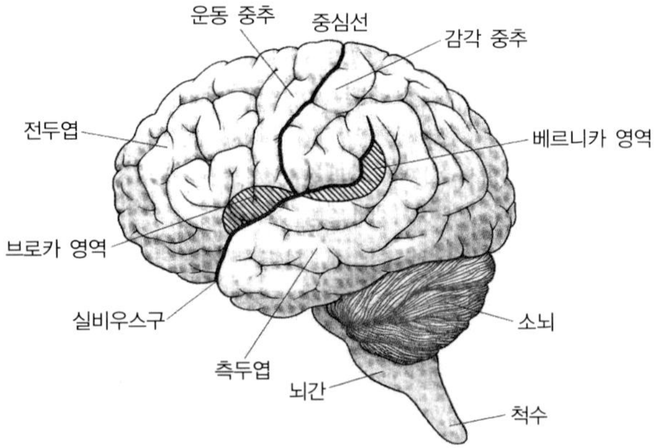

김종성, <춤추는 뇌>, p. 235

72. "언어가 사고를 지배한다"는 주장은 1930년대 미국의 언어학자인 에드워드 사피르와 벤자민 워프에 의해 처음 제기됐다. 이들은 영어와 달리 과거, 현재, 미래 시제가 없는 미국 원주민 호피의 언어를 연구해 언어에 따라 인간의 사고방식이 결정된다는 언어결정론을 주장했다. 호피 인디언은 어떤 사건을 보고 표현할 때 시제가 아니라 직접 보았는가 안 보았는가를 중요하게 생각했다. 1960년대 중반 언어를 인간이 보편적으로 타고난 능력의 결과로 보는 견해가 등장했지만, 1990년 이후에는 언어와 사람의 사고방식이 서로 영향을 미친다는 입장이 나왔다. 이충환, 동아사이언스 뉴스, 2004. 4. 13; 박만상, 『한국인의 두뇌 개발 II; 정상인과 기억력 개발』, 지식산업사, 19942, p. 92; 공병호, 『두뇌 가동률을 높여라』, 21세기북스, 20044, p. 86; 수전 그린필드(Susan Greenfield) 저, 앞의 책, p. 260; 김대식, 앞의 책, pp. 68-69; 스티븐 핑커(Steven Pinker) 저, 앞의 책, pp. 366-370.

수 있어 그렇지 못한 사람보다 능력이 다방면으로 뛰어나게 된다.[73]

뇌에서 언어 영역은 출생할 때부터 발달하기 시작한다. 대뇌피질의 브로카Broca 영역은 언어 구사에 필요한 근육 조절을 담당하고 베르니카Wernicke 영역은 언어의 의미를 파악하는 역할을 담당한다. 귀를 통해 들어간 말소리는 베르니카 영역에서 해석된 후 브로카 영역을 거쳐 입으로 표현되는 것이다.

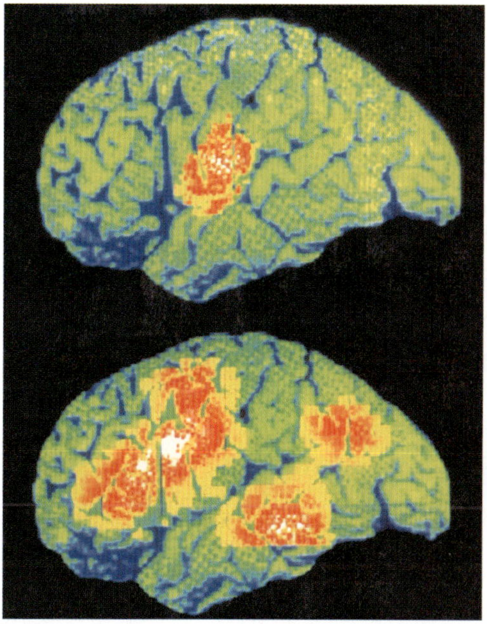

언어와 관계하는 다양한 뇌 영역들. 일정한 조건 하에서 활성화되는 영역을 PET로 찍은 사진들. 위는 말할 때 활성화되는 영역을 보여준다. 아래는 어휘 선택과 말 하기에 의해 고도로 활성화된 몇몇 부위들. 일러스트=수전 그린필드, <브레인 스토리>, p. 254

73. Gerald M. Edelman · Giulio Tononi, Op. cit., pp. 263-272; Andrew Newberg · Eugene d' Aquili · Vince Rause, Op. cit., pp. 49-50; 박만상, 『한국인의 두뇌 개발 I; 총명한 두뇌 만들기』, 지식산업사, 20014, pp. 129-131; 가이 맥칸(Guy McKhann) · 마릴린 앨버트(Marilyn Albert) 저, 앞의 책, pp. 133-135.

데카르트는 언어에서도 사람과 동물의 질적 차이가 드러난다고 했다. 그에 의하면 동물은 사람의 자아의식에 비견할 만한 것이 결여된 자동인형과 같아서 제한된 발성 신호로 의사를 소통한다. 이것은 사람의 지능이 동원된 사고를 나타내는 언어가 아니다. 유인원이 두 가지 하급언어를 구사하는 것은 부인할 수 없는 사실이다. 이것은 그들의 본능적 욕구를 표현하여 소속 구성원들과 공동의 삶을 유지시키는 신호 체계이다. 사람의 언어와 유인원의 언어 사이에는 질적인 차이가 명백히 있다.[74]

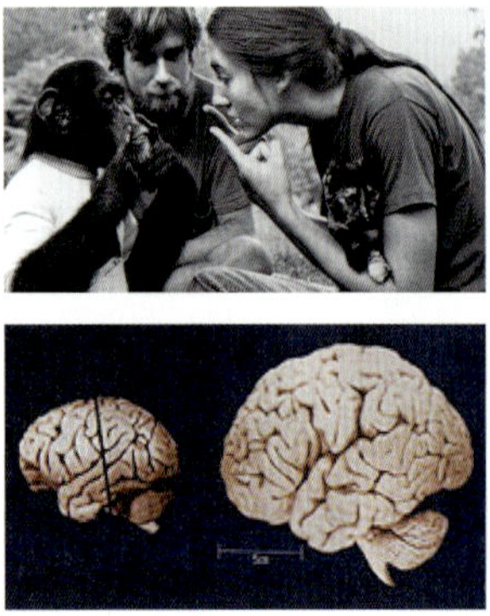

인간(오른쪽)과 침팬지(왼쪽)의 뇌 비교

인간을 제외한 영장류의 언어중추는 중뇌 안쪽의 대뇌변연계에 위치하고 있다. 언어중추가 사고를 주관하는 대뇌피질에 위치하고 있는 인간과는 대비되는 모습이다. 인간은 침팬지에서 갈라져 나오면서 기막힌 도약을 한 셈이다. **'생각을 하면서 말을 한다'는 결정적 차이가 인간을 동물과 구별짓는 점이다.**[75]

사람의 언어 영역은 출생 전에 이미 형성되어 있어서 언어를 배울 수 있도록 개체발생학적으로 발달한다. 이것은 유전자적으로 결정되어 있는 것으로서 인간의 어떤 언어든 완벽하게 습득할 수 있는 능력을 지니고 있다. 그래서 어린아이들은 서로 다른 종족 간에도 동등한 언어 습득 능력이 있다. 존 에클스는 이러한 사실을 바탕으로 하여 '언어 문법의 기본

74. 존 에클스(John C. Eccles) 저, 『뇌의 진화: 자아의 창조』, 박찬웅 역, 민음사, 1998, pp. 114-115.

75. 최재천,『과학동아』, 동아사이언스, 2001년 5월호 참조.

적 구조는 뇌의 언어영역과 관계가 있는 것'으로 간주한다. 또한 '언어 문법 구조는 출생 전부터 유전자에 의해 구축되는 대뇌피질의 언어 영역의 미세구조 속에 새겨져 있기 때문에, 어린아이는 언어의 저변 구조에 관한 지식을 가지고 태어나는 것'으로[76] 보고 있다. 이러한 유전자는 수집한 정보를 언어로 전환시키는 유전자일 수도 있고 후두, 성대, 혀, 입술, 볼 등의 구조를 결정해 말소리를 내게 하는 유전자일 수도 있다. 이러한 사실을 지지하는 연구 결과가 2001년에 영국 옥스퍼드 대학의 모나코 연구팀에 의해 밝혀졌는데, 이 연구팀은 언어장애에 시달리는 영국의 한 가계 구성원들의 유전자를 면밀히 조사한 결과 'FOXP2forkhead transcription factor'라는 유전자에 이상이 있어서 언어장애(말소리를 정확히 발음하거나 입과 혀를 조절하는 데 어려움을 겪고 있음)가 발생한다는 결론을 내렸다.[77]

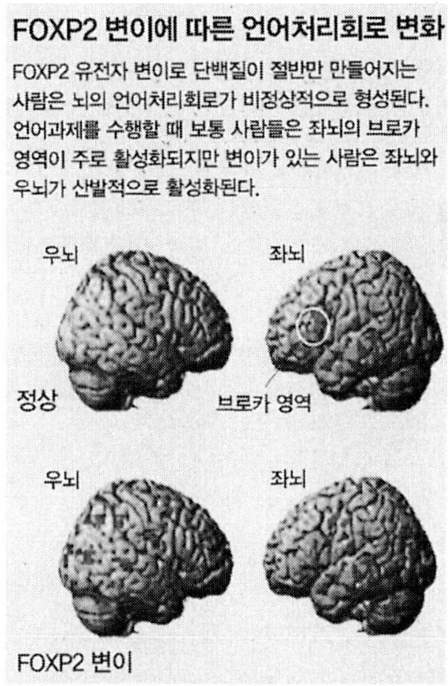

과학동아, 2009년 10월호 p. 91

76. 존 에클스(John C. Eccles), 앞의 책, p. 129.

77. 이 가계의 언어장애자 14명 전원에게서 FOXP2 유전자에 있는 715개의 아미노산(FOXP2 유전자가 715개의 아미노산으로 구성된 단백질을 만든다) 중 1개가 일반인과는 다른 것으로 밝혀졌기 때문이다. 김선영 · 김영주, "동물에게 말 가르칠 수 있을까: 언어유전자 없으면 평생 배워도 말 못해", 조선일보, 2003. 10. 6.

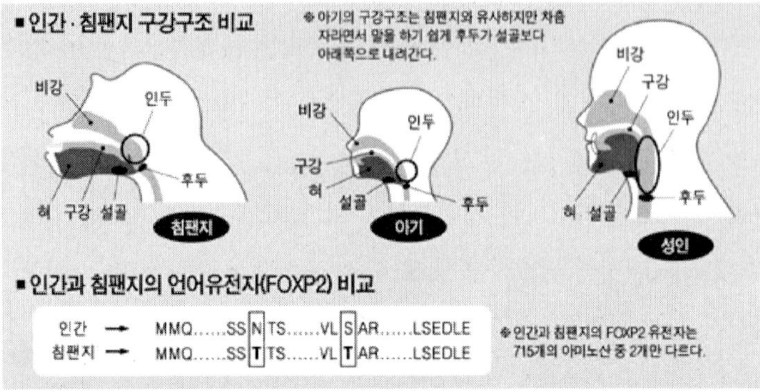

해부학적인 면에서도 인간은 다른 동물들과 다르게 말소리를 낼 수 있도록 진화해 왔다. 발음기관인 인간의 설골(舌骨)과 후두(喉頭)는 태아 시기에는 입 안 구조상 높게 위치하고 있다. 그러다 출생 후부터 천천히 내려앉기 시작하고 후두 위의 성도(聲道, vocal tract, 성대에서 콧구멍에 이르는 통로)가 발달, 복잡한 말소리를 낼 수 있게 된다. 예전에는 이러한 설골과 후두의 하강현상이 인간에게서만 발견되는 것으로 생각했다. 그러나 2003년 5월 일본 교토대 연구팀이 이러한 후두의 이동현상이 아기 침팬지에게서도 나타난다는 사실을 알아냈다. 따라서 인간의 말소리 사용을 가능하게 한 해부학적 변화는 두 단계에 걸쳐 일어난 것으로 보인다. 즉 인간과 침팬지의 공통 조상 시기에 후두가 먼저 내려왔고, 설골은 인간으로 진화된 이후에 하강했다는 것이다.[78]

언어학적 연구를 통해 어린아이와 어린 침팬지의 근본적인 차이는 언어에 있음을 알게 되었다. 어린아이는 본능적으로 강한 의욕을 가지고 언어의 세계로 들어가서, 문법적으로 바른 언어를 구사하는 것을 빨리 배우면서 주변에 존재하거나 일어나는 사물과 사건에 대해 많은 질문을 한다. 어린아이는 언어를 사용한 수많은 질문을 통해 세상을 배우게 된다. 이에 반해 침팬지는 질문을 하지 않는다. 침팬지와 유인원은 인지 및 운동 학습을 위한 신경 기구가 잘 발달된 것처럼 보이나 문제를 언어적으로 생각

78. 김선영 · 김영주, "동물에게 말 가르칠 수 있을까: 언어유전자 없으면 평생 배워도 말 못해", 조선일보, 2003. 10. 6.

할 수 없기 때문에 생소한 상황에 대처하기가 힘들다.[79]

이상에서 살펴본 바대로 인간의 뇌 기능은 외부로부터 정보를 받아 스스로 생각하고 판단하여 행동하는 것으로 정의할 수 있다. 먹고 마시는 행위 · 자고 깨는 행위 · 호흡하고 체온을 조절하는 행위 등과 같은 기본적인 생명 유지와, 시각과 청각을 중심으로 한 감각과 지각, 감정 · 기억력 · 이해력 · 사고력 · 판단력 · 의지력 그리고 행동을 모두 가능하게 하는 것이 인간의 뇌이다. 뇌는 언어를 구사하고 추상적인 사고를 하며, 어떤 사실이나 지식을 배워서 익히고 어떤 일에 대해 판단하고 계획을 하며 고도의 추리작업을 수행한다.

종교학자 이길용은 종교학자의 눈으로 뇌과학이 파악한 뇌의 기능과 그것의 인문학적 의미에 대해 설명하고 있다. 그의 말을 인용하면, "뇌는 자신이 속한 생명체의 생존을 위한 효율적인 '움직임을 관장'하고, 외부 자극에 보다 민첩하게 대응하기 위해 '예측'을 공식화하고, 또 세계를 이해하는 방식은 모형 세계를 내부에 구성하고 이후 다양한 경험과 성공과

79. 존 에클스(John C. Eccles), 앞의 책, p. 121, 212, 241. 언어장애의 하나인 난독증(Dyslexia)은 문자를 보고 해당하는 음성이나 의미를 잘 떠올리지 못하는 증상이다. FOXP2 유전자의 변이로 말을 잘 못하는 경우처럼 난독증 역시 감각 기관 이상이나 정신지체 같은 문제와는 관계가 없다. 즉 뇌의 다른 기관은 멀쩡한데 글을 제대로 못 읽을 뿐이다. 그러나 말을 잘 못하는 사람은 아주 드문 반면, 난독증은 영어의 경우 글을 배우는 아이의 5%나 겪고 있다. 왜 이런 차이가 날까. 미국 터프츠대 독서 및 언어연구센터 소장인 매리언 울프 교수는 2007년 출간한 『책 읽는 뇌』에서 "인류 진화의 관점에서 봤을 때 뇌가 독서를 하도록 프로그램돼 있지 않기 때문"이라고 말했다. 즉 말을 하는 능력은 오랜 세월을 거쳐 인류의 뇌 속에 신경회로가 구축되어 있지만, 불과 수 천 년 전의 발명품인 글을 읽기 위해 준비된 신경회로는 없다는 뜻이다. 결국 우리는 시각정보를 처리하는 신경회로와 언어처리회로를 활용해 글을 '읽는' 요령을 터득해야 한다. 강석기, "한글, 21세기를 위한 15세기 발명품-문자에 따라 처리하는 뇌 영역 달라", 『과학동아』, 동아사이언스, 2009년 10월호, pp. 103-104.

실패를 통해 베이즈원리 방식으로 이 모형의 정확도를 높여가는 방식을 취한다. 그리고 모방과 흉내 내기로 상호 소통하며 사회적 가치와 상대방을 이해하는 능력을 갖게 되는 것이 뇌의 기능이다. 이러한 뇌의 경향성은 뇌로 하여금 세계를 모니터링하고 있는데도, 파악과 이해의 대상들이 마치 실체적으로 존재하는 것 같은 착각을 불러일으키게 만든다. 즉 우리가 파악하는 결과물들의 실제성은 완벽하게 보장받지 못하는데도 뇌는 그것이 실재하는 것인 양 받아들이게 된다.[80] 이러한 특성은 종교를 이해할 때도 실제로 필요한 체험적 요소보다는, 신앙의 대상이 가지는 실체적 특성에 집중하게 되는 경향을 보이게 된다. 이러한 점에서 대부분의 종교 전통들이 체험을 강조하고 있다는 것은 시사하는 바가 적지 않다. 그것은 뇌의 일방적 세계 이해에 대한 인간 몸의 반발, 내지 대응으로도 해석할 수 있기 때문이다."[81] 뇌과학이 파악한 뇌의 기능과 그것의 인문학적 의미를 종교학자의 눈으로 분석한 이길용의 연구는 뇌과학과 종교학에 대한 새로운 이해와 지평을 열어 주고 있다.

---

80. 앤드류 뉴버그는 우리 뇌의 이러한 속성이 존재론적(existential) 기능을 하기 때문이라고 해석한다. 이는 세계에 존재하거나 혹은 존재하지 않는 존재들에게 감각정보를 지정함으로써 그것이 현실적인 것처럼 느끼도록 하는 것을 말한다. 예를 들어 생생한 꿈을 꾸었을 때 우리는 그것이 현실이 아닌 것을 알고 있는데도 마치 그것이 현실인 것처럼 느끼게 된다. 깊이 있는 종교 체험의 경우는 더 하다. 특정 종교 전통에 속한 이들이 특별한 종교 체험을 했다고 했을 때 그것의 실제성 여부는 객관적으로 판단하기 곤란하지만, 체험당사자들이 느끼는 현실성은 매우 강렬하기 때문이다. 뉴버그는 그러한 현실성은 바로 뇌가 가지는 지각 기능들 중 하나인 존재론적 특성 때문에 생겨난 것으로 해석한다. 이길용, 앞의 책, pp. 150-151.

81. 이길용, 앞의 책, p. 155.

3 뇌과학의 의의와 고려사항

뇌과학의 목표는 뇌의 해부학적 구조나 작동원리를 밝히는 것뿐 아니라 정신과 행동의 물리적 기초를 밝혀 궁극적으로는 인간의 정체성을 규명하는 데에 있다. 뇌과학은 노령화 사회에서 치매로 대표되는 신경계 질환의 병인을 규명해 보건복지를 위해 기여할 수 있다. 또한 뇌과학 연구를 통하여 신경망에서의 신호전달과 정보처리의 구조를 이해한다면, 뇌 기능 모방 반도체 칩chip과 같은 산업혁명의 기술을 개발하는 첩경을 이룰 것으로 기대된다. 이러한 이유로 뇌과학은 21세기를 이끄는 키워드이자 첨단과학의 최전선이라고 불린다.

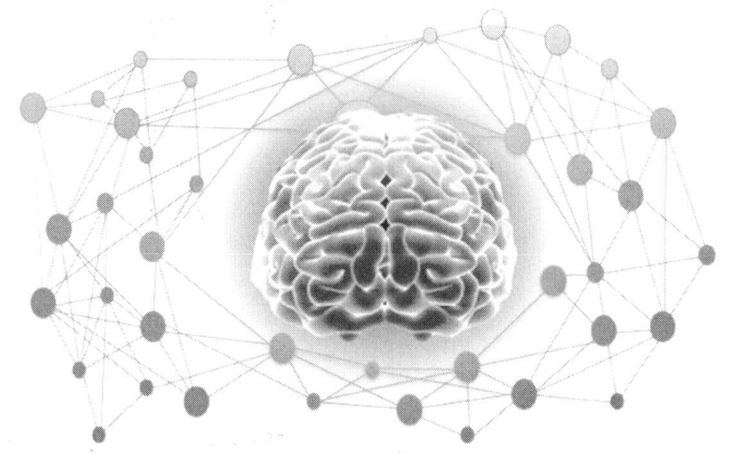

첨단과학의 최전선인 뇌과학

그런데 이 첨단과학의 최전선이 긍정적인 측면만을 보여주는 것은 아니다. 생명복제 문제와 관련된 논쟁에서 경험한 것처럼, 생명공학과 같은 첨단 과학기술이 윤리적 문제에서 격한 논란을 부른 '뜨거운 감자'라는 사실을 알고 있다. 현대 과학기술이 지니는 위력을 염두에 둘 때, 윤리적 함의에 대한 진지한 성찰이 요구된다. 뇌과학의 경우도 마찬가지이다. 신경교육학의 영역에서 논란이 되는 '신경신화', '개인의 정체성과 사생활 보호', '마음 = 뇌 환원론' 등에 대한 우려의 목소리가 적지 않다. 물론 뇌과학의 발달은 종교나 여타의 인문학에서 논의되던 정신·영혼·영성·믿음 등을 과학적으로 분석하면서 예전에는 성스럽게만 여겼던 정신의 영역을 과학화시킨 측면이 있다. 하지만 이러한 측면의 이면에는 인간이해가 물질화되며, 자아(주체성, 책임성)와 같은 인간이해의 알맹이가 사라져 '유물론적 인간관'이 극대화될 것이라는 염려도 있다. 여기서는 이러한 염려의 전제들이 올바른 것인지, 뇌과학이 진지하게 고민해야 하는 사항들은 무엇인지 밝혀보기로 한다. 이에 앞서 뇌과학의 의의를 의학적, 경제적, 사회문화적, 법적 측면으로 나누어 분석해보기로 한다.

뇌과학 발달의 긍정적 측면 이면에는 인간에 대한 이해가 더욱 기계화되며 자유의지와 같은 인간이해의 알맹이가 사라져, 결국 '유물론적 인간관'이 극대화될 것이라는 염려도 있다.

1) 뇌과학의 의의

✔ 의학적인 측면

뇌과학 기술은 본래 뇌손상이나 뇌이상을 진단하기 위해 개발되었다. 뇌의 손상이나 오작동으로 인한 질병과 장애의 원인규명과 치료방법을 찾아내기 위해서 임상현장에서 뇌과학 기술을 적극 활용하면서 뇌과학적 진단과 치료가 보다 더 정교해졌고, 신경전달물질이 밝혀지면서 뇌에 처방하는 약의 개발도 활발해졌다. 이러한 뇌과학적 접근에서 비롯된 발견들은 뇌질환의 진단, 예후, 치료의 발전을 가져왔다. 뇌의학 연구의 주요 대상은 뇌질환으로 알츠하이머, 파킨슨, 간질, 정신장애, 중독, 통증, 인지장애 등이 있다.[82]

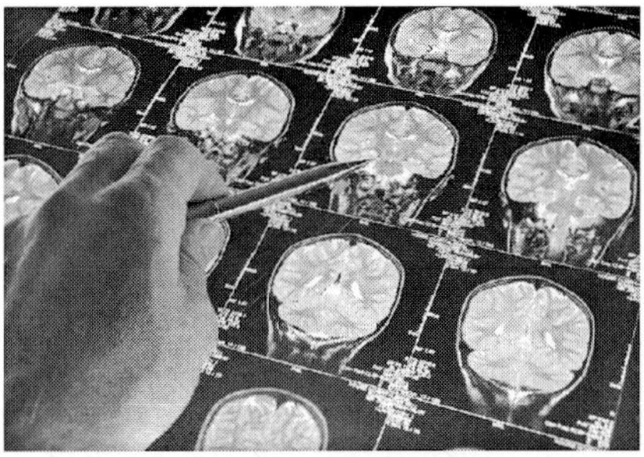

뇌과학 기술은 본래 뇌손상이나 뇌이상을 진단하기 위해 개발되었다.
http://img.webmd.com/dtmcms/live/webmd/consumer_assets/site_images/article_thumbnails/news/2012/11_2012/chemo_brain_evidence_11272012xml/493x335_chemo_brain_evidence_11272012xml.jpg

뇌신경계 질환자는 2008년 기준으로 전 세계 인구의 31%인 약 20억 명에 달하는 것으로 나타났고 이로 인한 사회경제적 비용이 급증했다. 학습과 기억, 뇌 인지 기능, 신경세포의 손상 소멸 메커니즘, 치매, 우울증, 뇌졸중, 파킨슨병 등 각종 뇌질환의 병인 규명과 치료, 예방 등이 뇌과학

82. 탁희성 외, 앞의 논문, p. 93.

연구의 중심적인 분야로 자리잡게 된 상황에서 감마나이프 시술법, 뇌심부 자극술, 줄기세포 치료법 등은 뇌의학 연구의 주 대상이 되고 있다.[83]

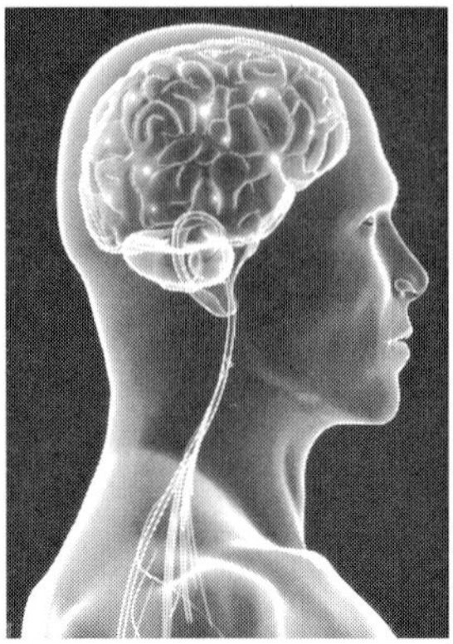

뇌과학의 연구를 주도해 온 분야는 의학이며, 뇌과학 기술의 발전도 본래 뇌손상이나 뇌이상을 진단하기 위해 개발되었다.

특히 줄기세포 치료법은 현재로서는 치료에 대안이 없거나 아예 가망조차 없는 뇌신경계 질환자에게 치료할 수 있는 희망을 제공한다. 하지만 "치료

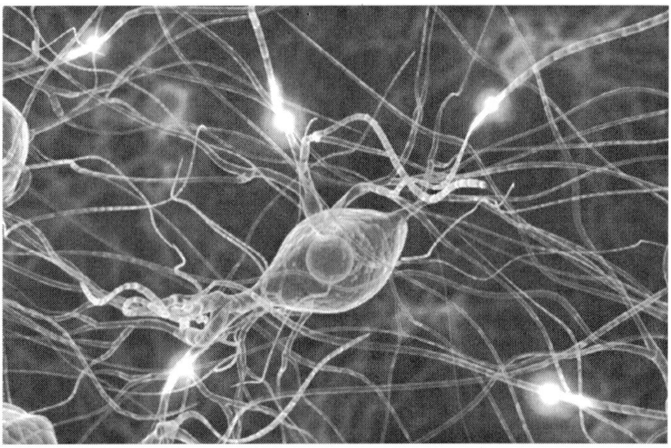

신경세포의 손상 소멸 메커니즘, 치매, 우울증 등 각종 뇌질환의 병인 규명과 치료, 예방 등이 뇌과학 연구의 중심적인 분야로 자리잡게 되었다.

83. 탁희성 외, 앞의 논문, p. 같은 곳.

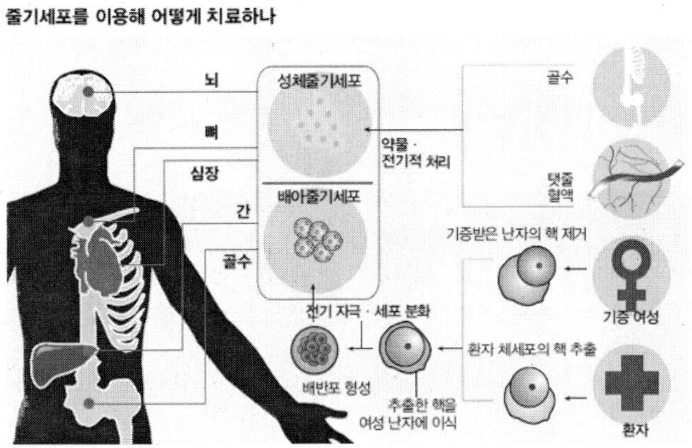

http://www.sisapress.com/old_data/sisapress/news/photo/201109/56120_63913_4422.jpg

의 효율성에 대한 근거를 찾아보기 어렵고, 동물 모델에서의 기능적 향상이 사람을 대상으로 한 치료에 곧바로 적용될 보장이 없다"는 우려의 목소리가 나온다. 이식조직을 구하는 문제와 치료법에서 알려지지 않은 위험을 깊이 우려하는 목소리도 적지 않다.[84]

✔ 경제적인 측면

세계보건기구가 건강을 위협하는, 금세기의 주요한 요인이라고 밝힌 세계적인 유행병은 우울증이다. 우울증과 그밖의 정신질환으로 전세계 인구의 1/5이 고통받고 있으며 이러한 정신질환이 전체 질병으로 인한 사회경제적 부담의 15%에 이를 것으로 예측되고 있다.[85] 따라서 뇌신경계

84. 데이 리스 외, 『새로운 뇌과학』, 김재영 외 역, 한울, 2010, p. 262 참조.
85. 뇌신경계 질환으로 인한 경제적 부담은 암의 7배, 당뇨병의 10배에 해당되며, 뇌신경계 의료시장 규모는 총 1,305억 달러(한화 150조원) 규모로 확대되는 추세에 있다.

질환의 예방과 치료를 위해 엄청난 비용을 투자하여 연구가 진행되고 있으며, 그동안의 새로운 뇌 영상술의 개발 덕분에 이전에는 불가능했던 뇌 병리의 영상진단을 가능하게 하고 있다.

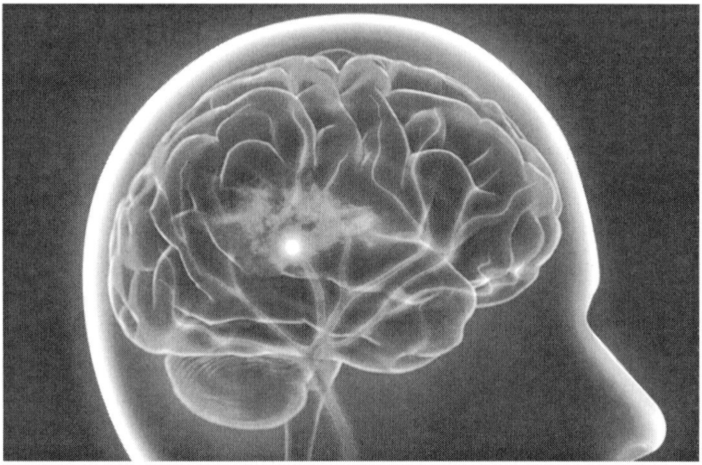

뇌영상술의 개발로 예전에는 불가능했던 뇌병리의 영상진단을 가능하게 하고 있다.

뇌과학이 경제적인 측면에서 갖는 의미는 단지 뇌신경계 질환의 증가에 따른 국가 경제적인 손실 측면만을 고려한 것은 아니다. 오히려 뇌신경계 질환의 치료를 위해 사용되는 뇌공학 기술, 신경약물 등의 개발은 새로운 산업분야로 성장하고 있으며, 더 나아가 뇌과학은 뇌의학과 IT(정보기술), NT(나노기술)가 결합한 뇌공학을 만나 두뇌산업으로 이어지면서 21세기 최대 '블루오션'으로 떠오르고 있다.

뇌과학은 뇌의학과 IT(정보기술), NT(나노기술)가 결합한 뇌공학을 만나 두뇌산업으로 이어지면서 21세기 최대 '블루오션'으로 떠오르고 있다.
http://cameronp.com/wp-content/uploads/2013/12/brain.jpg

세계 최초로 신디사이즈(컴퓨터 음악)을 발명한 레이 커즈와일은 2009년 "컴퓨터의 지능이 2010년에는 쥐의 두뇌, 2025년에는 인간의 두뇌를 능가하게 되며, 2050년에는 지구촌 인구 93억 명의 두뇌를 다 합친 것보다 컴퓨터 한 대의 지능이 더 높아지게 될 것이다"고 전망했다. 그는 특히 "나노공학이 2020년에 보편 상용화되어 나노와이어링Nanowiring을 통해 두뇌신경을 전부 나노로 연결시켜 놓으면 뇌사가 불가능하게 되어 사망하

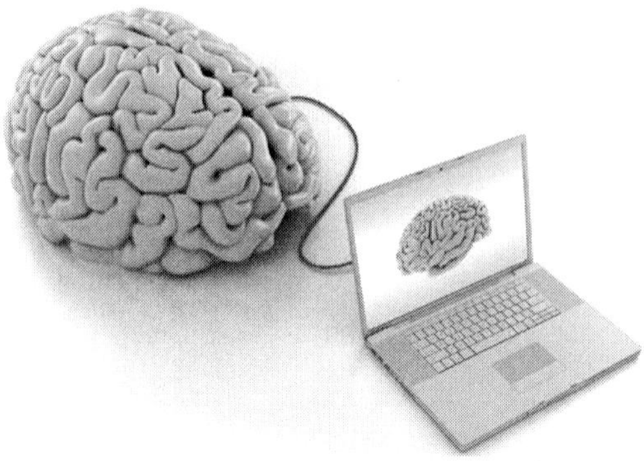

http://alsn.mda.org/files/alsn/imagecache/story_main_image_620x/brainandcomputer620x353.jpg

지 않는 시기가 다가온다"고 말했다. 조지워싱턴대 빌 할랄은 뇌나 몸에 들어가는 스마트 센서는 2015년에 370조원 시장, 인텔리전트 인터페이스시장은 2016년에는 516조원, 인텔리전트 웹시장은 636조원, 가상현실 교육시장은 2017년에 564조원, 가상현실은 2018년에 492조원, 양자컴퓨팅은 2023년에 516조원, 바이오컴퓨팅은 2024년에 492조원으로 성장한다고 예측했다.[86]

현재 뇌과학 연구 및 활용기술 관련하여 뇌질환 치료제 및 의약품시장, 그리고 뇌의 구조나 질환의 진단을 위한 영상장비 시장 등 다양한 분야의 시장이 존재하며, 2012년 6월 IMS Health 발표 자료에 따르면 뇌신경계 질환 제약시장의 전망은 꾸준한 상승세를 유지하고 있다. ADHD 관련 제약의 경우 2016년까지 연평균 8% 이상을 성장하고 있는 것으로 나타

86. http://blog.daum.net/judalm/7073435. 이영란, 미래 성장동력을 잡아라(하) 뇌산업 특화, 영남일보, 2010. 3. 9.

났다.[87]

http://www.brainhabit.net/bizdemo1234/component/board/board_14/u_image/1377504017_10.jpg

이와 같이 뇌질환의 예방 및 치료, 뇌기능의 향상 및 생명, 정보공학 관련 시장 규모가 확대됨에 따라, 뇌과학에 있어서 미래의 기술주도권 확보 및 고부가가치의 경제적 잠재력이 중요하게 인식되고 있다. 따라서 국가들 간에 뇌과학 관련 원천기술을 선점하기 위해 뇌 중심 융합기술의 개발에 박차를 가하고 있어, 뇌과학으로 인한 새로운 시장 창출이 가능하게 될 수 있다는 점에서 국가 경제적인 측면에서 뇌과학은 중요한 지위를 차지하게 되었다. 이에 관한 상세한 정보는 '뇌과학 연구의 현황'에서 다루었기에 여기서는 이 정도에서 마무리한다.

87. 미국에서는 학령기 아동의 2-2.5퍼센트가 과잉행동으로 약물치료를 받고 있는데, 이 중 90퍼센트 이상이 리탈린(Ritalin)으로 더 잘 알려진 약물인 메틸페니데이트(methylphenidate) 처방을 받고 있다. 데이 리스 외, 앞의 책, p. 308; 탁희성 외, 뇌과학의 발전과 형법적 패러다임 전환에 관한 연구(I), 형사정책연구원 연구총서, 한국형사정책연구원, 2012, p. 95.

✔ 사회문화적인 측면

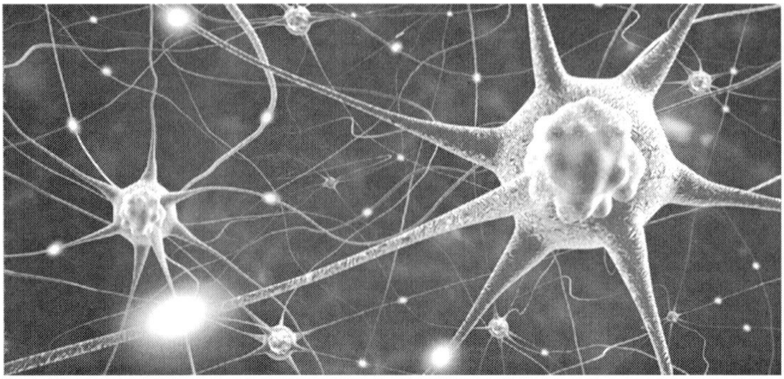

오늘날 뇌과학은 학습이 뇌 안에서 생성되고 촉진되는 수많은 메커니즘을 보여주고 있다.

오늘날 뇌과학은 학습이 뇌 안에서 일어나는 수많은 메커니즘을 보여주고 있으며, 이 메커니즘을 알게 되면서 신경약물을 통한 정상적인 인지기능의 향상 내지 강화의 가능성이 나타났다.[88] 뇌질환 치료제로 개발된 리탈린이 그 효용 범위를 넘어서서 인지기능 강화 효과(집중력, 학업능력 향상)가 있는 것으로 알려지고 있으며, 감마아미노부티르산(GABA) 수치를 의도적으로 조작함으로써 가소성을 증가시켜 기술습득을 향상시킬 수 있는 방안도 제시되고 있다.[89] 이렇듯 뇌과학의 발달은 경쟁적 환경 속에서

88. 오늘날 현대인들이 신경약물을 통해 향상을 꾀하는 인지기능으로 주의력, 지각력, 기억력 등을 꼽을 수 있다. 기억력을 예를 들면, 기억의 저장 능력을 증대시키거나 기억의 재생 시간을 단축시키려고 한다. 원치 않는 기억들이 통합되는 것을 약화시키거나 예방하는 능력을 증진시킬 수 있다면 이는 또 다른 종류의 인지능력의 향상이다. 이 기술은 현재 개발 중에 있다고 한다. Martha Farah, Neuroethics, Trends in Cognitive Science 9(Jan), 2005.

89. GABA는 뇌에서 억제작용을 하는 신경전달물질로서 정상적인 기술습득 과정에서 수치가 떨어진다.

자신의 목표에 긍정적 영향을 줄 수 있는 혜택을 제공할 수 있게 된 것이다. 다만 정상적인 인지기능을 강화시키는 약물의 사용에 대한 윤리적인 문제가 제기되고 있다.[90]

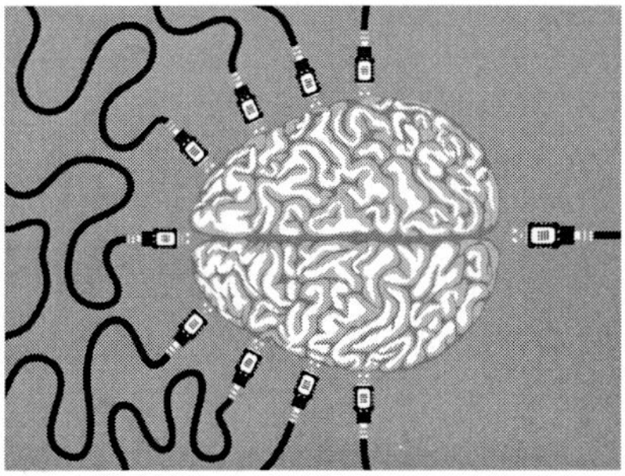

http://blogs.discovermagazine.com/crux/files/2013/10/plugged-in-brain.jpg

앞서 언급한 리탈린Ritalin은 주의력결핍과잉행동장애(ADHD)로 고생하는 아동들이 처방 받아야만 구입할 수 있는 약품인데, 인터넷 약국 사이트를 통해 일반인들이 구입해 복용하고 있는 실정이다. 물론 불법이지만 정상인에게도 이 약이 집중력을 높여 '공부 잘하게 하는 약', '시험 잘 보도록 하는 약', '스터디 드러그' 등으로 소문나기 시작하

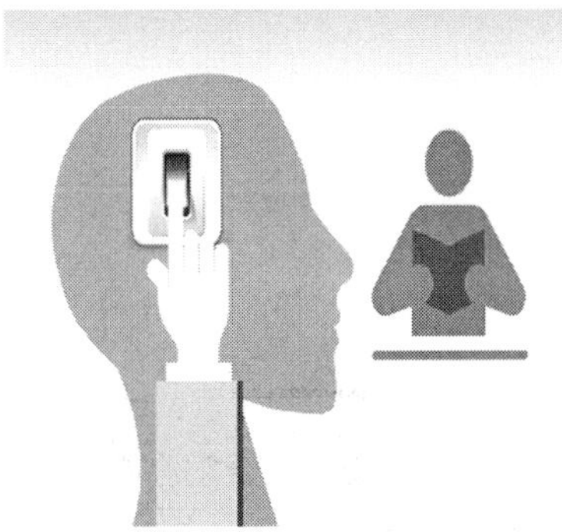

뇌과학의 발달은 경쟁적 환경 속에서 자신의 목표에 긍정적 영향을 줄 수 있는 혜택을 제공할 수 있게 되었다.

http://intellicon.kr/wp-content/uploads/2015/04/brain-605556_800-1.jpg

90. 탁희성 외, 앞의 논문, pp. 96-97.

정상적인 인지기능을 강화시키는 약물의 사용에 대한 윤리적인 문제가 제기되고 있다.
http://img.medscape.com/news/2014/shs_140403_adult_adhd_head_ideas_95792515.jpg

면서 전 세계적으로 이 불법 거래는 증가하고 있다.[91] 정상인에게도 정신 집중의 효과가 있는 이 약을 복용하는 것이 왜 허용되지 않는가에 관한 논쟁이 일기도 한다.[92]

91. 학생들이 많이 찾는 스터디 드러그에는 리탈린 외에도 애더랄, 비반스, 콘서타, 포칼린 등이 있다. 의료정보기관 IMS헬스 조사에 따르면 2011년 10~19세 청소년들 사이에서 스터디 드러그 처방 건수는 2100만 건에 달했다. 스터디 드러그를 정기적으로 사용하는 청소년은 200만 명 정도로 추산되고 있다. 뉴욕타임스는 학업 수준이 높은 학교 15개를 선정해 학생들의 스터디 드러그 사용률을 조사한 결과 15~40%에 달했다고 밝혔다. 정미경, "시험기간 공부 집중력 높이자" 美 '각성제 고교생' 늘어난다", 동아일보, 2012. 6. 11; 김대영, "ADHD약물 남용 미국 대학생 중에서 늘어나", 헬스코리아뉴스, 2016. 2. 18. 참조.

92. 장대익, 인문학의 미래-신경인문학의 도전, 『뇌과학, 경계를 넘다』, 바다출판사, 2012, pp. 332-334 참조.

"비타민을 먹고 면역력을 강화시켜 좋은 컨디션으로 시험을 잘 친 경우와 리탈린을 먹고 정신 집중을 잘하여 시험을 잘 친 경우는 무엇이 다르다는 말인가? 왜 비타민은 괜찮고 리탈린은 안 되느냐는 반문이다. 이런 질문은 한마디로 '뇌를 변화시키는 것이 윤리적으로 정당한가'를 묻는 물음이라고 할 수 있다."[93]

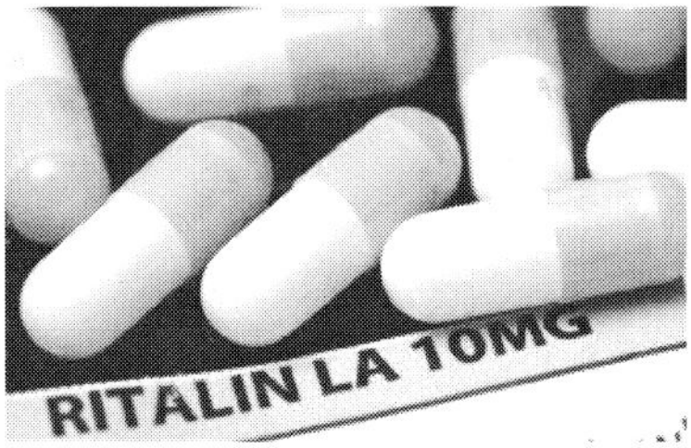

http://nootriment.com/wp-content/uploads/2014/06/modafinil-vs-methylphenidate-300x187.jpg

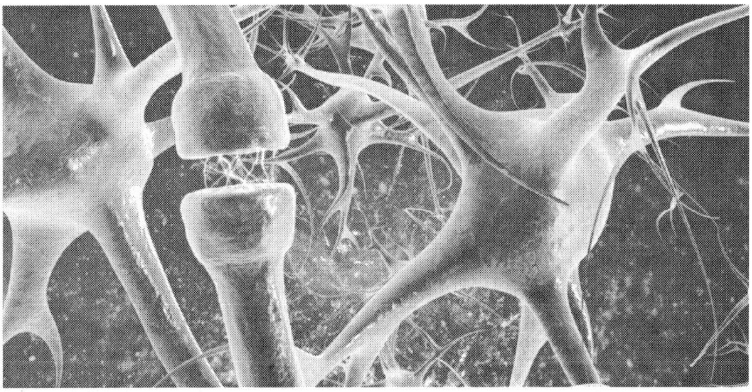

뇌를 변화시키는 것이 윤리적으로 정당한가?
http://www.iflscience.com/sites/www.iflscience.com/files/styles/fullwidth/public/blog/%5Bnid%5D/synapse_0.jpg?itok=CFxpC--J

93. 앞의 책, 같은 곳.

한편에서는 인지능력은 지능의 한 요소이고 경쟁의 자산이 되기 때문에 위험성을 감수하고서라도 자율적으로 선택하여 보다 나은 행복을 보장받기를 원할 수 있다는 목소리도 나온다. 그러나 인지기능강화제가 모든 사람에게 동일한 긍정적인 효과를 가져다 줄 것인가에 대해서는 확신할 수 없다. 하지만 정상적인 인지기능 강화의 목적이 아니라 손상된 인지기능을 보완하거나 사회생활을 어렵게 만들고 불안을 유발하는 ADHD, 우울증, 공황장애 등을 완화시켜 정상적인 행위수행력을 유지할 수 있게 하는 측면에서 뇌과학은 인간의 존엄과 복지에 명백히 기여한다.[94]

✔ 법적인 측면

뇌과학의 연구 결과물들은 법의 영역에도 수많은 의미를 지니는데, 일례로 벤자민 리벳Benjamin Libet의 '의식에 관한 실험'[95]은 형법적인 논의를 시작한 기점이 된 것으로 인간이 자유의지를 갖고 있다는 추정을 위태롭게 했다. 리벳은 이 실험에서 우리가 뇌에서 어떤 행동의 결정을 인식하는 시점은 이미 결정된 것을 실행한 이후라는 사실을 보여준다. 리벳에 의하면 자유로운 자발적 행동은 우리가 그렇게 행동하고자 원한다는 것을 의

94. 탁희성 외, 앞의 논문, pp. 96-97.

95. 1958년 리벳은 뇌의 두피에 전극을 부착하고 뇌에서 일어나는 전기적 변화를 탐지하는 실험을 통해 의식이 일어나기 위해서는 뇌의 어떤 신경생리적 활동이 선행된다는 사실을 발견했다. 실험에서 리벳은 피험자들에게, 무심하게 앉아 있다가 의식적 판단이 들 때마다 한 번씩 손목을 까딱 움직이도록 지시했다. 그 결과, 실제 손목이 까딱 움직이기 800 msec 내지 1,000 msec 전에 뇌에서는 준비전위라고 하는, 또렷하게 파악할 수 있는 전기적 변화가 일어났으며, 그 후 손목이 움직이기 50 msec 전에는 뇌의 운동피질에서 팔 근육에 전달되게 될 운동신경의 활동이 일어남을 관찰했다. 이 실험은 의식적 결정을 하기 위하여 뇌의 어떤 신경생리적 활동이 선행되어야 함을 보여 준다. 의식 작용에 뇌의 전기신경적 과정이 관련이 있음을 드러내주는 것이다. 류영주, 『사람의 참모습 II』, p. 259.

식적으로 알기 전에 뇌 안에서 무의식적으로 시작된다.[96] 이 연구 결과는 행동에 대한 통제 능력이 우리에게 없음을 뒷받침하는 증거로 인용되었다. 사람들이 뇌의 운동피질 자극에 의한 반응을 의도적인 행동이었다고 생각한다는 사실은 자유의지가 착각이라는 것을 말해준다.[97]

뇌 과학자 로버트 새폴스키 (Robert Sapolsky)

https://upload.wikimedia.org/wikipedia/commons/thumb/b/b1/Robert_Sapolsky-edited.jpg/220px-Robert_Sapolsky-edited.jpg

이와 관련 로버트 새폴스키는 "형사사법시스템은 없어져야만 하고, 궁극적으로 그렇게 될 것이다. 뇌과학은 피고인들이 행위 시 그렇게 행위 하지 않을 수 없었다고 하는 점을 입증할 것이며, 그 결과 우리는 그들의 행위에 대해 책임을 논할 수 없으며, 결국 형사사법시스템을 포기해야 할 것이다"라는 극단적인 주장을 제기했다.[98] 한발 더 나아가 콜린 블레이크모어는 "은행을 털기로 결심하는 것은 생명의 기원으로 거슬러 올라가며 원자와 분자의 성질로 내려가는 인과적 사슬의 정점인 뇌"라면서 "의식적으로 의도한 결과로 일어나는 행위와 반사나 뇌의 질병이나 손상으로 일어나는 행위 사이를 예리하게 구분하는 것은 (과학적인 의미에

96. Benjamin Libet, "Do We Have Free Will?", Journal of Consciousness Studies 6(8-9), 1999, p. 51; 오재호, 신경과학과 규범윤리학의 관련성 연구, 철학논총 79, 2015(1), p. 150에서 재인용.

97. 오재호, 앞의 논문, 같은 곳.

98. 탁희성 외, 앞의 논문, 같은 곳.

서) 무의미한 일"이라는 주장을 제기하기도 했다.[99]

이렇듯 뇌과학은 자유의지, 결정론, 주체성, 책임성 등 철학에서 중요한 의미를 지닌 개념들에 대해서 종전과 다른 견해를 피력하고 있다. "내가 이러저러하게 행위를 하는 것이 뇌나 신경전달물질이나 유전자의 지배를 받는 것인가, 아니면 그런 행위를 하는 자유의지가 존재하는 것인가? 뇌과학은 인간의 책임성이나 주체성이 법적인 주제들에 함의하는 바가 크다."[100]

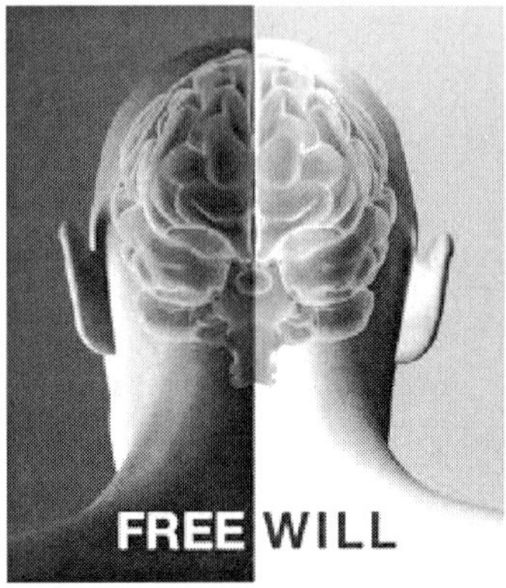

http://freeview.org/data/file/f005/758300727_aa933c04_images.jpg

뇌과학의 발전은 행동을 이해하는 새로운 방식을 보여줌으로써 자유로운 개인은 자신의 행동에 대하여 책임을 져야 한다는 사법제도의 근간에 의문을 제기하고 있고, 따라서 책임에 수반하는 형벌의 정당성을 재고하도록 요구하고 있다.[101] 범죄 행위의 원인이 뇌 기능의 문제에서 비롯된 것이라면 범죄자의 법적 책임은 약화되거나 심지어 도덕적 책임은 면제되어야 한다는 주장이 제기될 수 있다. 법질서를 위한 격리와 제약은 필요하지만, 당사자가 달리 행동할 수 있는 자유가 없다면 적어도 도덕적 비

99. 데이 리스 외, 『새로운 뇌과학』, 김재영 외 역, 한울, 2010, p. 36.
100. 데이 리스 외, 앞의 책, pp. 8-9
101. 탁희성 외, 앞의 논문, p. 99.

난에서 벗어날 수는 있기 때문이다. 실제로 사이코패스 범죄자에게 적합한 장소가 교도소가 아닌 정신병원이라고 판단하는 이유는 전전두엽의 심각한 손상으로 인해 반사회적 욕구를 통제할 능력이 결여되었기 때문이다.

뇌 기능 손상과 범죄 행동 간의 관련성에 대하여 뇌 영상술을 이용하여 지속적으로 관찰한 결과, 특정 뇌 부위가 실제 행동에 많은 영향을 줄 수 있다는 점은 분명한 것으로 밝혀졌지만, 뇌의 신경 활동을 범죄의 결정적 원인으로 보기는 어렵다는 의견도 적지 않다. 이른바 뇌 결정론을 받아들이려면 선행하는 뇌 활동이 뒤따라 발생하는 뇌 활동의 충분한 원인이어야 하며 전자를 통해 후자를 예측할 수 있어야 한다는 것이다. 뇌 결정론을 거부하는 주된 입장은 인간이 결코 자유롭지 않음을 주장하기 위하여 특정 뇌 기능이나 활동으로 인해 범죄 행동이 필연적으로 도출된다는 사실이 입증되어야 한다는 다소 까다로운 조건으로 요약된다.[102]

법학자 알렉산더 맥콜 스미스는 〈인간의 행위, 뇌과학, 법〉에서 사이코패스성이라는 인격 장애를 가진 사람은 그렇게 시달리게끔 선택된 것이

102. 오재호, 앞의 논문, pp. 151-152. 책임과 관련해서 명확한 것은 뇌에는 책임을 관장하는 영역 혹은 망이 없다는 것이다. 책임은 한 사람 이상이 있는 사회에서만 존재하는 인간의 구성물이고, 인간 간의 상호작용에서만 존재하는 사회적 구성규칙이지, 뇌 스캔으로 확인할 수 있는 화소가 아닌 것이다. 단지 뇌과학 연구 결과들은 평균적인 사람들의 정상적인 뇌에 비추어 비정상적인 뇌 이상을 나타내는 사람들에게 있어서는 평균적인 사람과 동일한 책임을 부과하는 것이 적절하지 않을 수 있다는 가능성만을 제시할 뿐, 비정상적인 뇌를 가진 사람은 당연히 책임 있는 행동을 할 수 없다고는 말하지 않는다. 마이클 가자니가는 "책임은 개인의 뇌 자체가 아니라 둘 이상의 뇌가 상호작용하는 사회적 관계에서 창발되는 가치"라면서 범죄자의 형량을 결정할 때 뇌의 이상 유무를 중요하게 고려하는 경향에 우려를 표한다. 뇌의 상태가 어떻든 간에 인간이라면 대부분 사회적 규칙을 따를 수 있다는 것이다. 마이클 가자니가, 『뇌로부터의 자유』, 박인균 역, 추수밭, 2011, p. 138, pp. 286-291.

아니라고 일축한다. 인격 장애의 병인이 무엇이든지 간에(뇌 손상 외에도 다양한 이론들이 있다) 개인이 유년 시절에 인격 장애가 발생할지를 조정할 수 있다고 나설 사람은 없다. 그렇다 하더라도 사이코패스의 잘못을 정신이상의 인격 장애 때문이라고, 다시 말해

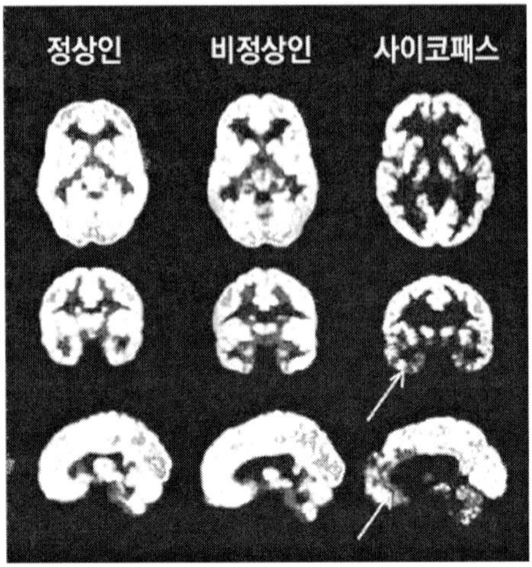

http://image.dongascience.com/Photo/2015/03/14269987446189.jpg

'당신이 사이코패스인 것 자체가 잘못'이라는 식으로 결론을 내릴 수는 없다. 하지만 의지적 선택이 없다는 것이 그 사람이 수행하는 행위에 대해 책임이 없다는 뜻은 아니다. 문제가 되는 행위가 전적으로 인격 장애 탓이라고 증명되지 않는 한 그렇다. 반사회적 형태의 성적 행동(아동성도착)을 예로 들어 스미스는 다음과 같이 말한다.[103]

> "아동성도착자는 특정 자극이 그에게 성적으로 끌린다는 사실에 책임을 질 필요는 없다. 그가 책임을 져야 하는 것은 그의 아동성도착 기질에서 비롯된 '행동'이다. 이것이 불공정한가? 아동성도착자가 책임을 회피하려 한다면 다음의 논변을 해야 할 것이다. 누구라도 자신의 성적 욕망을 완전히 부정할 수 없기에 그런 강력한 욕망의 촉발에

103. 데이 리스 외, 앞의 책, pp. 155-156.

저항할 것을 기대하기란 불합리하다고 말할 것이다. 그러나 이 사례에서 개인이 얻는 것(성적 충족)은 피해자에게 행해지는 피해보다 훨씬 덜 중요하다는 논리에 근거를 두자면, 이같은 주장이 받아들여지기는 어렵다. 성적인 추동은 저항할 수 있는 것으로 볼 수 있으며, 이는 설령 그 사람이 저항하기 위해 상당한 희생을 치러야 한다 해도 달라지지 않는다."[104]

피고인의 완전한 무죄입증으로 이어지는 '정신착란 변호'가 허용되기 위해서는 인지적 또는 의지적 능력에서 매우 실제적인 타격이 있었다는 점을 밝혀야 한다. 정신적 비정상성이나 장애를 증명하는 것으로는 불충분하며, 문제가 되고 있는 조건이 행동의 성격이나 함의에 대한 이해에 반할 만큼, 또는 어떤 의지에 바탕을 둔 심사의 경우에는 피고인이 충동을 억제할 능력을 상실했을 만큼 충분히 심각했다는 것을 밝혀야 한다.[105]

오늘날 법정에 제시되고 있는 대표적인 뇌과학적 증거들 중 하나로 fMRI 거짓말 탐지기를 꼽을 수 있다. 20세기 초에 혈압, 심장박동, 땀의 분비 등을 동시에 측정해서 거짓말을 분별해 내는 거짓말 탐지기polygraph가 나왔지만, 그 불확실성 때문에 아직도 법정에서 증거로 채택되지 않았다. 그런데 최근 뇌과학이 발전하면서 fMRI를 이용한 거짓말 탐지기가 등장했고, 미래 예측가들 중에는 fMRI 거짓말 탐지기 영상 자료가 진술의 참/거짓을 입증하는 유력한 자료로 자리매김하여 가까운 미래에 유력한 법적 증거의 지위까지 오르게 될 것이라고 전망한다.[106]

104. 데이 리스 외, 앞의 책, p. 156.

105. 데이 리스 외, 앞의 책, p. 157.

106. fMRI를 이용해서 뇌가 거짓말을 할 때 활성화되는 부위를 찾으려는 시도는 2001년에 출간된 영국 정신과의사 스펜스의 연구에서 시작되었다. 그는 이 연구에서 피험자의

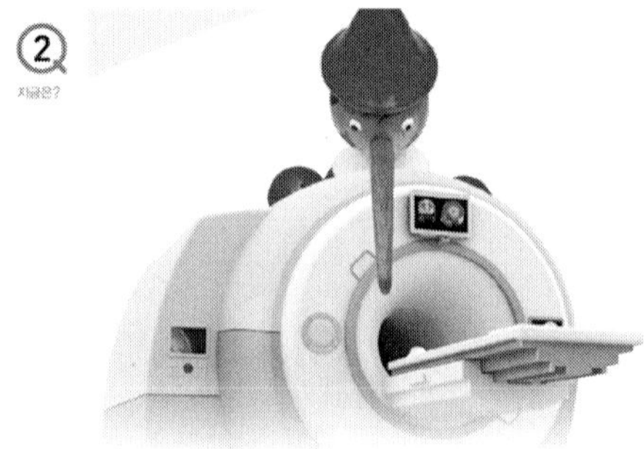

미국 펜실베이니아주립대와 영국 셰필드대 연구팀은 fMRI를 이용해 사람이 진실을 말할 때와 거짓말을 할 때 활동하는 뇌 부위가 다르다는 사실을 발견했다. 거짓말을 할 때는 진실을 말할 때보다 전전두엽의 활동이 더 증가한다.
http://dl.dongascience.com/magazine/view/S201203N050

fMRI 거짓말 탐지기 결과를 법적 증거로 채택하는 것을 옹호하는 입장은 과학과 법은 목적이 다른 체계이기 때문에 과학에는 충분한 것이 법정에

최근 일화 기억을 사용해서 그가 거짓말을 할 때 활성화되는 영역을 조사했는데, 그 영역은 억제 조절을 담당하는 영역으로 알려진 복외측 전전두피질(VLPFC)로 드러났다. 스펜스는 이 부위가 활성화되는 이유가 피험자가 진실(참말)을 억제하려고 노력하고 있기 때문이라고 해석했다. 이후 미국 템플 의학대학 Parrow는 2005년 북미 방사선학회 연례회의에서 fMRI를 이용해 사람들의 거짓말 여부를 정확히 가려낼 수 있다고 보고했다. 이러한 fMRI 영상을 통한 거짓말 탐지실험의 정확도가 90%를 넘는 것으로 나타나자 Cephos Corp.과 No Lie MRI Corp. 두 회사에서 기술특허를 확보하여 거짓말 탐지기 사업을 시작했다. 피고인의 거짓말 입증자료로 fMRI 뇌영상 자료가 제출된 것은 2009년이 처음이었다. 하지만 당시 법원은 피고인의 결백을 입증하기 위한 No Lie MRI 사의 뇌스캔은 증거적 신뢰성이 없다는 이유로 받아들이지 않았다. fMRI를 이용해서 거짓말 영역의 뇌 위치를 나타낸 첫 논문을 쓴 스펜스는 2008년에 16개 fMRI 거짓말 탐지연구를 심층 리뷰한 결과, 각 연구마다 거짓말할 때 특별히 활성화되는 뇌영역이 차이가 있었을 뿐만 아니라 동일 연구자가 동일 실험패러다임을 사용한 실험에서도 서로 다른 뇌부위의 활성화를 나타냈다고 제시했다. 홍성욱, fMRI 거짓말 탐지기의 현재와 미래, 『뇌과학, 경계를 넘다』, p. 34; 탁희성 외, 앞의 논문, pp. 101-102.

서는 충분하지 못할 수 있고, 반대로 과학에 충분하지 못한 것이 법정에서는 충분할 수 있다는 인식에 근거하여, 과학의 관점에서 충분치는 않지만 법정에서 다른 증거와 결합하여 괜찮은 증거로 사용될 수 있다고 주장한다.[107]

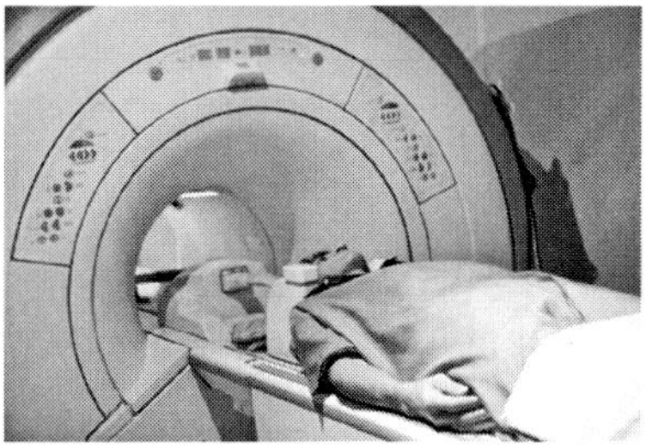

http://uconn-today.universityofconn.netdna-cdn.com/wp-content/uploads/2014/01/fmri-2.jpg

이와 같이 fMRI 거짓말 탐지기가 법정에 증거로 도입되는 것에 대해서는 찬반양론이 존재하지만, 선결되어야 할 과제는 fMRI 장비가 가진 가능성과 한계를 명확히 인식하는 과정이 필요하다.[108]

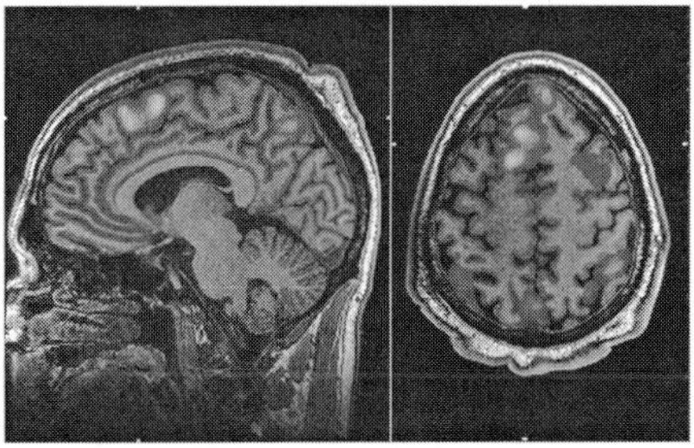

뇌 영상술이 갖고 있는 가능성과 한계를 명확히 인식해야 한다.
http://static1.squarespace.com/static/52ec8c1ae4b047ccc14d6f29/t/5374f83fe4b082a57b8bf14f/1400174656288/FMRI_scan_during_working_memory_tasks.jpg

107. Schaure, F., "Neuroscience, Lie-detection, and the law: contrary to the prevailing view, the suitability of brain-based lie-detection for courtroom or forensic use shuld be determined according to legal and not scientific standards", Trends in Congnitive Science 14(3), pp. 101-103, 탁희성 외, 앞의 논문, p. 101에서 재인용

108. 탁희성 외, 앞의 논문, p. 101-102.

http://biz.chosun.com/site/data/html_dir/2012/04/23/2012042302355.html

실험과 현실 사이에는 상당한 간격이 존재하고, 실험실의 조건하에서 얻은 데이터를 법정에 증거로 제출하는 과정에서도 우여곡절이 많으며, 그렇게 제출된 증거도 제한적인 설득력만을 가진다는 사실이 과학의 영역과 법의 영역 모두에게 수용되어야 한다.[109] 이는 신기술이 가진 거품이 걷히고, 이러한 과정을 통해 얻은 결론이 과학자 사회와 법조계를 포함한 시민 사회에 수용된다면, fMRI 증거는 제한적인 유용성만을 가지는 증거로 법정에서 수용되어 증언의 참/거짓을 판단하는 배심원이나 법관의 판

109. 이와 같이 fMRI 방법의 타당성을 둘러싼 논쟁은 계속 진행 중이고, fMRI 자체도 계속 진화 중이며, fMRI 방법에 확신을 갖는 연구자들도 좋은 결과를 내기 위해 많은 노력을 하고 있다. 이와 관련 철학자 김효은 "뇌영상 기법들은 뇌의 특정 영역의 발화가 그것에 대응하는 마음의 작용을 보여 주는 것으로 생각하기 쉽지만 이는 철학적 · 과학적으로 사실과 다르다" 면서 마음과 뇌 사이의 관계를 논의할 때 거론되는 '상호관련성(correlation)' 과 '인과성(causality)' 은 분명히 구분할 필요가 있음을 지적했다. fMRI로 연구하는 과학자들은 뇌영상이나 뇌의 상태는 특정 뇌 상태와 관련된 마음 상태와의 상호관련성만을 밝혀 줄 뿐, 인과성을 밝히지는 못한다고 그 한계를 말하고 있다(Huettel et al, 2004. Funcional Magnetic Resonance Imaging Sinauer. ch. 1). 더구나 뇌영상 자료가 보여주는 뇌와 마음 간의 상호관련성은 필요조건도, 충분조건도 아닌 매우 약한 비선형적(non-Linear) 관계로, 마음과 뇌 사이의 관계를 일 대 일의 연관성으로 아직은 보여 주지 않는다는 것이다[김효은, 2011, 보는 것이 다가 아닌 이유: 뇌신경과학의 응용에 관한 과학철학적 조망, 철학과 현실, 2011(봄호), pp. 181-197], 김효은, 식물인간의 신경상태와 인간의 조건, 『뇌과학, 경계를 넘다』, p. 130에서 재인용.

단을 도와주는 역할을 할 수 있을 것이다.[110]

지금까지 뇌과학의 의의와 고려사항을 의학적, 경제적, 사회문화적, 법적 측면으로 구분하여 고찰해 보았다. 뇌신경계 질환자의 수가 급격히 증가하면서 이로 인한 사회경제적 비용이 급증함에 따라, 뇌인지 기능, 신경세포의 손상 소멸 메커니즘, 각종 뇌질환의 병인 규명과 치료, 예방 등이 뇌과학 연구의 중심 분야로 자리잡게 되었다. 이러한 상황에서 감마나이프 시술법, 뇌심부 자극술 등은 뇌의학 연구의 주 대상이 되고 있다. 이와 함께 뇌질환의 치료를 위해 사용되는 뇌공학기술 및 신경약물 등의 개발은 새로운 산업분야로 성장하고 있으며, 한발 더 나아가 뇌과학과 의학과 IT, NT가 결합한 뇌공학을 만나 두뇌산업으로 이어지면서 21세기 '블루오션blue ocean'으로 떠오르고 있다.

뇌과학의 발달은 경쟁적 환경 속에서 자신의 목표에 긍정적 영향을 주는 혜택을 제공할 수 있게 되었지만, 정상적 인지기능의 향상 및 강화시키는 약품의 거래와 복용에 대한 윤리적 문제가 제기되고 있다. 뇌과학적 연구결과들은 법의 영역에서도 수많은 의미를 지니는데, 예를 들어 뇌가 행동을 이끌어내는 방식을 이해함으로써 인간의 행위는 생각하기 전에 결정되어 있는 것으로 보인다.

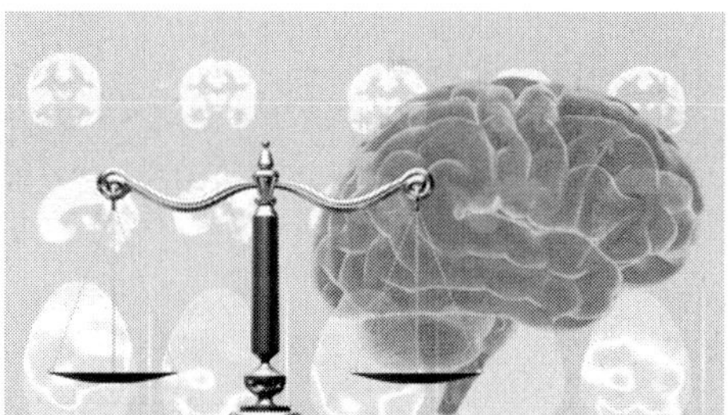

http://clbb.mgh.harvard.edu/wp-content/uploads/Screen-Shot-2013-08-21-at-9.30.38-AM.png

110. 홍성욱, fMRI 거짓말 탐지기의 현재와 미래, 『뇌과학, 경계를 넘다』, p. 49.

인간의 자유의지는 허상이며 모든 것이 뇌에서 미리 결정된다는 이념에 가까워지고 있는 것으로 보인다. 이것이 법이 뇌과학에 의해 직면하게 된 문제의 핵심이라 할 것이며, 결과적으로 법과 뇌과학의 과제는 이러한 결정론을 서로 검증하는 것이다. 오늘날 법은 뇌에게 통보하는 선행된 힘을 벌할 것인지 아니면 그 사람을 벌한 것인지에 관한 문제에 맞닥뜨리고 있다.

2) 뇌과학의 주요 연구분야

뇌과학 연구에 대한 관심이 집중되는 가운데 주목할 만한 것은 다양한 학문들과의 소통과 융합을 통한 다학제간 접근으로의 연구 패러다임 변화이다. 의학, 생명공학, 심리학 등 각 분야에서 독립적으로 시도하던 뇌연구에 한계를 느끼기 시작했으며, 마침내 2002년 미국 국립과학재단(NSF)이 인간 수행 능력 향상을 미래 과학 기술의 궁극적 목표로 삼고 NBIC nano-bio-cogno 기술들의 융합이 필요함을 선언했다.[111] 이를 계기로 학문적 소통과 융합에 바탕을 둔 융합형 뇌연구가 세계적 화두로 부

2002년 미국 국립과학재단(NSF)이 인간 수행 능력 향상을 미래 과학 기술의 궁극적 목표로 삼고 NBIC(nano-bio-cogno) 기술들의 융합이 필요함을 선언했다.
https://www.nsfgrfp.org/images/nsf-logo.png

111. 이성환, 뇌영상 분석을 통한 마음 읽기, 『뇌과학, 경계를 넘다』, p. 158.

각되고 있다. 이러한 경향은 국내에서도 마찬가지로, 이화여대의 경우는 2013년 4월 뇌융합과학연구원 및 이화 뇌영상센터를 설립해 자연과학 및 공학 뿐 아니라 경제 · 경영 · 정치 · 교육 · 여성학 등 다양한 학문 분야를 접목해 통합적인 뇌과학의 새로운 지평을 열었다.[112]

유전학과 뇌과학이 융합하여 학습 · 기억 같은 정상적인 정신 기능과 연관된 유전자와 우울증 · 정신분열증 · 알츠하이머 치매처럼 조건에 따라 나타나는 기능장애와 연관된 유전자를 밝혀내고 있다. 물리학 · 공학과 뇌과학의 융합 연구는 영상장치를 써서 뇌 속에 전혀 새로운 창문을 열어 젖히는 것으로 PET, fMRI, MEG 등을 연구한다. 정보공학과 뇌과학의 융합 연구는 뇌의 계산 과정에 대한 모형을 만들거나 컴퓨터에서 인공적인 세계를 만들어 뇌를 모방하는 기술에 역점을 둔다. 이와 같이 뇌과학 영역의 바깥이라 여겨져 왔던 분야들이 하나 둘씩 뇌과학과 융합하여 다학제간 접근을 시도하고 있다.

지금까지 인문학의 전유물로 여겨져 온 의식, 자각의 문제를 융합 연구하여 '의식의 신경상관NCC, Neural Correlates of Consciousness' 이란 주제로 의식연구에 전환점을 제공했으며, 더 나아가 뉴런Neuron과 마케팅Marketing의 합성어로 소비활동에서 '상표 가치'의 뇌과학적 기초를 밝히는 뉴로마케

---

112. 이화 뇌영상센터는 국내 최초로 탄소(carbon-13), 인(phosphorus-31)을 비롯한 다양한 핵자기 신호 측정이 가능한 연구 전용 장비를 도입함으로써 에너지 소모량이 큰 뇌의 에너지 대사 상의 변화를 인지하는데 크게 기여할 뿐만 아니라 기존에 설치된 임상용 MRI 장비와 달리 뇌에 대한 세밀한 구조적 정보의 획득 뿐 아니라 원하는 특정 뇌 부위의 생화학적 물질의 농도를 측정할 수 있는 자기공명분광법을 이용하여 분자 수준에서의 뇌의 생화학적 변화를 인지할 수 있는 획기적인 연구가 가능하게 됐다. [blog.naver.com] "이화 뇌융합과학연구원 개원" "통합적 뇌과학 지평연다"; 이화여대 대학저널, 2013. 4. 1.

팅 분야를 탄생시켰다. 미적 경험의 뇌과학적 접근을 추구하는 신경미학[113] 분야가 생겼는가 하면, 인간의 영성과 뇌 사이의 관계를 밝히는 신경신학 분야도 탄생했다.

신경신학은 신과 종교의 기원을 뇌과학에 바탕을 두고 연구하며 인간의 영혼·의식·영성 같은 정신적인 것과 뇌 사이의 관계를 밝혀내려는 학문이다. 그 범위를 확장하여 기존 추상적·관념적으로 설명되던 종교의 기원, 구원, 초월자, 종교체험 등을 물리적 언어로 치환하여 설명하고자 하는 뇌과학적 연구들을 총괄하여 '신경신학'이라 지칭하기도 한다.[114]

http://i43.tower.com/images/mm113551640/your-god-spot-how-brain-makes-mind-shapes-ph-d-gerald-schmeling-paperback-cover-art.jpg

113. 신경미학 분야의 탄생에 지대한 영향을 끼친 선구자는 영국의 뇌 과학자 세미르 제키로, 그녀는 우리의 시각뇌에 대하여 창의적인 모델을 제시했다. 늘 크고 작은 변화를 겪는 세계 속에서 우리의 시각뇌 시스템은 주변의 여러 사물과 환경의 상황 변화 속에서도 변하지 않는 특성, 즉 상수(constants)를 찾는 것을 목표로 하는 시스템이다. 눈앞에 보이는 사물들의 가장 적절한 특성을 표현하기 위해 뇌는 수많은 시각 자극 중 불필요한 자극들은 차단하게 되는데, 제키는 뇌의 이러한 작동 방식이 예술가가 세상 및 사물을 예술 작품으로 표현하는 방식과 매우 유사하다고 생각했다. 따라서 제키에 의하면, "예술가는 어떤 의미에서는 뇌 과학자이며, 비록 다른 도구를 이용하는 셈이지만, 예술이라는 도구를 이용하여 뇌의 잠재 능력과 현재의 능력을 탐구해나가는 사람이다." 손정우 외, 신경미학이란 무엇인가?: 정신의학에서의 새로운 패러다임, Korean Neuropsychiatric Association 2013, p. 4.

114. 강문균, 신경신학과 바울의 소명사화, 서울신학대학교 신학대학원, 2014, 석사학위논문, p. 1.

신경신학은 신과 종교의 기원을 뇌과학에 바탕을 두고 연구하며 영혼 · 의식 · 영성 같은 정신적인 것과 뇌 사이의 관계를 밝혀내려는 학문이다.
http://newmindjournal.com/wp-content/uploads/2016/01/neu6.png

신경신학자들은 수도자들의 뇌 촬영을 통해 종교적 · 영적 · 신비적 체험 Religious, Spiritual, Mystical Experiences: RSME의 전기 · 화학적 설명을 시도하고 있으며, 심지어 뇌의 특정 부위를 '신의 자리God spot'라 지칭하면서 이 부위를 전기 자극함으로써 RSME와 유사한 결과를 얻으려 한다. 이러한 연구들의 전제 속에는 RSME은 뇌와 관련된 것이며 뇌 이외의 것과는 연관이 없다는 사실과 인간의 뇌가 뉴런의 전기 · 화학적 깜박임에 의해 RSME을 할 수 있도록 진화해 왔다는 것, 결과적으로 뇌가 종교를 만든다는 믿음이 들어있다.

✔ 신경신학

신경신학은 뇌과학과 신학이라고 하는 두 가지의 사뭇 이질적인 시각을 하나의 방대한 지식의 장으로 통합하려는 시도이며, 이 시도의 근저에 있는 핵심 아이디어는 뇌과학과 그 도구들이 신학, 정신, 영성의 이해에 기여할 수 있고, 반대로 영성과 정신과 신학이 뇌과학의 이해에 기여할 수 있는 방식을 발견하는 것이다.[115] 논문 "Neurotheology: The Working Brain and the Work of Theology"에서 신경신학이라는 용어를 처음 사용한 신학자 제임스 애쉬브룩이 신경신학의 선구자로 알려져 있다. 1975년부터 뇌과학과 신학을 연결시키는 연구를 시작한 그는 1976년에 로체스터대학 의학부의 신경학과 과정에 참여하면서 신경신학 연구에 박차를 가했다. 그 후 여러 대학에서 뇌연구를 면밀하게 계속해오면서 이 분야에서 독보적인 위치를 차지하고 있다.[116]

---

115. Alston, What is Neurotheology?(Lexington: Booksurge.dom, 2010), Intro, 석영중, 신경신학과 도스토예프스키, 슬라브학보 28(4), 2013, p. 269에서 재인용.

116. 신경신학에 대한 애쉬브룩의 입장은 대표작 〈The Human Mind and the Mind of God〉(인간의 마음과 신의 마음) 서문에 적혀 있다. "인간의 마음은 그 자체로 충분히 신비로우며, 신의 마음은 더 그러하다. 여전히 나는 이 두 개의 신비가 매우 밀접하다고 평가한다. ...중략... 마음 때문에 우리는 생화학, 대뇌피질, 문화, 그리고 우주와 같은 다양한 것들을 서로 관련 있는 수준으로 볼 수 있게 된다. 이처럼 마음은 뇌의 인간적 의미를 보여주고, 신은 마음의 종교적 의미를 드러낸다." 이와 같이 애쉬브룩은 마음이야 말로 뇌와 신앙의 패턴을 이어주는 다리 같은 역할을 할 수 있다고 생각했다. 이길용, 앞의 책, pp. 176-177.

애쉬브룩이 신경신학을 다룬 저작에는 『The Human Mind and the Mind of God』 외에도 『Responding to Human Pain』, 『Christianity for Pious Skeptics』, 『The Brain and Belief』, 『Faith and Ministry in the light of the Double Brain』, 『Brain, Culture, and the Human Spirit』 등이 있다. 애쉬브룩은 마음과 뇌(mind/brain)가 서로 역동적으로 영향을 주고받으면 하느님에게 도달한다고 여긴다. 특히 뇌가 외부세계를 연결하면서도 내부의 작용을 돕는다는 것과 좌뇌와 우뇌로 나뉘었어도 생존을 위하여 하나로서 기능한다는 점에 착안해 한 분의 하느님을 창조주와 구원자로 경험하고 해석하는 뇌구조에 따른 신학적 해석을 시도한다. 그는 "뇌의 구조와 기능이 신앙의 유비역할(analogy of belief)을 한다"면서 신학에 중점을 두고 뇌의 구조와 기능을 연결해 설명했다. 그의 연구에서 주목할 점은 육신과 영혼을 구분하는 이원론을 비판하

'신경신학(neurotheology)'이란 신과 종교의 기원을 신경생물학에 바탕을 두고 연구하는 학문이다. 인간의 영성과 뇌 사이의 관계를 밝혀내려는 신생학문으로 '영적 신경과학(spiritual neuroscience)'이라고도 한다. 신경과학의 연구 성과를 인문사회과학에 접목하는 융합학문이다.
〈신경신학〉의 표지 사진, 일러스트=프레시안

'신경신학Neurotheology'이라고 하는 명칭을 검토해 보면, 이것과 앞서 살펴본 신경신학에 대한 정의는 이 학문 영역이 뇌과학과 신학을 융합시킨 것으로 들리게 한다. 요컨대 신의 존재, 믿음, 영생, 내세 등의 문제가 어

며 영성이 신체와 영혼이라는 실제적 · 역동적인 차원으로 접근하도록 했다는 것이다. 애쉬브룩은 뇌와 마음의 긴밀성을 주장함으로써 몸의 영성을 추구했다. 그의 연구는 몸에 대한 억압과 차별을 해소할 수 있도록 도우며 신비의 체화(embodiment) 과정을 설명해내지 못하는 전통 영성의 한계를 극복하며 탈신체화된(disembodied) 전통 영성을 보완할 대안이 될 수 있다.

하지만 학문적 영향사를 염두에 두고 다시금 애쉬브룩의 작업을 평가하자면, 그의 연구와 지향은 '신경'(neuro-)보다는 '신학'(theology) 쪽에 있었고, 본격적으로 신학과 과학의 대화 내지는 종합작업에 매진했다고 보기 보다는, 뇌과학의 연구 성과물을 은유적 대상으로 삼아, 그가 관심을 갖고 있는 현대인의 신이해를 설명하는 하나의 '도구' 로 삼았다고 볼 수 있다. 이러한 점에서 애쉬브룩에게서 뇌과학은 단지 그의 신학적 작업을 위한 보조적 수단에 머물고 있을 뿐이다. 이러한 그의 자세는 앞서 언급한 좌우반구의 기능적 차이, 뇌의 작동 원리 등등 모두가 신을 이해하는, 혹은 신의 활동 양식을 모방하는 은유로 해석되는 그의 신경신학적 작업을 통해서도 확인할 수 있다. 하지만 뇌과학의 성과물에 대한 신학적 책임을 인지하고, 그것을 신학 작업의 하나로 수용했다는 점에서 애쉬브룩의 가치는 결코 빛바래지는 않을 것이다. 강문규, 앞의 논문, pp. 19-21; 이길용, 앞의 책, pp. 182-183.

떤 식으로든 뇌과학과 동등하게 연결되어 있는 것처럼 들리게 한다. 그러나 엄밀하게 따지고 본다면 이 학문은 영혼, 믿음, RSME 같은 정신적인 것들을 뇌 신경작용으로 환원시키는 학문이다. 그것은 신경생물학을 기반으로 하는 새로운 유물론이라 할 수 있다. 일부 뇌 과학자들은 "RSME는 뇌의 현상에 불과하다"면서 "무아의 경지에 이르거나 신의 목소리를 듣는 등의 영적 체험까지 뇌과학으로 설명할 수 있다"고 단언한다.[117] 이들은 "인간의 두뇌가 뇌 신경계의 화학적 변화나 특별한 정신적 활동에 의해 RSME를 할 수 있도록 진화해 왔다"고 주장한다. 이러한 노선에 있는 퍼싱어는 "신이든 알라든 그것이 무엇이든, RSME는 뇌의 활동에 지나지 않는다"면서 다음과 같이 말한다.

> "모든 경험은 뇌의 기능으로 인해 생기는 것이다. 당신이 어떤 기억을 경험할 때 뇌의 패턴이 활성화된다는 뜻이다. 당신이 신이나 부처나 알라, 당신에게 영감을 주는 우주의 온전한 존재가 무엇이든 그것을 경험할 때 그것은 뇌의 활동이라는 것이다. 그렇다면, 모든 것이 뇌의 구조나 전기 활동이나 화학작용으로 입력되어 있다는 뜻인가? 당연히 그렇다."[118]

마이클 가자니가는 인간이란 "믿음을 형성하는 기계"라 부르면서 종교적인 모든 것이 허구임을 주장한다. 그는 "인간은 믿음의 기원이나 빈번하게 나타나는 이상한 측면들은 잊어버리고 믿음을 우리 삶에서 의미 있는 지도적 존재로 생각한다"면서 "인간은 믿음에 의존하고 그와 모순된 정

117. 지금까지 RSME와 같은 특별한 경험은 영혼의 세계를 인정해야 한다는 사례로 제시되었지만, 신경신학자들에게는 그저 뇌의 활동으로 인한 현상을 달리 표현한 것에 불과하다.

118. 바바라 해거티, 『신의 흔적을 찾아서』, 김영사, 2013, p. 179.

보가 있어도 그 믿음을 고수하는데, 그것이 바로 인간의 뇌가 하는 일"이라고 주장한다.

> "윤리적 체계들은 수백 수천 년에 걸쳐 진화한 믿음 체계로부터 생겨난다는 것을 알 수 있다. ...중략... 이 풍부하고, 은유적이고, 매력적인 생각들 - 철학적이든, 과학적이든, 혹은 종교적이든 - 모두 나름의 강력한 증거를 가진다고 해도 그것들이 결국 꾸며낸 이야기라는 점은 가혹하고 냉담한 사실이다. ...중략... 우리는 좌뇌(세상으로부터 들어오는 정보에 대한 이야기를 만들어 내는 부분)가 믿음들을 만들어 낸다는 것을 알고 있다. 또 믿음의 강도가 조작될 수 있는 방식들도 안다. ...중략... 해석자가 만들어 낸 믿음들 중 우리가 가장 흔하게 볼 수 있는 것은 '종교적 믿음'이라는 문화 현상이다. ...중략... 우리의 인지적 · 사회적 틀에 가장 잘 맞는 종교적 개념들이 생존하기가 가장 쉽다는 것이다."[119]

뇌 과학자 마이클 가자니가(M. Gazzaniga)는 인간이란 "믿음을 형성하는 기계"라 부르면서 종교적인 모든 것이 허구임을 주장한다. http://a.scpr.org/i/c7221892e35eb3a5600382f21d7b0ea4/100750-full.jp

119. http://cafe.daum.net/neuream; 마이클 가자니가, 『윤리적 뇌』, 김효은 역, 바다출판사(2009), p. 211, 214.

신경신학의 중심 인물로 알려진 앤드루 뉴버그는 전두엽과 후상부두정엽이 자기초월 및 혼연일체의 RSME와 연관된다는 실험 결과를 발표했다. 8명의 티벳 불교 수도승들이 소위 '각의 체험'에 들어가게 되면, 미리 연결해둔 실을 당김으로써 신호를 보내고, 이때 단일광자방출 컴퓨터 단층촬영기SPECT를 통해 뇌에서 어떤 일이 벌어지는지를 살펴보는 실험이었다.[120] 실험 결과, 불교 수도승들이 그러한 RSME의 단계에 들어갔을 때, 주의 집중력을 높여주는 전두엽의 활동이 활발해지고, 불안과 두려움을 느끼게 만드는 편도체의 활동이 잠잠해진다는 사실을 발견했다.[121]

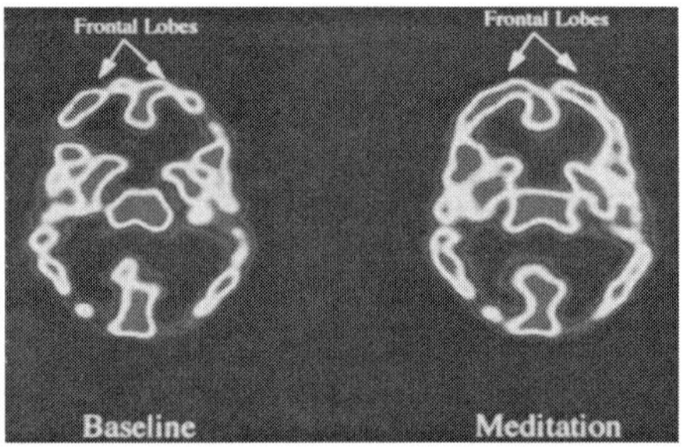

수도승들이 종교체험의 단계에 들어갔을 때, 전두엽의 활동이 활발해진다는 사실을 발견했다. http://media.npr.org/assets/img/2010/12/15/medit2_custom.jpeg?t=1292445862&s=4

120. 이 방식은 감마선을 방출하는 방사성 의약품을 피험자에게 주입한 뒤 원하는 부위를 촬영하는 것이다. 수도승이 명상에 잠긴 후 각의 체험에 이르렀다고 여겨졌을 때 실을 잡아당기도록 했다. 그러면 곧바로 그의 팔에 연결되어 있던 가느다란 관으로 방사성 물질을 주입하였다. 그리고 수도승이 명상에서 깨어나게 되면 잠시 후 병원의 핵의학과로 데려간 뒤, 그곳에 있는 SPECT 카메라를 이용하여 수도승의 뇌 부위를 촬영하게 된다. 정맥주사기를 통해 수도승의 몸 안으로 들어간 방사성 추적물질은 혈액을 따라 이동하고, 곧바로 뉴런들에게 붙잡혀 머물게 되기 때문에 이러한 SPECT 카메라를 이용한 뇌스캔은 RSME을 하던 당시의 뇌로 이동하는 혈류의 패턴을 사진으로 정확히 볼 수 있도록 해준다. 특정 뇌 부위에 혈류가 많이 모인다는 것은 그 부분의 활동이 증가한다는 의미를 지닌다. 이길용, 앞의 책, pp. 185-186.

121. 박일준, 뇌의 종교적 경험에 대한 신학적 고찰, 종교연구 71집, 한국종교학회, 2013(여름), pp. 153-154.

승려들이 명상 중에 절정의 체험에 들어갔을 때 후상부두정엽의 활동이 눈에 띄게 감퇴하는 현상이 일어났다.
http://well.hani.co.kr/files/attach/images/71/534/048/monk.jpg

또한 승려들이 명상 중에 절정의 체험에 들어갔을 때, 뇌의 후방상부에 위치하여, 공간 상에서 방향 정위를 일러주는 후상부두정엽의 활동이 눈에 띄게 감소했다. 고차원적인 의식 상태 속에서 이 공간 방향정위 감각이 차단되고, 호흡 운동에 전적으로 집중함으로써 외부로부터 유입되는 감각 정보가 차단되며, 이때 자아는 "무한"히 팽창하여 "모든 사람 모든 사물들이 살갑게 엮어지는" 경험을 뇌가 느끼게 되는 것이라고 뉴버그는 해석했다. 말하자면 이 방향 정위 구역의 활동 감퇴로 인해 뇌는 자아와 바깥 세계 사이의 경계를 찾는 데 실패했고, 결과적으로 이 실패를 그

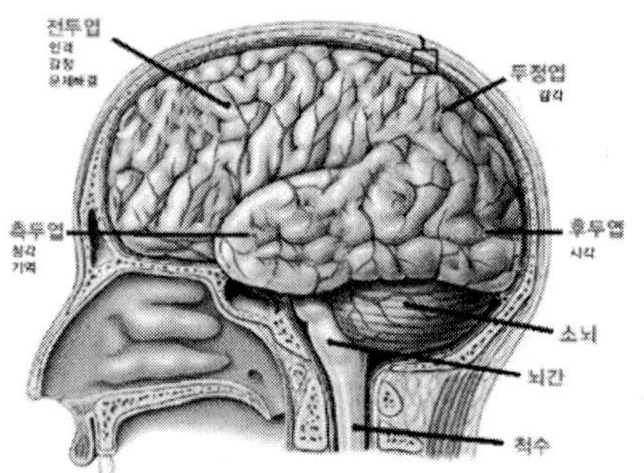

http://www.aistudy.co.kr/physiology/brain/images/brain_lobe.bmp

뉴버그의 저서,『믿는다는 것의 과학』
http://preview.yes24.com/PreviewResize.aspx?no=7822535&fn=gm1la6kn296pixd701.jpg&size=600%7C910

러한 내외의 구별이 존재하지 않는 것을 의미하는 것으로 해석한 것이다. 이 실험을 뇌과학적으로 해석하는 이들은 이 실험의 보고를 통해 우리가 '각의 체험' 으로 여기는 RSME는 후상부두정엽의 활동이 차단되고 전두엽의 활동이 활발해진 효과임을 증언하는 실험으로 해석했다. 다시 말해 RSME은 뇌의 상태변화에 따라 일어나는 경험이라는 것이다.[122]

"뇌 활동의 비정상적인 변화로 말미암아 자신을 초월하는 RSME를 현실보다 더 생생하게 느끼게 된다. 다시 말해서, 수도승들이 자아에 의해 만들어진 제한적인 감각 세계를 초월해 우주와 궁극적으로 일체를 느끼는 상태에 도달했다고 표현하는 것이나, 수녀들이 기도의 절정에 다다른 순간 하느님에게 가까이 다가가 하느님과 섞이는 것

122. 박일준, 앞의 논문, p. 154. 이렇게 전두엽과 후상부두정엽에서 공통된 현상이 일어난 것과는 달리 언어 중추에서는 불교 수도승과 수녀들 사이에서 차이가 드러났다. 수녀들의 경우는 이 부위의 활성화가 증가한 반면, 불교 수도승들은 그 반대로 나타났다. 이러한 현상은 기도문의 의미와 해석에 집중하는 수녀들과 침묵수행에 전념하는 불교 수도승들의 수행법의 차이에 기인하는 것이라 볼 수 있을 것이다. 이길용, 앞의 책, pp. 187-188.

을 생생하게 느꼈다고 말하는 것은 객관적으로 관측할 수 있다는 일련의 뇌과학적 사건들과 관련이 있다. 신이 진실로 존재한다면 신이 자신의 존재를 드러낼 수 있는 유일한 장소는 뇌밖에 없다."[123]

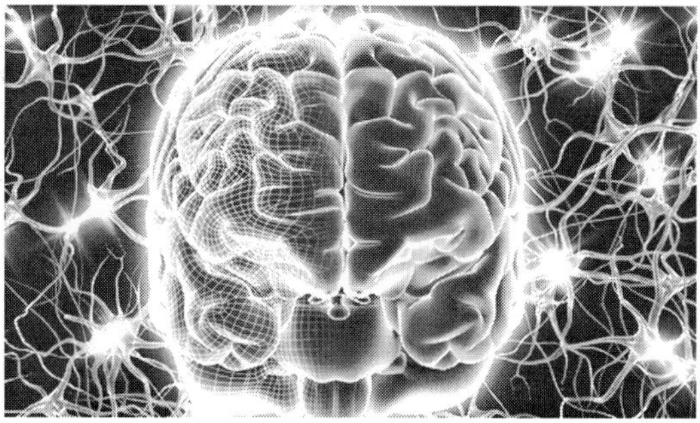

신비로운 환영을 두고 신학자는 하늘에서 주는 선물이라고 믿는 반면 뇌 과학자는 단지 뇌에서 일어나는 전기화학적 파동이라고 단언한다.
http://ncc.phinf.naver.net/20140717_174/1405567999825 3iy1c_JPEG/01.jpg?type=w646

123. 이인식, 뇌 속에 신이 있다, 동아일보, 2001. 12. 26.

Tip

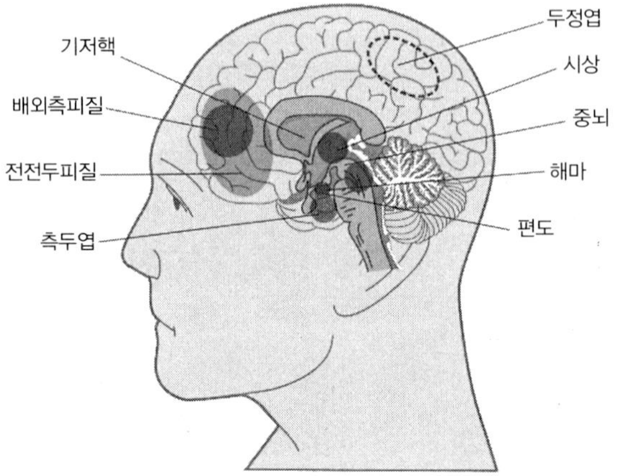

명상 중에 활성화되는 뇌

명상 중에는 배외측피질, 전전두피질, 해마, 측두엽 등이 활성화된다. 주목할 만한 현상은, 공간 상에서 방향 정위를 일러주는 후상부두정엽의 활동이 감소한다는 것이다. 일러스트=〈신의 뇌〉, p. 237

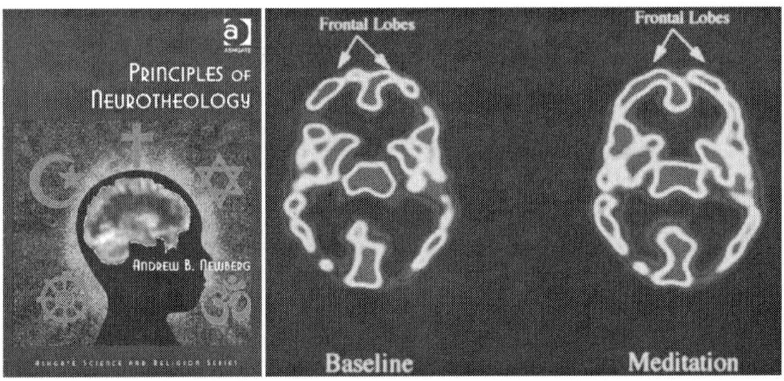

일러스트=앤드류 뉴버그

뉴버그가 전두엽과 후상부두정엽과 연관된 실험을 진행하고, 이 곳들이 RSME와 연관이 있음을 입증했다면, 뇌 과학자 노먼게슈빈트는 뉴버그와는 약간 다른 실험을 통해 전두엽과 후상부두정엽보다도 측두엽이 RSME에 더욱 강한 영향을 미친다는 것을 발견했다고 주장한다. 예전부터 특별히 측두엽이 RSME와 관계있다고 알려져 왔는데, 예를 들어 간질 발작을 일으키는 환자들의 측두엽이 비정상적으로 활성화 된다는 연구 결과들이 있다. 간질 환자들이 발작 중에 측두엽이 예민하게 활성화 되어있을 경우, 음성을 듣거나 환상을 보는 등의 환각 경험을 한다는 사실은 이미 오래전부터 알려진 사실이다.[124]

> "잔 다르크, 도스토예프스키는 간질 발작에 의해 RSME를 한 인물로 알려졌다. 잔 다르크가 들었던 하느님의 목소리, 도스토예프스키가 접견했다는 신의 모습은 간질 발작 상태에서 체험한 것으로 추정된다. ...중략... 도스토예프스키는 소설 〈백치〉에서 발작의 발생 초기에 발생하는 마치 하느님과 함께 하여 전지전능함을 소유하는 것과도 같은 RSME를 기술하고 있다. 사도 바울도 측두엽 간질환자였을 것이며, 사도행전에 기록된 다메섹 도상에서의 극적인 개종사건도 간질발작의 증상이었을 것이다. ...중략... 측두엽 간질은 행동과 사고의 변화를 일으킬 때도 있다. 심지어 환자가 발작하지 않을 때도 말이다. 이를테면 끝도 없이 글을 쓰고 싶은 하이퍼그라피아(hypergraphia) 증세가 나타나고 감정 반응이 지나치게 강렬해지고 편협해지며 종교와 철학에 극단적이다 싶을 정도로 관심을 갖게 된다."[125]

---

124. 박일준, 앞의 논문, p. 155.

125. 마리오 뷰리가드 외, 『신은 뇌 속에 갇히지 않는다』, 김영희 역, 21세기북스, 2010, p. 111; 이인식, 앞의 글, 같은 곳.

https://hypergraphiafilm.files.wordpress.com/2012/09/hypergraphia-600x120-399x801.jpg

퍼싱어는 헬멧 같은 장치를 피험자의 머리에 설치한 후 약한 자기장 자극을 통해 측두엽을 자극하면 무언가가 함께 한다는 느낌을 체험할 수 있다고 보고했다. "헬멧의 작동 원리는 간질 환자의 '예고 없는 발작'을 '인위적으로 만들어내는'것이다. 헬멧 안에 전극을 연결한 후 갓 스팟이 있는 측두엽에 일부러 전류를 흘려보내 뇌를 자극하도록 하는 것이다."[126] 측두엽에서 간질 발작이 국소적으로 일어나면 환자는 "강렬한 황홀경에서 극심한 절망에 이르기까지 강한 흥분 상태"를 느낀다고 한다. 그러한 체험들 중 신의 현존을 느꼈다는 체험이 많이 등장한다.

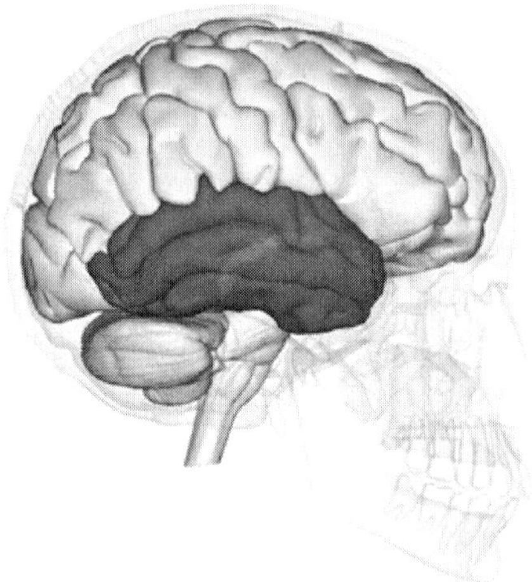

갓 스팟이 있는 측두엽
https://upload.wikimedia.org/wikipedia/commons/4/4a/Temporal_lobe_-_lateral_view.png

126. KBS 파노라마 신의 뇌 제작진, 『뇌, 신을 훔치다』, 인물과사상사, 2015, p. 60.

한쪽 측두엽의 비대칭적인 과도한 활성화는 자아 감각을 둘로 나누고, 좌우반구에 서로 다른 자아를 갖고 있는 듯한 느낌을 자아내는데, 이 경우 지배적인 좌반구가 우반구에서 생산되는 자아를 자아 바깥에 있는 다른 자아로 해석한다는 것이다.

퍼싱어는 이때, 우반구에 가해지는 자극은 두려움이나 불안을 야기하고, 좌반구의 자극은 그러한 감정들을 억제하는 기능을 하기에, 좌반구가 우반구를 누르고 주도적인 해석능력을 발휘하게 되면, 그렇게 나타난 다른 자아를 두려운 존재가 아니라, 자애로운 존재로 해석하게 된다고 한다. 그리고 이것이 바로 영적 존재의 현존으로 느껴지는 체험의 생물학적 기초라고 말한다. 이 연구들의 핵심 주장을 요약하면, 간질이 RSME와 긴밀하게 연결되어 있으며 변연계가 그 중추적 역할을 담당하며, 더 나아가

http://image.slidesharecdn.com/prsspiritualitya-1-120329230947-phpapp01/95/impact-of-religion-and-spirituality-on-health-and-psychology-48-728.jpg?cb=1333063062

측두엽 간질이 RSME을 일으키는 주원인이라는 것이다. 말하자면 RSME는 뇌에 의존한다는 것이다.[127] 퍼싱어는 다음과 같이 말한다.

> "머리를 다치거나 간질 같은 역기능 상태에서, 지구의 자기장에 의해서, 또 '신 헬멧(the God Helmet)' 같은 기계에 의해서 RSME가 촉발될 수 있다. '신 경험의 원형'을 만들어낼 수 있다. 신 헬멧을 써 본 2천여 명의 피험자 가운데 족히 80%는 현기증, 전율, 어지러움, 환영뿐만 아니라 감지되는 존재를 느꼈다고 주장했다."[128]

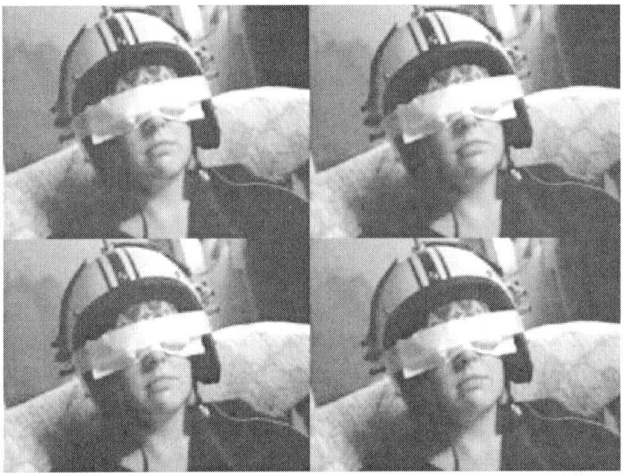

퍼싱어는 헬멧을 피험자의 머리에 설치한 후 측두엽을 자극하면 무언가 함께 한다는 느낌을 체험할 수 있다고 보고한다.
http://www.20jazzfunkgreats.co.uk/wordpress/wp-content/uploads/2010/06/Bild-7.png?bfece9

127. 박일준, 앞의 논문, p. 157.

128. 바바라 해거티, 앞의 책, pp. 172-173.

요컨대 퍼싱어를 비롯한 뇌 과학자들은 우리가 전통적으로 생각해온 RSME가 모두 뇌로부터 비롯된다고 단언한다. 그들은 만일 뇌가 없다면 인간의 영성과 믿음, 나아가 영혼은 존재할 수 없다고 확신한다. 하지만 신학자 존 힉은 앞서 살펴본 실험들에 대한 해석들이 유물론적 입장에 입각하여 지나치게 과장되었다고 일축한다.

> "뉴버그는 마치 두정엽이 의식의 발생을 야기하는 해석 활동을 하는 '자율 지성(autonomous intelligence)'인 듯이 만들어 버렸다. 의식은 주어진 시점에서 뇌의 어느 특정 영역에만 전적으로 상관하는 것이 아니라, 보다 광범위한 영역들과 상관관계를 맺으며 동시다발적으로 발생한다. 그리고 결정적인 것은 '무엇이 무엇을 야기시켰는가'라는 물음에 대한 답이 이 실험을 통해 제시되었는가 하는 것이다."[129]

뇌 활동의 변화가 공(空)과 합일의 체험을 야기시킨 것인지 아니면 오랜 수련을 통해 그러한 경험을 유도하도록 훈련된 승려들의 의식이 뇌 회로에 그에 상관되는 상태를 야기시킨 것인지는 이 실험을 통해 분명하게 해소되지 못했다.[130]

나아가 힉은 측두엽의 과민한 활성화와 간질 발작 연구와 관련해 이들이 RSME를 "비정상적 류"로 간주한다고 비판한다. 간질발작이라는 비정상적인 사례들에서 샘플을 취해서 RSME라는, 보다 일반적이고 정상적인

---

129. J. Hick, The New Frontier of Religion and Science: Religious Experience, Neuroscience and the Transcendent(New York: Palgrave, 2006), p. 64, 박일준, 앞의 논문, p. 159에서 재인용.

130. 승려들이 오랜 반복적인 수련을 통해 그러한 공의 상태를 의지적으로 야기할 수 있음을 염두에 둘 때, 의식적이고 반복적인 훈련을 통해 그러한 체험을 가능케 하는 뉴런들의 결합을 야기했을 가능성도 있기 때문이다. 박일준, 앞의 논문, pp. 159-160.

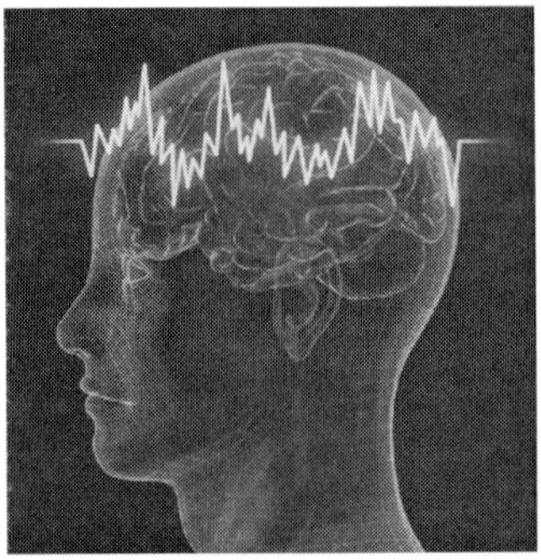

의식은 보다 광범위한 영역들과 상관관계를 맺으며 발생한다.
https://www.ucl.ac.uk/brain-sciences/carousel/images/demo/Human_brain.jpg

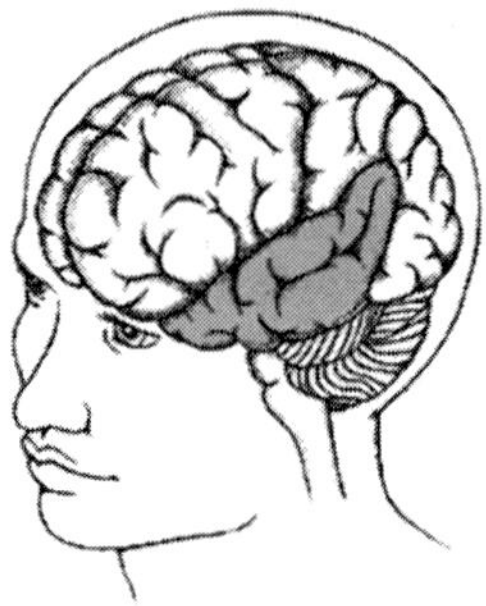

측두엽 발작은 극도의 종교성과 공존할 수도 있겠지만, 대부분의 경우 그러한 연관성은 직접적인 인과관계를 갖는 것으로 증명되지 않았다.
http://braininjurygroupfoundation.sharepoint.com/siteimages/level04temporalLobe.jpg

경우에 무분별하게 적용하여, RSME를 곧 측두엽의 과도한 활성화로 해석해 버린다는 것이다.[131] 한발 더 나아가 바바라 해거티는 "종교 창시자들이나 성인들을 간질환자로 보는 주장에는 설득력이 부족한 몇 가지가 있다"면서 다음과 같이 말한다.

> "어떤 사람의 뇌가 느린 뇌파 활동이나 간헐적인 전기 과부하와 같이 '평균적인' 뇌와 좀 다른 활동을 보이면 그 사람이 믿는 것은 무엇이든지 왜곡된 것이고 비정상적이고 약간 제정신이 아니라고 단정해버

131. 박일준, 앞의 논문, 같은 곳.

리는, 과학적 유물론의 고압적 자세이다. 윌리엄 제임스도 이 점에 대해 불만을 가지고 있었는데, 그는 고흐가 광란 속에서 자기 귀를 잘라버렸다고 해서 그의 작품을 폄하하지는 않으며, 도스토예프스키가 간질을 앓았다고 〈까라마조프 씨네 형제들〉을 쓰레기통에 던져버리지는 않는다고 했다. 의학적 유물론은, 다마스커스로 가는 길에 사도 바울이 목격한 것을 후두피질의 병변이상이라고 하면서 그를 간질 환자로 낙인찍는다. 의학적 유물론은 성 데레사가 히스테리를 일으켰던 것이고, 아씨시의 성 프란치스코는 유전적 정신박약이었다고 한다. 그러고나서 의학적 유물론은 영적 지도자들을 모두 폄하하는 데 성공했다고 생각한다. RSME를 발작이라고 치부하기가 주저되는 두 번째 이유는, 간질은 의식을 잃고 단기 기억 상실을 일으키며 종종 정신이상에까지 이르는, 일상적인 생활을 어렵게 만드는 끔찍한 질병이다. 로마제국에 새로운 종교를 전파하러 간 바울, 50년 동안 한 나라를 이끌고 황무지를 방랑한 모세, 군대를 이끌고 전투에 참가한 무하마드, 이렇게 위대한 종교 지도자들의 이력에 간질이 자주 거론되는 것은 좀처럼 믿기지 않는다."[132]

한편 웁살라 대학의 한 연구팀은 퍼싱어의 '신 헬멧'을 빌려 그 실험을 되풀이 한 결과를 전하고 있다('이중맹검법'을 적용, 실험자들에게 실험 결과를 짐작할 수 있는 과정을 배제함). 실험 결과는 퍼싱어의 실험과 완전히 다르게 나왔다.

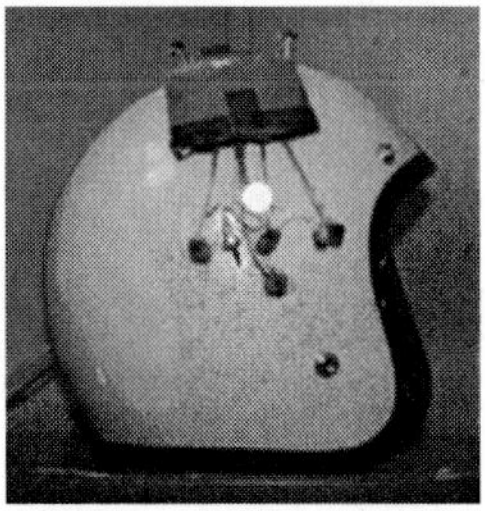

퍼싱어가 개발한 '신 헬멧'
https://www.shaktitechnology.com/god-helmet/ani_koren_helm.gif

132. 바바라 해거티, 앞의 책, pp. 184-185.

즉 측두엽에 대한 저주파 자기장의 자극이 피험자들에게 전혀 의미있는 영향을 미치지 못했다. 오히려 퍼싱어 실험이 안고 있는 문제점을 노출시켰는데, 즉 퍼싱어의 헬멧은 종교적 경험을 가져다준다는 피험자들의 선행지식이 심리적 암시로 작용해, 피험자들이 정상적인 경우보다 실험 전에 피험자들에게 "비과학적 경험에 대한 암시 감응성"을 설문조사함으로서, "실험과정에서 무슨 일이 일어날지에 대한 암시를 빈번하게 제공"했다고 연구팀은 결론 내렸다.[133]

> "저주파 자기장이 존재감을 불러일으킨다는 사실을 입증할 증거를 전혀 발견하지 못했다. 오히려 그러한 결과를 예측했던 특성은 바로 기질이었다, 예컨대 강렬한 RSME를 했다고 보고한 3명의 피험자 중 2명은 통제집단에 속해 있었다. 또한 '미묘한' 경험을 했다고 보고한 22명의 피험자 중 11명도 통제집단(외관상으로는 똑같아 보이지만

http://1.bp.blogspot.com/-ztC7RuEb6_I/U2U6fXXTcyI/AAAAAAAAEWc/ERGEQdghhjY/s1600/Michael+Persinger.jpg

133. 마리오 뷰리가드 외, 앞의 책, pp. 169-170.

주요 결과가 일어나서는 안 되는 집단)에 속해 있었다. 뿐만 아니라 연구를 완료한 뒤에 작성한 설문지에 기초해서 암시 감응성이 높게 나온 피험자들은 신 헬멧 쓰고 있는 동안 자기장의 연결 상태와 무관하게 비과학적인 경험을 한 것으로 밝혀졌다. 퍼싱어의 실험 결과를 어느 정도 신뢰할 수 있는지 평가하기가 힘든데, 이는 실험대상의 무작위화나 이중맹검에 대한 정보가 전혀 제공되지 않았기 때문이며, 이로 말미암아 그의 연구 결과는 심리적 암시 때문이었을 가능성이 커지고 말았다. ...중략... 퍼싱어 연구팀은 비과학적 경험에 대한 암시 감응성을 테스트할 목적으로 설문지를 고안했다. 그런데 실험이 시작되기 이전에 피험자를 대상으로 이 설문지 조사를 실시함으로써 피험자에게 실험 과정에서 무슨 일이 일어날지에 대한 암시를 빈번하게 제공했던 것이다."[134]

이러한 실험들을 통해 힉은 정신이 곧 뇌라고 보는 환원론적 입장은 종교경험을 해석하는데 무리한 결론으로 나아간 것이라 비판한다. 뇌와 정신은 분명히 상당한 상관관계를 맺고 있는 것이 분명하지만, 그렇다고 뇌가 곧 정신이라고 주장하는 것은 과도한 해석이라는 것이다. 삶을 의식하고 그것에 의미를 부여하며 살아가는 것은 뇌세포의 변화를 통해 유도되는 것이 아니다. 오히려 의식적 정신경험은 뇌 활동으로부터 차연(差延)하고 있다고 보여진다. 다시 말해 의식적 경험은 우리의 경험 구조에 새로운 차이를 도입한다는 말이다.[135] 이와 관련 종교학자 이길용은 다음과 같이

134. 마리오 뷰리가드, 앞의 책, pp. 167-170.

135. 박일준, 앞의 논문, pp.162-163. '차연'은 프랑스 철학자 자크 데리다의 표현으로 지연시키다(to defer)와 차이 짓다(to differ)를 결합해 만든 것이다. http://beyouti-ful9.tistory.com/45.

말한다.

> "뇌 과학자들은 RSME를 뇌신경 작용으로 설명함으로써 종교의 기원과 본질을 밝혀내고자 했지만, 종교학에서는 종교를 한 단어로 축약되기 어려운 '복수'로 문화적 맥락과 세계와의 연결된 소통, 시스템으로 해석한다. '종교 현상'도 각자의 종교들과 신앙인들의 관계 사이에서, '삶의 자리(Sitz im Leben)' 가운데 관찰되어야만 한다. 하지만 뇌과학은 종교를 단수로서 자신들만의 도구로 선을 긋고 종교적 현상과 가치를 뇌의 이상 현상으로 치환하여 설명하고자 하였다."[136]

지금까지 뇌과학과 신학 간의 학제간 연구를 통해 신경신학이라는 학문의 태동 과정과 연구 성과에 관하여 고찰해 보았다. 뇌과학과 신학의 대화는 바람직한 현상으로 보이지만 몇 가지 재고해 볼 것이 있다.

➤ '신경신학'이라는 명칭의 문제

신학이란 신과 신앙에 대해 연구하는 학문인 반면, 신경신학은 신앙과 신의 부재를 전제로 하며 신학이 떠난 곳에서 시작한다. 그러므로 존재를 인정하지 않는 어떤 것에 관해 연구하는 학문이란 일종의 모순어법이다. 게다가 신학은 신을 연구하는 학문이라고 정의되기는 하지만 '지식'과 별개의 차원에서 진행되는 학문이다. 신학은 지식을 추구하지 않으며 궁극적으로 성숙한 신앙에 이르는 것을 목표로 한다. 그러므로 21세기 신경신학은 종교의 본질을 추적함에 있어서 지식을 초월하는 지식을 고려의 범주에 넣어야 할 것이다.[137]

---

136. 이길용, 『뇌과학과 종교연구』, 늘품플러스, 2013, pp. 26-28; 강문규, 앞의 논문, pp. 10-11.

신학은 궁극적으로 신적인 삶의 실천을 목표로 한다.
http://cfs.tistory.com/custom/blog/26/267020/skin/images/stu_logo3.jpg

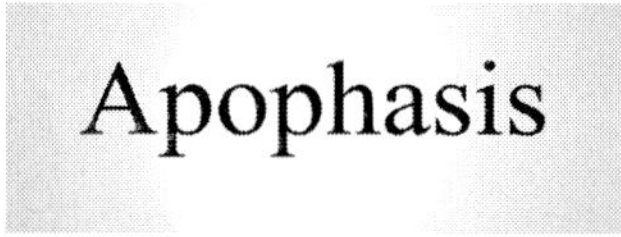

많은 종교들이 그 궁극에 이르면 말이 아닌 침묵을, 앎이 아닌 모름을 선호한다. 그리스도교의 부정신학(Apophasis) 대표적인 예이다.
https://i.ytimg.com/vi/kGo3lE_6zAo/maxresdefault.jpg

신학이란 신과 신앙에 대해 연구하는 학문이다.
http://www.iisis.net/uploads/images/2%20Indept%20Cases/03%20Religion/christianity%20reincarnation%20past%20lives%20cross.JPG

137. 신경신학은 뇌과학과 신학이라고 하는 두 가지의 사뭇 이질적인 시각을 하나의 "방대한 지식의 장"으로 통합하려는 시도라 정의된다. 그러나 이 하나의 방대한 "지식"으로의 통합은 사실상 불가능한 일이다. 근본적으로 지식의 영역에 속하지 않는 어떤 것을 지식의 영역에 포함시킬 수는 없기 때문이다. 사실상 많은 종교들이 그 궁극에 이르면 말이 아닌 침묵을, 앎이 아닌 모름을 선호한다. 그리스도교의 '부정신학(Apophasis, 사유 불가능한 것에 대한 사유)'이 대표적인 예이다. 석영중, 「신경신학과 도스토예프스키」, 『슬라브학보』 28(2013), p. 282.

➤ 비환원론적 시각으로의 전환

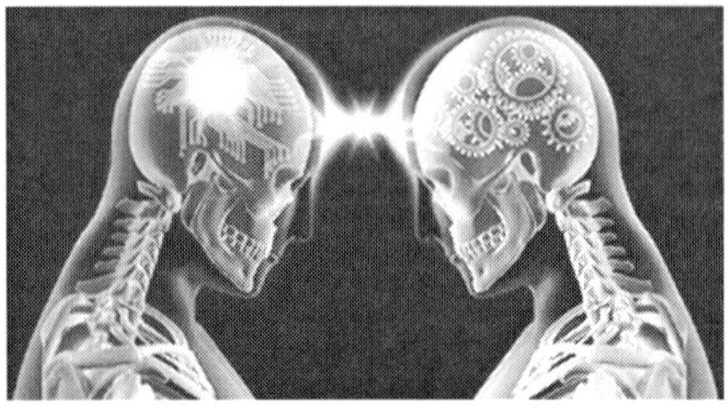

일부 신경신학자들은 모든 것이 뇌의 작용으로 환원된다는 것을 한 치의 의심도 없이 단언한다. http://hr.blr.com/images/news/Computer-brain-communication.jpg

신경신학이 뇌과학과 신학과의 '대화'를 지향한다면 환원론적 시각에서 벗어나 비환원론적 시각으로의 전환을 숙고해야 한다. 다수의 신경신학자들이 종교를 뇌의 작용으로 환치하고 있으며, 인간 또한 뇌의 산물로 간주하고 뇌 자체로 인간을 설명하고 있다.[138] 물론 뷰리가드와 오레이처럼 비환원론적 입장을 견지하는 신경신학자들도 있다. 이들은 정신, 의식, 영혼 등을 인정하며 기존 뇌연구의 자료들을 신학적인 주제에 접목시키고 있다.[139]

➤ 신학과 뇌과학의 소통

신경신학은 뇌과학과 신학이 소통하여 각자의 영역을 발전시키는 방안을 탐색하도록 해야 한다. 양자가 서로의 주제들을 풍요롭게 공유할

138. 석영중, 앞의 논문, 같은 곳 참조.

139. 이길용은 〈뇌과학과 종교연구〉라는 책을 통해 종교연구 분야에서 뇌과학의 성과 수용 여부와 그 가능성을 다루었는데, 이는 기존 뇌과학 연구의 흐름과 종교계의 반응을 비평적으로 정리한 작업이었다. 그는 기존 뇌과학 연구가 유물론적 측면에서 종교를 맹목적으로 비판하기도 했지만, 그와 대비되는 비유물론적인 입장에서, 종교를 이해하는 일련의 도구가 될 수 있음을 지적했다. 그는 추상적·관념적으로 설명되던 종교의 기원, 구원, 초월자, 종교 체험 등을 물리적 언어로 치환하여 설명하고자 했으며 뇌과학의 결과물을 신학적 논의에 적용하려 했는데, 신학적 접근에서는 애쉬브룩을, 뇌과학적 접근에서는 뷰리가드를 들어 설명했다. 강문규, 앞의 논문, p. 8.

수 있는 방안을 모색하도록 권유하는 것이다. 뇌과학이 신학의 주제들에 적용될 수 있는 주제 몇 가지를 소개한다.

정신의 뇌 의존성 : 물질을 통해서만 나타날 수 있지만 물질에 완전히 속박되지 않는 것이 뇌의 모습이다.[140] 구조가 과정을 결정하는 것이 아니라 과정의 전개를 전제로 하여 구조가 발생되었다. 이 개념은 그리스도교 신학의 중심 개념인 '말씀이 육신이 되신 성육신Incarnation' 사건에 적용될 수 있다. 하느님은 우리의 영혼만을 접촉하는 것이 아니라 도리어 썩어질 육신을 통하여 온전하게 그 역사를 이룬다.[141]

경험되는 실재와 궁극적 실재 : 우리밖에 또는 우리를 포함하는 궁극적 실재가 존재하고 전개되고 있는데, 우리의 뇌는 뇌의 기능과 구조가 허용하는 한도 내에서 세계를 부분적으로 샘플링하고 있다. 이 개념은 궁극적 실재로서의 하느님 나라, 그리고 제한된 인간의 한계성, 하느님으로부터 창조되었으나 불순종한 과오로 소외되어있는 나약한 인간상에 대한 신학 교리와 공명할 수 있다.[142]

---

140. 뇌의 전기 · 화학적 작용을 통하지 않고는 정신현상이 나타날 수 없다는 것은 의심할 수 없는 과학적 사실이다. 이는 마치 정신이 물질에 의하여 모두 지배되는 듯한 느낌을 주지만 결코 그렇지 않다는 것을 뇌과학은 말해준다. 뉴런들과 그 연결을 통하여 구성된 거대한 그물망으로서의 뇌의 구조 속에 카오스의 세계가 내재해 있고, 폐쇄적이고 기계적인 방법이 아닌 비결정적이고 창발적인 방법으로 뇌가 작동하고 있으며, 그 과정 속에 개방과 자유가 실현될 수 있다. 허균, 앞의 논문, p. 174.

141. 이것은 이미 2천 년 전에 오늘날 종교인들이 막연히 추상적으로 받아들이는 것보다도 훨씬 강한 물리주의적 토대 위에 그리스도교적 실재관이 형성되었다고 볼 수 있겠다. 뇌과학은 이처럼 세상적인 것에 함께 거하는 신성함이 뇌를 통하여 물리적으로 실현될 수 있음을 보여준다. 허균, 앞의 논문, pp. 174-175.

142. 뇌과학적 인간이해를 통하여 우리는 '타자'로서의 세계, 뇌로는 부분적으로밖에 이해할 수 없는 궁극적 실재세계가 존재한다는 초월의 개념에도 접근할 수 있을 것이다. 허균, 앞의 논문, p. 175.

이상에서 살펴본 바대로 뇌과학과 신학은 두 가지의 사뭇 이질적인 시각을 지닌 학문이지만 전혀 무관한 학문이 아니라 양자가 서로의 주제들을 풍요롭게 공유하면서 건설적인 만남을 이룰 수 있을 것이다.

http://wondergressive.com/wp-content/uploads/2014/02/science-vs-religion.jpg

✔ 교육신경과학

뇌과학의 연구 결과들은 교육학에도 적용되어 뇌기반 학습brain-based learning이나 뇌기반 교수brain-based teaching, 뇌맞춤 교과과정brain-compatible curriculum이나 뇌친화적 학습brain-friendly learning 등으로 응용되고 있다. 2004년 국제마음두뇌교육협회IMBES가 결성되어 매년 학술세미나를 개최하고 있으며, 하버드대학에서는 마음두뇌교육MBE 프로그램을 통해 뇌기반 교육에 대한 석사 및 박사 학위과정을 운영하고 있다. 존스홉킨스대학에서도 마음두뇌교수MBT 프로그램을 개설하고 현직 교사나 예비교사, 교육행정가를 위해 뇌과학적 지식을 제공하고 있다. 그밖에 영국 캠브리지대학의 교육신경과학 프로그램이나 일본의 마음두뇌교육 연구 프로그램에서도 이와 유사한 교육과정을 제공하고 있다. 교육신경과학은 학자에 따라 뇌기반 학습과학, 신경교육학, 마음두뇌교육학으로 불리기도 한다.[143] 이들 용어에 대해서는 논의가 필요하겠지만 여기서는 뇌기반 학습과학이란 용어로 통일하여 사용하기로 한다.

143. 정종진, 학습에서 정서적 중요성에 대한 교육신경과학적 고찰, 뇌교육연구 17, 2016, p. 72.

뇌기반 학습과학은 학습자의 뇌를 효율적으로 활용할 수 있는 목표를 둔 접근법이다.
http://static1.squarespace.com/static/55844760e4b0925a43a45658/t/55a2c476e4b0af10ce25b564/1436730489231/

뇌기반 학습과학은 인간의 사고 및 학습과정에 대한 과학적이고 체계적인 접근방법으로 뇌의 인지기능 및 구조에 대한 과학적 이해를 바탕으로 학습자의 뇌를 효율적으로 활용할 수 있는 적절한 목표를 둔 새로운 접근이다.[144] 이 분야의 연구자들은 정서가 학습에 영향을 미친다는 점, 뇌 발달과정을 통해 학습자의 행동 특징을 이해할 수 있다는 점, 학교의 사회·문화적 환경이 학습에 영향을 끼친다는 점, 학습내용을 학습자의 삶에 의미를 가지도록 하면 오래 기억될 수 있다는 점 등을 강력히 시사해 주고 있다.[145]

뇌기반 학습과 관련된 원칙들의 특성은 학습자에게 관심을 가지고, 학습자의 뇌에 미치는 문화적 영향력과 함께 뇌활동 차원에서 학습자가 어떻게 자신의 삶을 선택하는지에 대해 관심을 갖는다는 점이다. 따라서 뇌기

---

144. 김성일, 뇌기반 학습과학, 인지과학 17(4), 2006, p. 378.

145. 정종진, 앞의 논문, pp. 72-73.

반 학습과학은 체화적 인지 embodied cognition와 학습에 대한 생생한 경험을 교육연구의 목적을 위해 인지적 뇌과학의 방법론으로 접근한다. 뇌기반 학습과학은 정서와 능동적인 의미학습, 그리고 다양하고 풍부한 경험을 강조하는데 이는 개념의 이해와 기억에 초점을 맞췄던 기존의 전통 학습이론들과 차별화되는 부분이다.[146]

뇌기반 학습과학자들은 학습을 촉진하기 위해 다양한 뇌기반 교육 프로그램 개발의 필요성을 지적한다.
http://www.naturopathiccurrents.com/images/december%202014/autism-1.jpg

뇌기반 학습과학에서 학습의 주요 변인 중 하나로 정서를 꼽고 있다. 인지와 정서는 뇌 안에서 상호 의존하며 이성적 사고와 학습이 이루어지는데 정서의 역할이 중요하다는 것이다. 학습과정에서 당장 해야 할 과제와 상관없는 정서가 끼어들거나 정서 관련 뇌 부위에 손상을 입어 정서를 제대로 처리하지 못하게 되면 정서를 바탕으로 직관적으로 처리하는 데 문제가 생겨 합리적 행동을 이끌어내기 어렵다.[147]

146. 뇌기반 학습과학에서는 개인 뇌의 고유한 기능의 극대화를 위해 개별화된 학습, 전이를 목적으로 하는 학습, 사회적 상호작용을 중시하는 커뮤니티 기반 학습, 그리고 학습자의 동기 중심의 학습에 초점을 맞춘다. 이 가운데 동기 중심 학습과 관련해 살펴보면, 신경계 설명수준에서 동기현상을 강화학습과 관련된 도파민계의 선조체 영역, 가치판단 및 의사결정과 관련된 전전두엽 영역, 그리고 집행기능 및 인지적 조절과 관련된 전대상피질 및 배외측 전전두엽 영역 등의 기능으로 설명할 수 있다. 김성일, 뇌기반 학습과학, 인지과학 17(4), 2006, pp. 378-379; 김성일, 동기에 대한 신경교육학적 접근, 한국교육심리학회, 교육심리연구 25(1), 2011, p. 89.

147. 정종진, 앞의 논문, p. 74.

정서가 없는 순수한 인지, 인지가 없는 순수한 정서와 같은 것은 결코 존재할 수 없다. 실제로 뇌에서도 인지나 정서 어떤 한 가지만 배타적으로 담당하고, 다른 과정과 전혀 상호작용이 없는 뇌 부위를 확인할 가능성은 없다. 다시 말해 정서와 사고, 그리고 학습은 모두 연결되어 있다. 수업시간 동안 학생들은 주의를 기울여 자신들이 추구하는 목표를 결정하면 정서는 시냅스 형성을 향상시켜 학습에 영향을 미칠 것이다.[148]

지난 수십 년 동안 뇌 과학자들과 교육담당자들 사이의 의사소통 부재가 지속되는 가운데 교육현장에서는 여러 가지 '신경신화neuromyths'[149]가 번성하게 되었다. 좌우뇌 편재성, 결정적 시기 등이 있으며, 이 두 요소는 교육이론과 교육실제에서 과학적 진리인 것처럼 소개되어 널리 수용되었지만 뇌과학적으로 볼 때는 검증되지 않은 오해들이다.[150] 좌우뇌 편재성은 좌우반구가 기능에 차이가 있으며 근본적으로 다른 방식으로 작동한다는 것인데, 좌뇌는 언어뇌라고 하며 언어 기능을 비롯해서 논리적인 사고에 능한 반면, 우뇌는 언어보다는 음악, 미술 등 예술 분야로 대표되는 감성 세계를 주관한다는 것은 지나치게 단순화 된 생각이다.[151]

---

148. 정종진, 앞의 논문, pp. 74-90.

149. 연구자들에 의해 검증되지 않은 사실이나 잘못 전달된 오개념 혹은 결과에 대한 과잉일반화나 해석상의 오류 등으로 인해 발생하는 뇌에 대한 잘못된 고정관념을 '신경신화'라고 한다. 김성일, 뇌기반 학습과학, 인지과학 17(4), 2006, p. 388.

150. 이 외에 '풍요로운 환경'도 신경신화에 속한다고 볼 수 있다. 풍요로운 환경은 넓고 장난감이 많으며 다른 쥐와 어울릴 수 있는 풍요로운 환경에서 자란 쥐의 시냅스 밀도가 높았을 뿐만 아니라 시냅스 크기도 결핍 환경의 쥐보다 50% 더 컸다는 실험 결과에서 비롯되었다. 이것에서 비롯된 신화적 사고 중의 하나는 아동에게 풍요로운 환경을 제공해 주면 지능이 발달하고 학습능력이 향상된다고 믿는 것이다. 그러나 이 실험에서 밝혀진 사실은 풍요로운 환경이 시냅스 크기와 밀도를 높였다는 사실일 뿐이지 시냅스 크기 및 밀도와 지능 및 학습능력과의 상관관계는 아직 명확하게 밝혀지지 않았다. 김성일, 앞의 논문, pp. 389-390.

결정적 시기란 유기체를 둘러싼 내적·외적 사건들이 발달에 최대의 영향을 미치는 기간을 말한다. 즉 발달이 가장 용이하게 이루어지는 최적의 시기를 의미하며, 이 시기의 뇌는 젖은 찰흙 같아 주변 환경의 영향으로 자유자재로 주물러지고 변형될 수 있으나 이 시기를 놓치게 되면 학습이 어렵거나 불가능해 진다고 한다. 일부 전문가들은 유아기의 결정적 시기를 유아전기(1년 6개월~3세)와 유아후기(3세~6세)로 나누어 생후 처음 3~6년이 뇌 발달에서 중요하다고 주장하고 있다. 하지만 이는 동물의 감각체계 발달 연구에서 도출된 것으로 인간의 학습에는 확정적인 결정적 시기가 거의 없는 것으로 알려져 있다.[152]

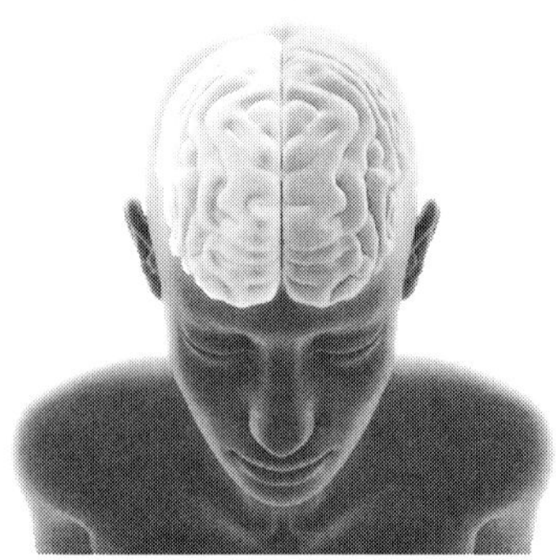

인간의 뇌는 상호 유기적인 작용을 하면서 통합적으로 기능한다.
http://www.pngall.com/brain-png

이와 같은 신경신화들이 교육현장에서 과학적 진리인 것처럼 소개되어

151. 이러한 좌우뇌의 특성은 주로 뇌량(corpus callocum)이 절단된 분할뇌(split brain) 환자의 연구를 통해 밝혀졌으나, 인간의 뇌 기능은 분산되어 흩어져 있을 뿐만 아니라 상호 유기적인 작용을 하면서 통합적으로 기능하므로 대부분의 과제 수행에서 좌우뇌가 모두 활성화 된다.

152. 게다가 결정적 시기 이론에 따르면 생후 처음 3년에 많은 시냅스가 형성되어 뇌발달이 급속도로 이루어진다고 하지만 시냅스를 많이 형성하면 최적의 학습이 일어난다는 인과관계가 증명되지는 않았다. 따라서 근래에는 결정적 시기(critical period)라는 용어보다는 민감기(sensitive period)라는 용어를 더 선호하며 연구자들 간에 시기의 차이는 있으나 언어습득의 경우 최장 12세까지를 민감기로 보고 있다. 김성일, 앞의 논문, 같은 곳 참조.

널리 수용되었지만 뇌과학적으로 볼 때는 검증되지 않은 이론이다. 성적 향상에 대한 압박과 뇌기반 교육의 가능성에 대한 지나친 기대, 그리고 사람들을 쉽게 믿게 만드는 뇌과학 용어의 외적 화려함을 발 빠르게 활용한 상술이 이러한 과학적으로 검증되지도 않은 여러 가지 오해들을 낳게 한 주범이라 보여진다.[153]

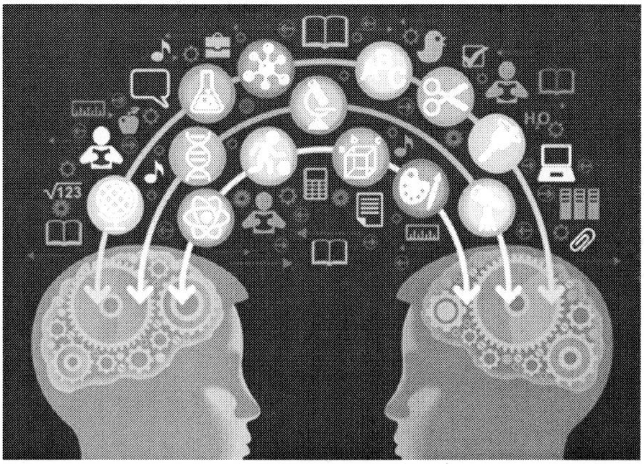

교육현장에서는 여러 가지 신경신화가 번성하게 되었다.
http://cdn2.hubspot.net/hub/237516/file-438748008-jpg/images/learning_-_featured-resized-600.jpg

153. 이와 같은 신경신화들은 우리나라와 같이 교육열이 상당히 높은 사회의 경우 자녀교육에 대한 부모의 과욕과 맞물리면서 여러 가지 폐단을 초래할 수 있다. 하지만 이러한 신경신화에 대한 경고를 뇌과학 연구 결과에 대한 섣부른 해석으로 볼 것이지 뇌과학의 성과를 교육과 연결 지을 가능성 자체를 부정하는 과대해석은 바람직하지 않다. 다만 뇌과학 기초 연구 결과를 지나치게 확대 해석하거나 과잉 일반화하는 오류를 최소화하고, 아직 논란의 소지가 있거나 검증되지 않은 연구 결과를 성급하게 현장에 적용하려 하거나 이를 상업적 목적에 맞추어 악용하는 경우를 경계하는 방책으로 삼는 이론-적용 간의 신중성을 강조하는 경고로서 받아들이는 겸허한 자세가 필요할 뿐이다. 한일조, 교육신경과학의 윤리문제와 교육철학의 역할, 한국교육철학회, 교육철학 52(0), 2014, pp. 283-284.

뇌기반 학습과학에 있어 교육학 분야가 염두에 두어야 할 것은 뇌과학적 연구의 적용은 그것이 인간의 가장 내밀한 기관으로서의 뇌를 직접 대상으로 하고 있기에 여러 가지 윤리문제를 야기할 수 있다는 점이다. 이것은 교육심리나 교육방법 같은 교육기술학만으로는 부족하며, 어느 부분은 교육철학이 담당해야 한다. 예를 들어 뇌과학적 접근법이 갖고 있는 일원론적 세계관과 기계주의적 인간관을 지적하는 것, 그리고 그것이 갖고 있는 기본적인 물질적 뇌 환원론의 성격을 드러내고 그것이 갖고 있는 여러 가지 함의를 풀어 해석하고 설명해주어야 한다.[154]

✔ 뇌인지과학

뇌과학의 핵심을 이루는 뇌인지과학은 뇌신경계의 신경생물학 및 인지과학적 이해를 바탕으로 미시적 또는 거시적 수준에서 뇌의 구조 및 기능의 근본원리를 파악하고 이를 응용하는 학문을 말한다.[155] 인지과학은 뇌·

154. 한일조, 앞의 논문, pp. 291-292.

155. 뇌인지과학과 함께 뇌과학의 핵심을 이루는 분야로 뇌정서과학을 꼽을 수 있다. 뇌정서과학은 그 역사가 길지 않은데, 정서는 주관적이고 애매한 데다가, 인간만이 갖고 있는 능력인 이성의 반대로 간주되어 과학적 연구의 대상으로 여겨지지 않았기 때문이다. 뇌정서과학이라는 용어를 처음 사용한 자크 팽크셉은 뇌 과학자이자 심리학자이며 정신생물학자로 정서의 신경기제와 행동의 동기 이면에 감춰진 심리학적 기제에 관해 논했다. 자크 팽크셉의 저서로 『정서신경과학: 인간과 동물의 감정의 기초Affective Neuroscience: The Foundations of Human and Animal Emotions』, 『해마 안내서Handbook of the Hypothalamus』와 『감정과 정신병리학Emotions and Psychopathology』 등이 있다. 자크 팽크셉과 함께 정서 연구에 획기적 돌파구를 만든 사람은 안토니오 다마지오이다. 다마지오는 엘리어트라는 환자의 뇌종양을 제거하기 위해 전두엽 일부를 제거하는 수술을 시행한 결과, 수술은 성공적이었지만 엘리어트는 일상적인 일에서 아무런 결정을 내리지 못하는 사람으로 전락함을 알 수 있었다. 다마지오는 엘리어트의 뇌종양이 그의 이성 관장 부위를 파괴했기 때문이라고 생각했지만, 종양수술로 상실된 것은 정서 관장 부위임이 드러났다. 다마지오는 엘리어트 연구를 계기로 이성과 정서가 함께 긴밀하게 작용하지 않으면 사람은 누구나 올바른 의사결정

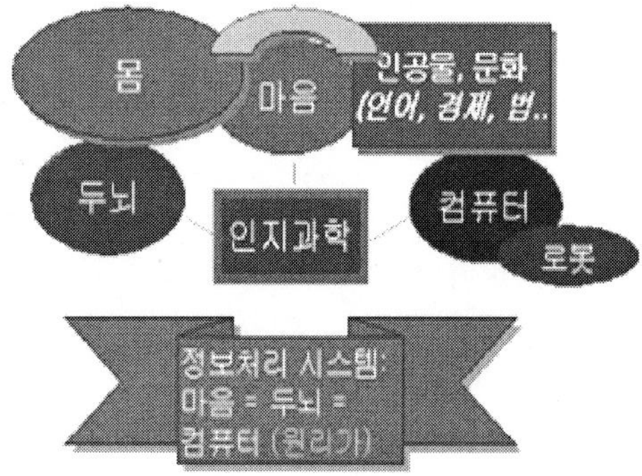

http://2.bp.blogspot.com/_CUxpvEOjHFM/SGc3Fufyuel/AAAAAAAAAGo/Bo7unaXLcHc/s400/Cognitive-Science-jml.bmp

마음 · 컴퓨터 · 인공물 등이 만드는 정보세계, 신경-인지세계, 생물-계산적 세계들을 모두 포괄하여 인지를 중심으로 다루는 학문이다.[156]

인지과학이 뇌과학적 접근방법을 수용하게 된 변화의 배경에는 뇌과학이 전통적인 분자 수준의 미시적 접근에서 탈피하여 뇌의 시스템 수준적 접근의 시도를 성공시켰다는 것과 심리학으로부터의 행동관찰기법의 도입, 인지심리학의 이론적 개념과 모델의 뇌과학에의 도입 성공, 그리고 뇌 영상화 기법의 급격한 발전 및 인지과학적 이론과의 연결의 성공 등이 있었다.[157]

을 내릴 수 없는 것으로 결론 내렸다. 이인식, 앞의 글, 같은 곳.

156. 이정모, 뇌의 인지과학적 연구와 응용의 미래: NBIC 융합과학기술과 학습과학의 관련성을 중심으로: cogpsy.skku.ac.kr/newdata/(연구논문)/10-23/06-28~1.HWP.

157. 이정모, 『인지과학-학문간 융합의 원리와 응용』, 성균관대학교출판부, 2008, p. 271.

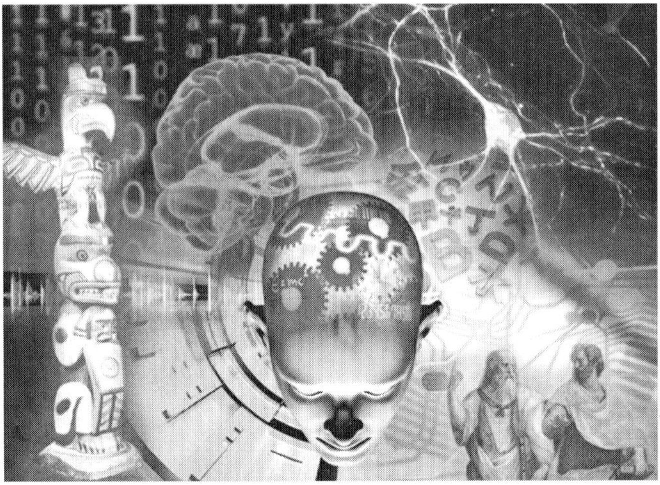

뇌인지과학의 목표는 인지 기능이 뇌의 신경회로에서 발생하는 메커니즘을 밝히는 것이다.
http://cogsci.snu.ac.kr/ics/home/

인지적 기능에 관한 뇌과학 연구의 주요 주제로 주의와 의식, 계획과 의사결정, 기억 등을 들 수 있다. 기억이 뇌에서 어떻게 저장되고 재생되는지에 대해서는 뇌과학적 실험과 뇌 손상 연구를 통해 그 기제가 밝혀져 있다.[158] 헤아릴 수 없이 많은 인지적인 일들은 우리의 기억 체계의 효율적 운용에 의존하고 있다. 기억에는 새로운 지식을 뇌에 입력하는 단계, 입력한 것을 저장하는 단계, 의식에 다시 떠올리는 회상하는 단계의 세 단계가 있는데, 이 세 가지 단계 가운데 하나라도 이상이 생기면 정확히 기억할 수 없다.[159]

158. 김학진, 인지뇌과학적 연구의 소개, 정보과학회지 27(4), 2009, p. 20.

159. Gerald M. Edelman · Giulio Tononi, Gehirn und Geist; Wie aus Materie Bewusstsein entsteht, Deutscher Taschenbuch Verlag(München), 2004, p. 128; 서유

인간이 하는 생각은 대체로 기억을 기초로 하는데 과거의 기억들을 되살리고 이 기억과 저 기억을 연결하여 새로운 생각을 하게 된다. 단편적인 기억들을 재료로 하여 하나의 긴 생각을 구상해 내는 일은 대뇌피질에서 이루어진다. 대뇌피질은 뇌간이나 변연계처럼 생존을 위한 사항을 조절하는 역할보다는 시각·청각·촉각 등 감각기를 통하여 대뇌피질에 도달하는 정보를 분석하고 선정하며, 선정된 사항들을 이전에 기억, 저장한 사항들과 관련지어 생각을 창출한다. 사고 형성 과정에 가장 많이 기여하는 기억은 시각 기억과 언어 기억이다.[160]

장기기억은 일종의 단백질과 같은 형태로 특정한 신경세포들 속에 반영구적으로 보존되어 있을 것으로 보인다. 뇌에서 기억 작용에 가장 중요한 역할을 하는 부위는 좌우 양 측두엽에 있는 해마이다. 간질발작의 치료를 위해 해마를 포함하는 양쪽 측두엽을 제거한 수술을 받은 H.M.은 오래된 일은 기억해도 새로운 기억은 하지 못하는 것으로 드러났다.[161] 시각, 청각, 촉각 등의 오감을 통해 들어온 여러 가지 자극은 해마를 거쳐야 기억의 형태로 저장된다. 기억이 해마 자체에 저장되는 것은 아니지만 기억이 저장되려면 반드시 해마의 작용을 거쳐야 한다.[162]

헌, 『바보도 되고 천재도 되는 뇌의 세계』, 중앙교육연구원, 1996. pp. 90-91; Daniel L. Schacter · Elaine Scarry 저, 『뇌와 기억 그리고 신념의 형성』, 권준수 외 11인 역, 시그마프레스, 2004, p. 1.

160. Gerald M. Edelman · Giulio Tononi, Op. cit., pp. 128-133, p. 296; 박만상, 『한국인의 두뇌 개발 II; 정상인과 기억력 개발』, 지식산업사, 19942. p. 91, 『한국인의 두뇌 개발 III; 정신생물학』, 지식산업사, 1992, pp. 234-235.

161. 김학진, 인지뇌과학적 연구의 소개, 정보과학회지 27(4), 2009, p. 20.

162. 박만상, 『한국인의 두뇌 개발 II; 정상인과 기억력 개발』, 지식산업사, p. 91, pp. 154-156; 야마모토 다이스케, 『3일 만에 읽는 뇌의 신비』, pp. 161-163; 대한 총명학회, 『공부가 쉬워지고 일이 즐거워지는 두뇌혁명』, pp. 175-178.

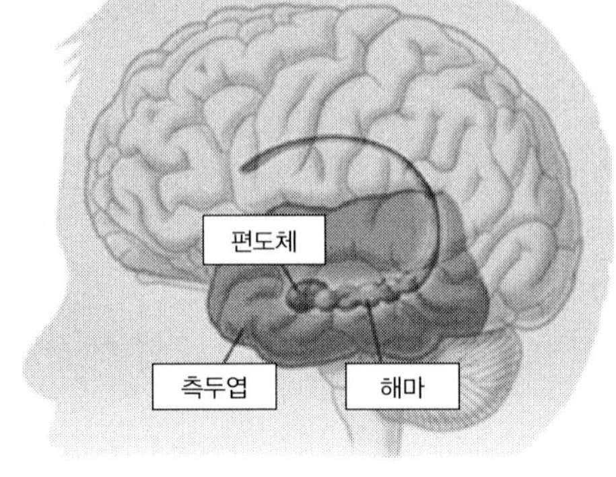

해마는 삽화적 기억(개인적 경험에 대한 내용)에 중요한 역할을 한다. 정서적 기억에는 편도체가 중요한 기능을 담당한다.
http://c010.danah.co.kr/data/ckeditor/image/8411cdcdec07e1adc1f3d4f887d1dd0b_BMtKUZ9M.jpg

의식도 인간의 인지능력 가운데 빼놓을 수 없는 요소이다. 의식을 과학의 영역으로 끌어들인 선구자는 프란시스 크릭이며, 그는 신경세포의 물리적 작용이 의식의 유일한 토대라고 했다. 그는 "사람의 정신 활동은 거대한 군집을 이루고 있는 뉴런들과 이들 뉴런과 관련된 분자들이 한데 뒤엉켜 만들어내는 행동에 불과하다"는 이론을 '놀라운 가설'이라고 명명해 논란을 불러일으켰다.[163]

163. 크릭과 함께 의식의 수수께끼에 도전한 인물은 뇌 과학자인 크리스토프 코흐이다. 그는 의식의 메커니즘을 탐구하는 지름길은 의식과 상관된 신경세포들, 이른바 NCC(Neural Correlates of Consciousness)를 발견하는 것이라고 주장한다. 뇌 안에서 의식과 가장 관련이 많은 신경세포들을 찾아서 그 기능을 밝혀내면 의식을 이해할 수 있다는 의미다. 제럴드 에델먼은 신경다윈론(neural Darwinism)이라고 명명한 과정으로부터 의식이 생긴다는 독특한 이론을 내놓았다. 찰스 다윈의 자연선택 이론을 신경세포에 적용한 것으로, 신경세포 집단 사이에서 벌어지는 자연선택에 의해 인간의 사고 기능이 발휘된다는 주장이다. 에델먼은 "현대 과학이 아직까지 해결하지 못한 대표적 과제는 뇌와 마음의 연결고리이며 '신경과학적 의식의 근거(NCC)'를 찾으려는 노력이 뇌과학의 주

프란시스 크릭
류영주, 사람의 참모습 II, p. 221.

의식을 만드는 주체를 신경수준에서 고려해 보면 대뇌피질의 전전두엽을 구축하는 유수신경이다. A6신경[164]을 중심으로 한 망상체의 원시적인 무수신경군이 대뇌를 각성하고 의식을 불러일으켜 유수신경군과 긴밀한 협조에 의해 비로소 의식을 발생시킨다. 만약 망상체가 제 역할을 하지 못하면 컴퓨터가 전원을 잃어버린 경우와 마찬가지로 뇌에서 의식이 발생

된 주체"라고 강조했다. 이인식, 앞의 글, 같은 곳.

164. 1964년 조직화학적 형광법의 결과 원시적인 무수신경의 신경세포와 동종이지만, 수만 개씩 모인 신경핵이 뇌간의 중앙을 따라 각각 좌우로 2열, 합계 4열로 늘어서 있다는 사실이 밝혀졌다. 이것을 발견한 북유럽의 연구자들은 안쪽의 좌우의 뇌가 융합한 봉선 바로 옆의 2열을 'B계열', 그 바깥쪽의 좌우 2열을 'A계열'이라고 불렀다. A계열의 신경핵은 15개, B계열의 신경핵은 9개 발견되고 그 후 A계열의 하위의 곳(연수가 있는 곳)에 A계열과 성질이 같은 C계열 2개가 발견되었다. 발견자들은 하위부터 번호를 매겨 A1신경, A2신경, A3신경, … A15신경, B1신경, B2신경, B3신경, … B9신경이라고 부르기로 했다. 오키 고스케, 『뇌로부터 마음을 읽는다; 어떤 뇌 이야기』, 김수용 · 하종덕 역, 전파과학사, 1996, pp. 79-81.

하지 않는다.[165]

이상에서 뇌과학의 핵심을 이루는 분야인 뇌인지과학에 대해서 살펴보았다. 뇌과학이 사람들로부터 관심을 받게 된 직접적인 계기가 된 것은 신경해부학적 측면에 대한 연구가 아니라 뇌의 인지적, 심적 기능을 밝히는 뇌인지과학분야의 연구 결과들로 인한 것이었기 때문에, 뇌인지과학이 바로 뇌과학의 핵심을 이룬다고 볼 수 있다. 인지적 기능에 관한 뇌과학 연구의 주요 주제로 주의와 의식, 계획과 의사결정, 기억 등이 있으며, 여기서는 기억과 의식에 중점을 두고 고찰해 보았다.

✔ 신경윤리학

뇌과학 연구와 윤리학 연구의 활발한 협력은 신경윤리학이라는 새로운 연구 분야를 탄생시켰다. 2002년에 "신경윤리학: 영역지도 그리기"라는 주제로 샌프란시스코에서 개최된 학술대회는 신경윤리가 본격적인 학문적 논의의 장으로 진입하는 계기가 되었다. 이 학술대회에 뇌과학, 생명윤리학, 철학, 법률, 유전학, 언론 등 다양한 분야의 전문가들이 참석하여 신경윤리학의 핵심 쟁점들을 논의했다. '뇌과학과 자아', '뇌과학과 사회정책', '윤리학과 뇌과학의 실제', '뇌과학과 사회적 논의', '신경윤리의 미래 그려보기' 등 다섯 개 분과로 나뉘어 진행되었다.[166]

---

165. 오키 고스케, 앞의 책, p. 101; 수전 그린필드(Susan Greenfield) 저, 앞의 책, p. 285.
166. 이상헌, 신경윤리학의 등장과 쟁점들, 서강대학교 철학연구소 논문집, 철학논집 19, 2009, p. 101.

http://cfile4.uf.tistory.com/image/25184C4454FE59D80CAA9A

같은 해 유럽에서도 영국 왕립과학연구소가 후원하여 "뇌과학의 미래"라는 주제로 학술대회가 개최되었는데, 뇌과학과 그것의 사회적 함의가 논의되었다. 2004년에는 유럽연합집행위원회가 "마음에 관한 회의: 뇌과학에 대한 유럽 시민의 숙고" 프로젝트를 시작했다. 같은 해 일본에서는 사회기술연구개발센터의 '뇌과학과 사회' 분과에서 '뇌과학과 윤리'에 관한 연구 그룹을 설립했는데, 이 그룹은 생명윤리, 뇌과학, 행동유전학, 과학커뮤니케이션, 언론 등 다양한 분야의 전문가들을 초대하여 뇌과학 연구의 문제와 잠재적 위험 등을 논의했다.[167]

신경윤리학은 뇌의 기초를 이루는 메커니즘을 이해함으로써 알게 된 질병, 죽음, 생활철학 등의 사회적 쟁점을 우리가 어떻게 다루기 바라는지를 검토하는 분야이며 뇌의 질병 치료에 국한되지 않고, 더 나아가 광범위한 사회적 · 생물학적 맥락에서 개인의 책임을 따지며, 뇌에 기반을 둔

167. 이상헌, 앞의 논문, p. 102.

생명철학을 지향하는 노력이라고 정의내릴 수 있다.[168] 신경윤리학의 주제를 크게 세 가지로 나누어 고찰해 보면,[169] 첫째는 뇌인지과학의 기존 인문학, 특히 윤리학과 법학에 던지는 함의에 관한 연구이다.[170] 특히 인간의 마음과 행동에 대한 뇌인지과학적 기초가 기존의 철학적 문제인 자유의지와 결정론의 문제에 구체적으로 어떤 쟁점과 함의를 주는지가 검토되고 있다. 홍성욱은 다음과 같이 말한다.

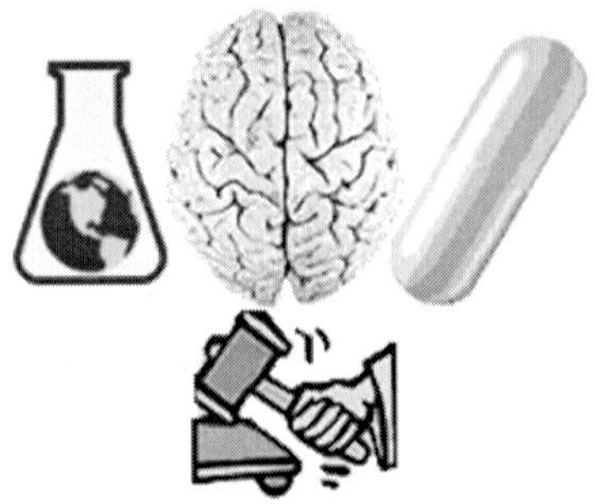

신경윤리학은 뇌에 기반을 둔 생명철학을 지향하는 노력이다.
https://faculty.washington.edu/chudler/gif/braine1.gif

"뇌과학이 인간 마음의 작동에 대해서 새롭게 알아낸 사실들이 많아지면서, 인간의 마음에 대한 철학은 곧 뇌과학으로 환원될 것이라는 주장이 있다. 인간의 의식이나 자유의지의 문제는 이제 더 이상 철학의 문제가 아니라 과학의 문제라는 것이다. 이런 주장은 나의 뇌의 작동을 이해하면 나라는 인간을 이해할 수 있다는 뇌 결정론(neuro-determinism)과도 일맥상통한다. 그렇지만 인간의 의식이나 자유의

168. 이인식, 앞의 글, 같은 곳.

169. 한편 펜실베니아 대학 마사 패러는 신경윤리학의 주요 쟁점을 "뇌공학 기술의 적용문제"와 "뇌과학적 연구결과의 이해 문제"로 나누어, 전자에 있어서는 뇌공학적 기술을 이용하여 뇌를 스캔하여 얻은 영상의 활용사례를 분석하거나 정신기능 향상을 위한 약물사용 및 뇌-기계 인터페이스를 이용한 인지기능 향상의 문제점들을 다루었다. 후자에 있어서는 인지기능과 관계된 뇌과학 연구 결과로부터 얻어지는 철학적 쟁점과 법적, 사회적 문제로서 의사결정과 도덕성의 문제를 다루었다. 탁희성 외, 앞의 논문, p. 117.

170. 탁희성 외, 앞의 논문, p. 118.

나의 뇌의 작동을 이해하면 나라는 인간을 이해할 수 있다는 뇌 결정론
http://the2x2project.org/wp-content/uploads/2013/01/neuroscience-determinism.jpg

지 같은 문제는 실험실에서 실험을 통해서도 새롭게 알 수 있는 부분이 있지만, 자신의 마음을 내적으로 성찰함으로써 알 수 있는 부분도 있다. 무엇보다도 인간은 몸을 가지고 있고 환경과 상호작용하면서 살아가는 존재이다."[171]

뇌 결정론(neuro-determinism)
http://blogs-images.forbes.com/danschawbel/files/2011/12/Whos-in-Charge-cover.jpg

홍성욱은 "뇌는 인간의 전부가 아니며, 마음은 뇌만 가지고 만들어지는 것이 아니기 때문에 뇌 결정론과 뇌 환원론에 대해서는 신중한 태도를 취할 것"을 당부했다. 한발 더

171. 홍성욱, 앞의 책, pp. 6-7.

나아가 그는 "신경윤리학은 최근 뇌과학의 발전이 전통적인 철학적 · 윤리적 주제에 대해서 어떤 새로운 문제를 던지는가를 깊게 생각하고 이를 반영해야 하지만, 동시에 철학과 윤리가 과학으로 모두 환원될 수 있다는 성급한 뇌 결정론도 경계할 것"을 갈파했다.[172]

신경윤리학의 두 번째 주제는 뇌 영상술의 발전으로 인해 발생할 수 있는 윤리적 문제로, 특히 프라이버시 문제가 중요한 쟁점으로 제기된다. 20세기에 들어와 프라이버시 개념은 유전적 프라이버시로까지 의미가 확장되었고, 이제 뇌 영상술의 발전으로 프라이버시의 개념은 신경정보로까지 확장될 것을 요구받는다. 개인의 유전적 특성이 곧 개인의 성격 특성이나 행동 특성을 설명해주지는 못하지만 뇌 신경정보는 매우 직접적이고 실제적이란 측면에서 신경정보의 영향력은 유전정보보다 위력적이다. 어떤 사람이 어떤 감정 상태에 있다는 것과 그의 대뇌변연계가 어떻게 활성화되어 있다는 것 사이의 상관관계를 추측할 수 있기 때문이다. 그래서 어떤 사람의 뇌구조에 어떤 비정상이 존재한다는 사실이 밝혀진다면, 그 사람은 바로 그 뇌의 비정상 구조로 인해서 어떤 특성이 결여되었거나, 그 구조에 대응하는 반사회적 특성을 갖

뇌과학의 발전은 윤리적 문제를 새로운 각도에서 탐구하게 한다.
http://2.bp.blogspot.com/-HBgRnSK41iQ/UHhaPJP-vMI/AAAAAAAAHxE/f77nlTYqhO8/s1600/Would_You_Tell.jpg.580x435_q85.jpg

172. 홍성욱, 앞의 책, p. 7.

고 있을 것이라 추정되기 쉽다.[173]

신경윤리학의 세 번째 주제는 뇌의학적 치료 및 향상 기술에 의한 뇌 강화 프로그램과 관련된 기회와 분배 불균형의 사회적인 문제이다. 특히 뇌의학적 치료기술에 의한 뇌 강화 프로그램 또는 약물로 인해 발생할 수 있는 강제성과 안정성, 그리고 인간의 가치 등에 대한 문제가 논의되고 있다.[174]

오늘날 뇌과학의 발전은 그 자체가 새로운 윤리문제를 낳는 것이 아니라 윤리적 문제를 새로운 각도에서 탐구하게 함으로써, 뇌과학을 통해 전통적인 윤리적 패러다임을 검증하고 새로운 성찰의 기회를 갖게 하는 것으로 인식할 필요가 있다.[175]

---

173. 이상헌, 앞의 논문, pp. 110-111.

174. 인간의 가치 문제를 신체단련과 같은 자기 향상과 연계해 살펴보면, 신체단련뿐만 아니라 공부나 문화활동 등과 같은 자기 향상은 칭찬할 만한 목표로 인정되어 왔으며 긍정적 평가의 대상이다. 그렇다면 약물을 복용함으로써 능력을 향상시키는 것은 어떤가? 이것도 자기향상 가운데 하나라고 볼 수 없는가? 공부를 통한 자기 향상과 약물을 통한 자기 향상에 의미 있는 차이가 있는가? 여타 종류의 혁신과 신경인지적 향상 약물의 혁신 사이에 어떤 차이가 있는가? 신경인지적 약물의 보급은 인간 사회에서 높이 평가되는 많은 종류의 가치에 정면으로 배치된다. 그것은 개인적 노력과 성취에 대한 사람들의 이해, 자율성, 인간 고유의 가치 등에 대해 커다란 도전이 될 것이다. 이상헌, 인간 뇌의 신경과학적 향상은 윤리적으로 잘못인가?, 서강대학교 철학연구소 논문집, 철학논집 18, 2009, pp. 239-243; 탁희성 외, 앞의 논문, p. 118.

175. 탁희성 외, 앞의 논문, 같은 곳 참조. 신경윤리학은 우선 뇌과학의 발전 중 어디까지가 우리가 고려해야 하는 현실이고, 어디부터가 먼 미래에 대한 과학소설의 영역에 속하는 것인가를 비판적으로 고찰해야 한다. 과학의 경우, 실험실에서 만들어진 실험 결과가 논문으로 출판되고 연구자의 해석이 과학자 사회에 의해 수용되는 과정을 거치면서 확실성이 증가한다. 따라서 이미 출판된 논문보다는 출판 이전의 실험에서 과학이 가진 여러 독특한 특성을 더 분명하게 찾아볼 수 있다. 또 과학 연구가 언론을 통해서 보도될 때에는 아직 불확실한 연구 내용이 확실한 것으로 탈바꿈하면서 대중이 선호할 만한 몇 가지 속성만이 강조된다. 따라서 신경윤리학은 뇌과학의 성과에 대한 언론의 보

사회신경과학

뇌과학의 연구 결과들은 사회적 행동의 뇌 메커니즘을 밝히는 연구로도 응용되면서 사회신경과학 분야를 탄생시켰다. 사회신경과학에서는 인간의 사회적 행동과 심리적 현상들의 생물학적 기제를 뇌과학적 연구 방법들을 사용하여 사회적 판단 및 추론을 비롯해 정치 성향, 도덕적 행동, 사회적 편견, 모방·공감 심리 등의 발현에 관여하는 뇌 영역을 밝히려고 한다.

사회신경과학은 인간의 사회적 행동과 심리적 현상들의 생물학적 기제를 뇌과학적 연구방법들을 사용하여 밝히고자 한다.
http://image.libro.co.kr/Libro_V5/Used/201110/10/164755_20111014_ep18_222.jpg

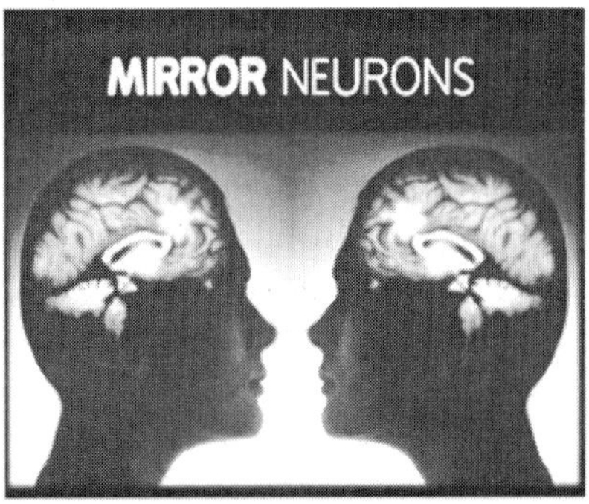

'거울 뉴런(mirror neuron)' 연구도 사회신경과학에서 기대를 모으는 주제 중 하나이다. 남의 행동을 그대로 비추는 거울 같다는 의미에서 거울 뉴런이라 한다.
https://www.ronitbaras.com/wp-content/uploads/2014/10/mirror-neurons.jpg

---

도 또한 비판적으로 바라보아야 한다. 홍성욱, 뇌과학이 여는 새로운 시대의 모험, 『뇌과학, 경계를 넘다』, p. 9.

특히 모방·공감 심리와 관련된 '거울 뉴런' 연구는 현재 사회신경과학에서 기대를 모으는 주제이다. 마치 관찰자 자신이 스스로 행동하는 것처럼 느낀다는 의미에서 거울 뉴런mirror neuron이라 하는데, 이러한 뉴런이 영장류 동물에서 직접 관찰되었고, 인간에게도 있다고 여겨지며, 조류를 포함한 다른 동물에도 있는 것으로 여겨진다.[176] 거울 뉴런계를 통해 타인의 행동을 관찰하는 것만으로도 그의 행동을 온몸으로 이해할 수 있으며, 그 행위를 나의 운동 계획과 비교해 실행으로 바꾸는 과정을 용이하게 함으로써 타인의 행동에 대한 모방을 가능하게 한다. 거울 뉴런은 타인의 감정을 어떻게 '내 것'처럼 이해할 수 있는지에 대해서도 새로운 통찰을 주

마카크 원숭이 뇌 안의 F5 영역의 발견으로 처음 시작된 거울 뉴런 집단에 대한 연구는 지난 10여 년 동안 수많은 성과들을 내놓았다.
https://neuroexpression.files.wordpress.com/2014/07/desktop11.jpg

176. 거울 뉴런이 인간 뇌에서는 하전두회(inferior frontal gyrus: IFG)와 하두정엽(inferior parietal lobule: IPL)에 존재하는데 이 부위를 발견한 연구자들은 이를 '두정엽-전두엽 P-F 거울 뉴런계'라고 명명했다. 연구자들은 이 P-F 거울 뉴런계 외에도 이것에 시각 정보를 제공해 주는 후부 상측두구, 거울 뉴런계의 작용을 통제하고 상위 수준으로 조직하는 데 활성화되는 전두엽이 함께 작용해 복잡한 거울 뉴런 반응이 일어남을 밝혔다. 장대익, 거울 뉴런과 공감 본능, 『뇌과학, 경계를 넘다』, 바다출판사, 2012, p. 181, pp. 189-190.

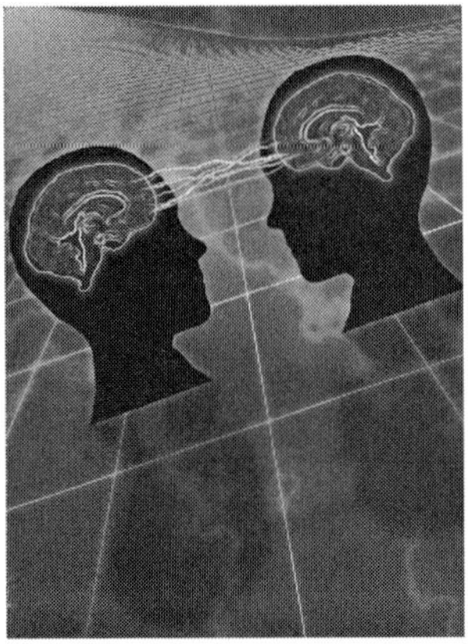

타인의 감정을 공감하기 위해서는 거울 뉴런계에 의한 행동의 모사 과정이 필수적이다. http://2.bp.blogspot.com/_QRTXdOj6NQw/SxRGdQmSUJI/AAAAAAAAAmI/F2wWbyZbKek/s1600/brains+talking.jpg

고 있다.[177]

거울 뉴런과 함께 '사회적 편견'도 사회신경과학에서 기대를 모으는 주제이다. 2000년 NYU 대학 펠프스 연구진은 사회적 편견과 관련된 뇌 작동 원리를 밝히려는 실험을 다음과 같이 진행했다. 우선 암묵적 연합과제IAT: Implicit Association Task를 이용해서 피험자의 무의식적인 인종적 편견성 정도를 테스트했다. 흑인 또는 백인의 사진과 "폭력적인" 그리고 "상냥한" 등과 같은 형용사를 재빨리 판단하도록 하는 과제를 주고 반응시간의 차이로 피험자의 숨겨진 편견성을 알아볼 수 있는데, 흑인들에 대해 무의식적 편견이 있는 사람의 경우는 흑인의 사진과 "폭력적인" 단어가 짝지어져

177. 도덕 관념이 문화에 따라 다소간의 차이를 보일 수 있으나 기본적인 도덕 법칙들은 보편적이며, 그러한 것들은 대체로 타인의 감정과 깊은 연관을 가진다. 심지어 우리는 타인을 직접 관찰하지 못하는 상황에서도 공감할 수 있는 능력이 있다. 먼 지역의 자연재해로 인한 대규모 인명 피해라든가 다른 사회에서 규칙으로 받아들여지고 있는 도덕 관념들에 대해서조차 공감 능력을 확장할 수 있다. 장대익, 앞의 책, p. 181, pp. 189-192.

흑인들의 사진들을 볼 때 백인들의 사진들을 볼 때보다 편도체의 반응이 증가하는 것을 관찰할 수 있었다.
http://cfile24.uf.tistory.com/image/221909415338FD06192800

있을 때보다 "상냥한"이라는 단어가 짝지어져 있을 때에 판단 시간이 오래 걸리는 것으로 나타난다. 이 과제를 수행한 뒤에 직접 피험자 자신이 느끼는 편견성 정도를 물어보는 질문지가 제공되었다. 위의 과제들을 끝낸 뒤에 피험자들은 MRI 측정실로 옮겨져 2초 동안 제시되는 흑인의 얼굴과 백인의 얼굴사진들을 수동적으로 주시하도록 지시받았다. 그동안 fMRI로 뇌반응을 분석한 결과, 암묵적 연합과제를 통해 무의식적 편견정도가 높은 것으로 나타난 피험자들의 경우 흑인들의 얼굴사진들을 볼 때 백인들의 얼굴사진들을 볼 때보다 편도체의 반응이 증가하는 것을 관찰할 수 있었다. 같은 피험자들의 뇌반응을 설문지로 얻은 편견 수준들과 비교했을 경우는 전혀 상관관계가 나타나지 않았다. 특정 사회집단에 대한 무의식적 평가가 편도체에 의해서 이루어진다는 사실은 이러한 편견으로 야기된 행동이 인과관계에 대한 의식적 인식 없이도 나타날 수 있다는 가능성을 시사한다.[178]

인간의 사회적 행동과 심리적 현상들의 생물학적 기제를 뇌과학적 연구방법들을 사용하여 밝히고자 시작된 사회신경과학은 신경계와 내분비계,

178. 김학진, 인지뇌과학적 연구의 소개, 정보과학회지 27(14), 2009, p. 21.

그리고 면역체계들이 사회문화적 과정과 어떻게 관련되어 있는지를 밝히고자 한다. 사회신경과학의 주제는 정서 및 정서조절, 사람지각, 사회적 판단 및 추론, 정치 성향, 도덕적 행동, 사회적 편견, 모방·공감 심리 등 갈수록 그 범위가 확대되고 있으며, 여기서는 모방·공감 심리와 관련된 거울 뉴런과 사회적 편견을 중심으로 고찰해 보았다. 특히 거울 뉴런은 사회신경과학의 새로운 연구 주제로 부상하고 있음을 알 수 있었다.

이와 같이 사회신경과학 연구가 활성화되면서 이 접근법이 지니는 한계 역시 활발하게 논의되고 있는데, 예를 들어 사회신경과학 연구의 사회심리학적 기초가 취약하다는 점, 그리고 뇌과학의 사회심리학으로의 일방향적 유입만이 지나치게 강조되고 있다는 비판이 제기되었다. 이와 관련, 전통 사회심리학적 구성개념에 기초한 molar level의 설명을 완전히 배제하고 극단적 환원주의를 취하는 것은 사회심리학뿐만 아니라 사회신경과학의 발전에도 장애가 된다는 비판이 제기되었다.[179]

신경경제학

신고전파 경제학에서 전제하는 경제활동의 주체는 자신의 이익을 극대화하기 위해 완전히 합리적인 결정을 내리는 호모 에코노미쿠스(Homo economicus), 곧 경제적 인간이다. http://eu.greekreporter.com/files/homoeconomicus.jpg

179. 최훈석, 앞의 논문, p. 89.

신고전파 경제학에서 인간은 정확한 정보가 주어졌을 경우 자신의 이익을 최대화할 수 있는 방향으로 가장 합리적·이성적인 의사결정을 하는 존재임을 가정하는 반면, 심리학자들은 인간에게 정확한 정보가 주어지는 경우 자체가 비현실적임을 인정하고, 실수투성이고 비합리적 판단자로서의 인간을 가정한다. 이러한 견해의 차이로 심리학과 경제학은 서로 다른 길을 걸어 왔으나 2000년 대 초 카너먼과 트버스키가 개척한 행동경제학이라는 새로운 학문 연구의 발전에 힘입어 융합학문으로 거듭나고 있다. 심리학과 경제학간의 공동 관심사를 중심으로 한 연합은 뇌인지과학적 연구 방법론을 흡수하게 되었고 이로 인해 신경경제학이라는 학문이 탄생하게 되었다.[180]

이스라엘 출신의 인지심리학자인 대니얼 카너먼 (Daniel Kahneman) http://img.new.livestream.com/events/00000000001d8d7d/ac405249-b5ea-4211-9e14-fc2cff904089.jpg

제이슨 츠바이크는 저서 〈당신의 돈과 당신의 뇌Your Money and Your Brain_신경경제학은 어떻게 당신을 부자로 만드는가〉에서 "신경경제학의 최신 발견들은 투자에 관한 대부분의 기존 지식이 틀렸다는 것을 시사한다"고 전제하고, 신경경제학의 연구 성과를 배울 것을 권유한다. 그는 "투자로 돈을 버는 사람의 뇌 활동은 모르핀 투여로 도취에 빠진 사람의 뇌 활동과 다르지 않다"면서 "투자하는 뇌가 신고전파 경제학에서 생각하는 것만큼 합리적으로 작동하지 않기 때문에 노벨수상자일지라도 자신의 경제

180. 김학진, 앞의 논문, p. 21.

http://d28hgpri8am2if.cloudfront.net/author_images/4778_31305977_hr.jpg
https://www.overdrive.com/media/287176/your-money-and-your-brain
미국의 금융 칼럼니스트인 제이슨 츠바이크(Jason Zweig)가 펴낸「당신의 돈과 당신의 뇌(Your Money and Your Brain)」

학 이론이 지시하는 대로 행동하지 못한다"고 했다.[181]

츠바이크가 투자왕의 뇌 활동이 도취에 빠진 사람의 뇌 활동과 다르지 않다는 이론을 통해 새로운 이해의 틀을 제공했다면, 알랜 산페이는 부당성의 지각과 관련된 뇌 메커니즘 실험을 통해 신경경제학 분야에 새로운 이해의 틀을 제공했다. 산페이는 피험자들이 사진으로 제시되는 다른 피험자와 최후통첩 게임Ultimatum game 과제를 수행하는 동안 부당성의 지각과 관련한 뇌 메커니즘을 fMRI를 이용해 살펴보았다. 이 게임에서 피험자(응답자)는 일정 금액(10만원)을 먼저 받은 다른 피험자(제안자)가 제안하는 분배를 받아들일 것인지 거절할 것인지를 선택하도록 지시받았다. 제안되는 액수는 공평한 분비(5만원 : 5만원)이거나 불공평한 분배(9만원 : 1

181. 이인식, http://career1.tistory.com/10.

만원)가 되도록 만들어졌고 응답자가 제안을 거절할 경우 응답자와 제안자 모두 0원을 받게 되도록 설정되었다. 그 결과 응답자들의 제안 거절 비율은 공평한 정도가 증가할수록 커지는 것을 관찰할 수 있었고, 이와 함께 불공평한 제안을 받았을 경우 응답자들의 섬엽의 활동이 증가하는 것을 볼 수 있었다.[182] 또한 섬엽 활동이 컸던 피험자는 제안자의 제안을 거절하는 비율이 컸다는 사실을 보여줌으로써 응답자들이 제안자의 불공평한 제안에 부정적인 감정으로 대응한다는 사실을 가리키며 이러한 부정적인 감정이 응답자의 의사결정에 영향을 미친다는 점을 강하게 시사하고 있다.[183]

다시 말해 응답자에게 '내가 9만원을 가질 테니 네가 1만원을 가져' 같은 제안은 부당해 받아들일 수 없는 셈이며, 그래서 그 순간 응답자는 자신의 경제적 이익을 기꺼이 포기하면서까지 불공정에 맞선 행동을 하는 것이다. 1만원의 제안을 거부하는 일은 일반적인 경제학 이론에 따르면 비합리적 반응인데, 그가 제안을 거부하면 아무것도 가질 수 없고 1만원이라도 받는 것이 경제적으로 이득이기 때문이다. 이 실험은 인간이 언제나 자신의 경제적 이득을 최대화하는 방향으로만 결정하지는 않는다는 사실을 알려준다.[184] 이러한 연구들에서 우리는 인간이란 경제적 이득 외에도

182. 섬엽은 혐오스러운 자극이나 불쾌한 자극을 볼 때 높은 활동을 보이는 경향이 있다.

183. 김학진, 앞의 논문, p. 22.

184. 실제로는 금액을 높여 실험을 해도 유사한 결과가 나타났는데, 리사 캐머런이 인도네시아에서 20만 루피아(3개월치 월급)를 나눠 가지는 실험을 해 본 결과, 5만 루피아, 즉 25% 이하로 제안했을 경우에는 응답자의 대부분이 거절했다. 그들 중 일부는 30%를 준다고 했을 때도 거절했는데, 5만 루피아면 보름 이상의 급여에 해당하는 액수지만 경제적 이익보다는 공평함을 더 중요하게 생각했다. 불공평한 제안을 수락하느니, 차라리 월급을 포기하겠다는 것이다. 우리는 불공정한 제안을 거절함으로써, 즉 불공정한 상대에게 복수하기 위해서 경제적 이익을 포기할 수도 있다. 정재승, 한겨레신문,

다른 사람과의 관계, 친밀성, 공정성, 과거의 기억, 미래에 대한 기대 등 다양한 기준으로 선택하는 존재임을 알 수 있다.[185] 더 나아가 이러한 부당성의 지각과 관련된 뇌 메커니즘에 대한 깊은 이해는 사회적 공정성을 수립하는 것에 기여를 할 수 있을 것으로 사료된다.

소비자의 구매 동기에 영향을 미치는 뇌의 구조와 기능을 연구하는 분야인 신경마케팅도 기대를 모은다. http://chunchu.yonsei.ac.kr/news/photo/201405/19759_7375_4316.png

이와 같은 신경경제학은 자본주의 사회에서 다양한 분야에 응용되고 있으며 특히 소비자의 구매 동기에 영향을 미치는 뇌의 메커니즘을 연구하는 신경마케팅(넓은 의미로 신경이코노미Neuroeconomy)에 널리 응용되고 있다. 신경마케팅은 소비활동에서 '상표 가치'의 신경적 기초를 밝히는 작업에 역점을 두며, 소비자들의 심리를 파악하여 상품판매를 극대화하려는 기업들에게 매력적인 연구 분야로 부상하고 있다. 선호 판단과 관련된 뇌 부위를 밝힌 실험들, 예를 들어 모의 구매 상황을 구현해 피험자들이 물건을 구매하는 시점과 관련된 뇌 반응을 알아 본 결과, '쾌락중추'라고도 불리며 기쁨과 보상, 동기부여에 관여하는 측핵nucleus accumbens이 선호하는 상품의 사진을 볼 때 보다 활

2016. 5. 8; http://blog.daum.net/hwanyoungcha/1509.

185. 이와 같이 신경경제학자들은 경제적 의사결정의 문제를 건드리기 시작했으며 해묵은 경제학의 딜레마에 새로운 이해의 틀을 제공하고 있다. 뉴욕 대학의 글림셔는 원숭이들의 뇌에서 특정 뉴런들이 경제적 투자행동과 관련된 의사판단과 상관된 활동을 보인다는 결과를 보고하기도 했다. 이상훈, 뇌과학의 혁명(하), 세포들의 커뮤니케이션망 구축…인문학자들 관심 늘어, 교수신문, 2004. 9. 10.

성화된다는 사실이 밝혀졌다. 또 다른 실험에서는 와인을 마시기 직전 가격표를 보여주면서 뇌 반응을 측정했는데 같은 종류의 와인을 마시더라도 좀 더 고가의 가격표를 보여줄 경우, 감정을 처리하는 영역인 복내측 전전두피질ventromedial PFC의 반응이 높아지는 것으로 나타났다.[186]

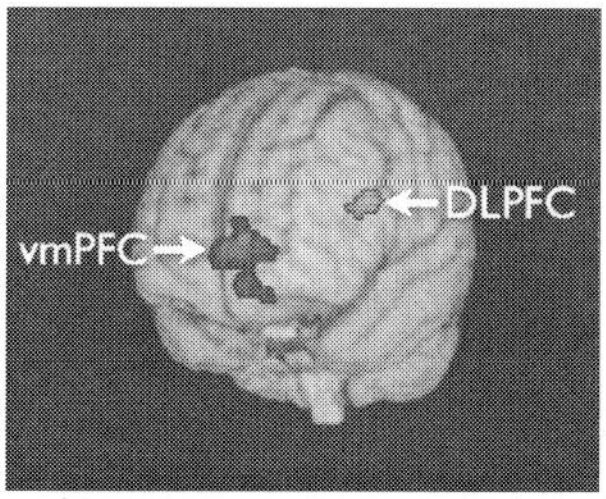

복내측 전전두피질(vmPFC)
http://esciencenews.com/files/images/200904301460630.jpg

이와 같이 신경마케팅 연구가 활성화되고 있지만 그에 발맞춰 이 접근법이 지니는 한계와 부작용 역시 활발하게 논의되고 있다. 예를 들어 신경마케팅의 효과와 윤리적 문제점들을 검토하는 절차들은 시간적으로 오래 걸리게 마련인데 비해 신기술을 수용하려는 기업들의 움직임은 이보다 앞설 가능성이 크다는 점을 들 수 있다. 실제로 신경마케팅을 사업 아이템으로 내세운 기업들이 마구 생겨나고 있는 실정이다.[187]

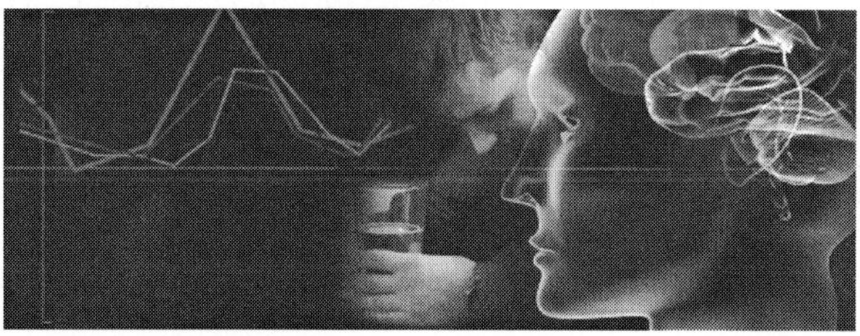

신경마케팅을 사업 아이템으로 내세운 기업들이 마구 생겨나고 있다.
http://www.uga.edu/images/sized/images/uploads/neuroeconomics_960-958x349.jpg

186. 김학진, 앞의 논문, p. 22.

187. 앞의 논문, 같은 곳.

✔ 뇌의학

치료의학, 진단의학, 기초과학으로 세분화되는 뇌의학은 분자생물학과 신경약리학, 의공학의 발달에 힘입은 바 크다. 20세기 중반 이후 신경전달물질에 대한 연구가 많이 알려지면서, 우울증을 비롯한 정신질환은 신경전달물질에 작용하는 약을 사용하여 치료할 수 있게 되었다. 사실 정신질환은 프로이드 이후 정신분석 치료가 주류를 이루었으나 신경전달물질의 연구가 이루어지면서 이러한 물질에 작용하는 약을 주로 사용하여 정신질환을 치료하고 있는 것이다. 이제 많은 정신질환도 마음의 병이 아닌 신경전달물질 이상으로 간주하고 있다.[188]

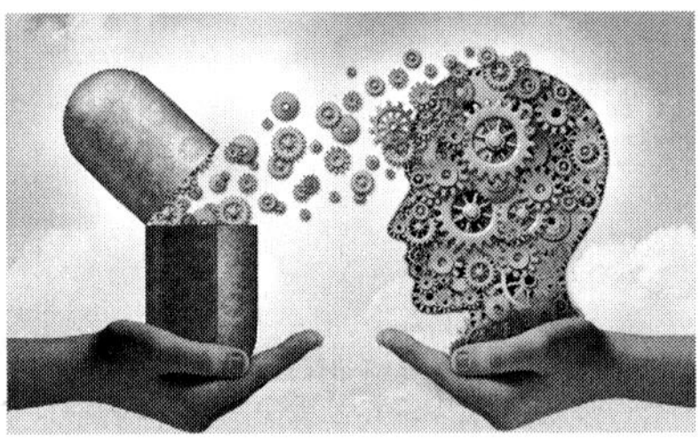

http://mame.kikar.co.il/data/auto/nadm/im/vcv6t3lr.jpg

뇌의학이 해결해야 할 과제는 광범위하다. 알츠하이머 치매 이외의 다른 퇴행성 뇌질환이나 대부분의 정신질환의 치료에 필요한 약을 개발하는 것이 뇌의학이 해야 할 앞으로의 과제이다.[189] 또한 정신분열증, 자폐증, 집중장애 등의 정신질환 치료제 연구도 절실한 분야라고 할 수 있다. 최근 이러한 분야에서 새롭게 등장한 것이 줄기세포를 이용한 치료법과 뇌

188. 이태규, 뇌의학, 어디까지 왔나?, 주간조선, 2007. 9. 3.

189. 뇌질환 중 치매 치료제 분야의 사회경제적 중요도가 커지고 있다. 우리나라의 평균수명은 점점 길어져, 1990년 71.3세에서, 2000년 74.3세, 2020년 76.95세에 이를 것으로 예상되며, 65세 이상의 노인 인구도 1990년 2백14만4천명에서 2000년 3백16만8천명, 2020년에는 6백33만3천명에 이르러 전체 인구의 약 12.5%를 점하게 될 것으로 보이며 이에 따라 치매환자 수 역시 폭발적 증가가 예상된다.

신경망 지도작성 사업이다. 특히 미국과 유럽에서 행해지고 있는 뇌 신경망 지도작성이 완성되면 뇌의학 뿐 아니라 인공지능 개발, 지능적 로봇산업 등 유관분야의 발전이 이루어질 것으로 기대된다.[190]

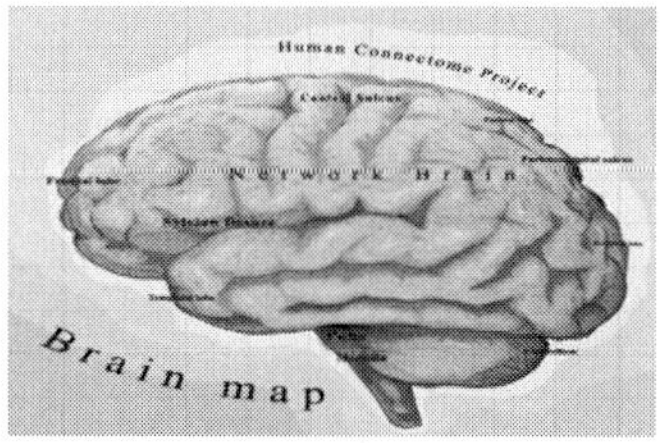

유럽과 미국을 중심으로 뇌 지도를 만들려는 움직임이 일고 있다.

2013년, 미국 과학자들은 쌍둥이 300쌍을 포함한 1200명의 뇌 커넥톰(Connectome, 신경세포 1천억 개가 각각 1만 가지 경로로 연결된 지도로 미 국립보건원이 400억 원 넘게 투자했다) 분석 결과를 발표했다. 이를 통해 개인별 인지와 행동의 차이를 알아낼 수 있을 것으로 기대하고 있다.

190. 탁희성 외, 앞의 논문. p. 112.

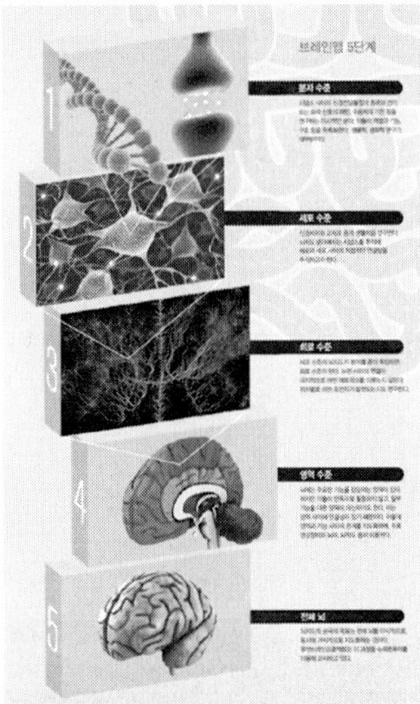

일러스트=과학동아, 2013년 9월호에서 재발췌

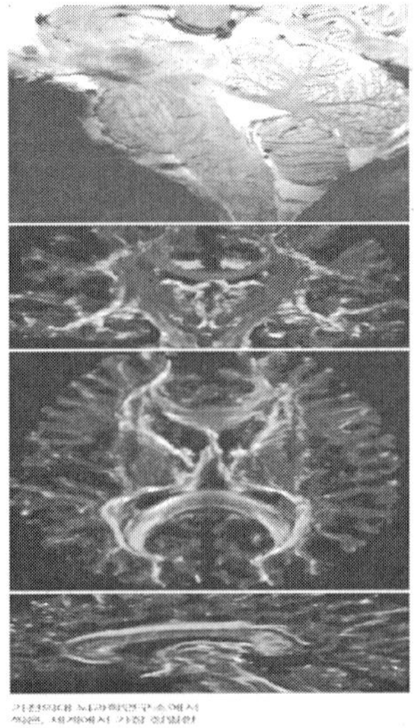

가천의대 뇌과학연구소에서 찍은, 세계에서 가장 정밀한 7T MRI 영상으로 찍은 뇌간의 모습(맨 위), 작년 말 발간한 '뇌백질지도' 중 일부(아래 셋). 현재까지 나온 가장 정밀한 뇌신경 네트워크 지도다. 과학동아, 2013년 9월호에서 재발췌

뇌의학 분야에서 뇌 신경망 지도작성과 함께 관심을 받는 분야가 '마음수술'이다. 수술로 정신질환을 치료하는 뇌의학 발달의 산물로 fMRI 등 진단기기와 '뇌 항해(네비게이션) 기법' 등 수술기술의 발달로 별다른 부작용 없이 문제가 되는 행동, 생각을 유발하는 뇌의 특정 부위만을 파괴하는 수술이 세계적으로 확산되고 있다. 뇌질환에 이와 같은 신경외과적 개입이 이루어지는 대표적인 방식은 신경외과술인데 뇌종양 제거, 뇌동맥류 치료, 중증 간질 완화 등에 사용된다. 간질의 경우, 새로운 약물들은 예전의 것보다 치료 효과가 좋고 부작용도 적지만, 간질 환자의 1/3 가량

은 이런 종류의 약을 사용해도 발작 증상이 지속된다. 발작 증상을 치료하지 않고 방치하면 뇌 회로의 만성적인 흥분 증상을 유발하게 되는데, 이것은 뉴런들의 기능과 구조를 변형시키게 되고, 심하면 뉴런들을 파괴할 수도 있다. 이런 경우 신경외과적 수술이 시술되는데, 대뇌피질을 약간 절제하거나 측두엽 전내측 부위를 제거한다.

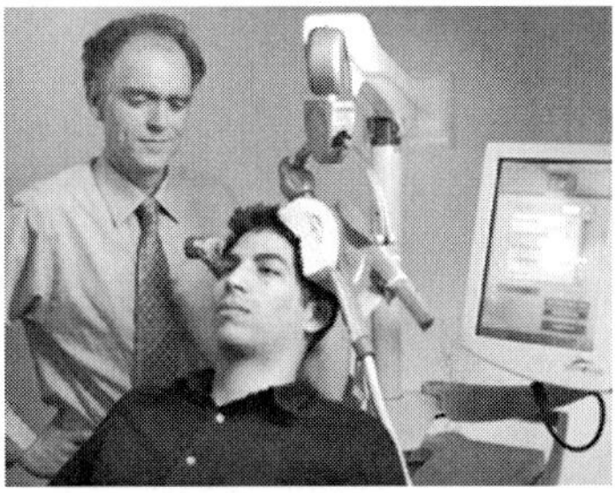

TMS는 전자기장을 이용해 대뇌피질 해당영역을 자극하고 활성화시킨다.
http://www.hopkinsmedicine.org/sebin/z/b/TMS_photo300x231.jpg

신경자극술은 신경외과적 제거술에 대한 유망한 대안으로 떠오르고 있는데, 대표적인 방식은 경두개 뇌 자극기Transcranial Magnetic Stimulator; TMS와 뇌심부뇌자극술Deep Brain Stimulation; DBS이다. TMS는 전자기장을 이용해 대뇌피질 해당영역을 자극하고 활성화시켜 뇌 정신질환을 치료하는 비약물적 · 비수술적 장비이다. 두개골을 열지 않고 자기장을 이용해 뇌를 자극시켜 뇌 정신질환을 치료한다. 우울증뿐만 아니라 불면 · 중독 · 강박 · 환청 등 불안장애와 정신분열은 물론 치매 · 파킨슨병 · 뇌졸중까지 적응증을 확대하고 있어 임상적 가치를 인정받고 있다. 우울증의 원인 중 하나는 신경전달물질 중 세로토닌 분비가 원활하지 않은 것에 기인하는데 항우울제와 TMS는 각각 화학적인 방법과 물리적인 자극으로 세로토닌 분비를 촉진시킨다. 이중 TMS에서 자기장을 쓰는 이유는 두개골을 투과하기 위해서이며, 두개골을 투과한 자기장은 뇌를 만나 전기장으로 바뀌면서 뇌를 자극하게 되는 것이다.

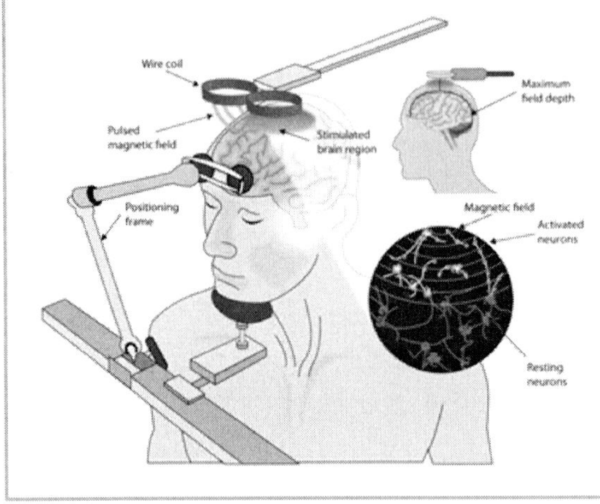

두개골을 투과한 자기장은 뇌를 만나 전기장으로 바뀌면서 뇌를 자극한다. http://2012books.lardbucket.org/books/beginning-psychology/section_17/5031a470f57cb20752c42fb4956e7c3f.jpg

뇌심부자극술DBS은 뇌 속에 미세 전극을 심고 전기선을 연결해 미세 전류를 보내 치료하는 장비로 지속적으로 뇌를 자극해 문제가 생긴 뇌의 신경회로를 복원한다. 현재 파킨슨병을 비롯한 강박장애·우울증 등 다양한 뇌질환자들에게 이 기법이 시행되고 있다. 하지만 DBS나 TMS와 같은 신경외과적 개입이나 신경약물을 통한 뇌의학의 발전은 불치로 여겨왔던 뇌질환에 대한 근본적인 치료를 가능하게 한 순기능이 있지만, 역으로 정상적인 뇌기능의 향상을 위한 도구로 사용될 수 있기 때문에 윤리적인 문제를 야기할 수 있다. 또한 뇌의학적 기술의 발전은 사회적 불평등을 확대하는 경로로 작용할 수 있는 점을 고민해야 한다. 즉 뇌의학 약물이나 기술이 정상 뇌기능을 향상시키는 목적으로 사용되는 경우, 이에 대한 기회가 제한될 수밖에 없기 때문에 경제적 지위에 따른 불평등을 초래할 수 있다는 점을 진지하게 고민해야 한다.[191]

191. 탁희성 외, 앞의 논문, p 114.

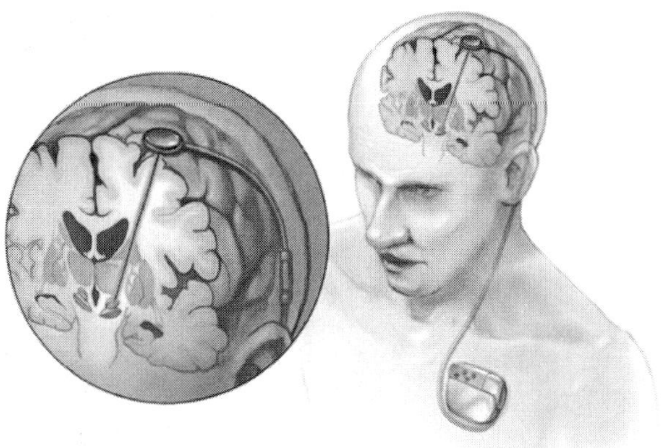

뇌심부자극술
http://www.extremetech.com/wp-content/uploads/2013/07/Deep-brain-stimulation-640x353.jpg

✔ 계산뇌과학과 뇌공학

뇌연구와 과학기술이 융합한 대표적인 분야가 뇌공학과 계산뇌과학이다. 계산뇌과학은 뇌의 기능 중 신경세포가 정보를 처리하는 과정을 계산적 모델을 적용하여 설명하기 위해 컴퓨터과학과 뇌과학이 융합하여 출현한 학제 간 연구이다. 1943년 미국의 워런 매컬럭과 월터 피츠가 함께 발표한 논문이 그 효시로, 신경세포가 학습과 같은 정신 과정을 수행하기 위해 어떻게 서로 연결되어 신경회로망이 형성되는지 보여주었다.[192] 하나

192. 이 논문은 수많은 신경세포로 구성되는 신경망이 기호논리학의 모든 기본적인 조작을 수행할 수 있는 가능성을 보여주었다. 그들의 신경망 모델은 비록 사람의 뇌에서 신경세포의 실제적인 활동을 복제해 내기에는 역부족이었지만 사람의 뇌를 논리학의 원리에 따라 동작하는 것으로 모형화 했기에 선구적인 업적으로 평가받고 있다. 이인식, 인공지능, 어디까지 발전할까, 조선일보, 2016. 3. 25.

의 신경세포 안에서 일어나는 전기·화학적 신호 전달을 모사하는 것부터 대단위 신경망에서의 정보처리를 구현하는 것까지 다양한 층위에 걸쳐 연구가 이루어지기 때문에, 사실은 신경세포나 신경망을 컴퓨터 코드로 시뮬레이션하는 일은 모두 계산뇌과학의 범주에 든다고 볼 수 있다. 인공신경망artificial neural network과 이를 기반으로 한 각종 파생 기계학습 알고리즘(딥 러닝deep learning과 같은) 역시 계산뇌과학의 한 영역이다.[193] 계산뇌과학은 뇌의학, 뇌과학, 뇌공학을 연결하는 핵심 고리로서 선진국에서는 "블루브레인" 프로젝트 등의 통합적·계산적 연구가 활발히 진행되고 있다.

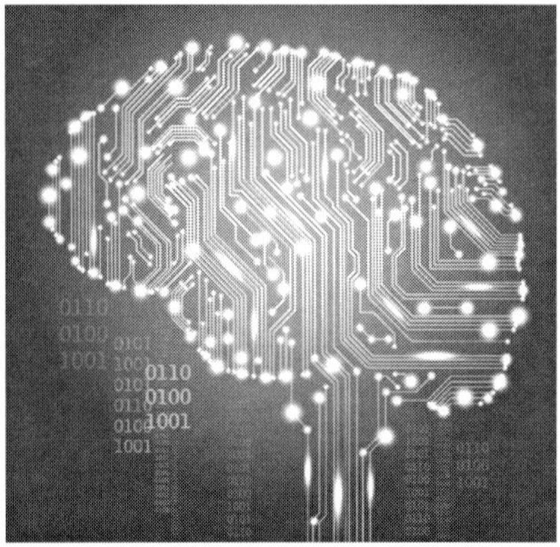

계산뇌과학은 신경세포가 정보를 처리하는 과정을 계산적 모델을 적용해 설명하기 위해 컴퓨터과학과 뇌과학이 융합한 연구이다.
http://k30.kn3.net/taringa/8/B/5/6/C/F/gmodero11hl2/D22.jpg

193. 앨런 호지킨과 앤드루 헉슬리는 신경세포의 신호전달 메커니즘을 밝혀 노벨상(1963년)을 받았고, 데이비드 허블과 토르스텐 비셀은 신경세포의 시각정보처리를 연구해 노벨상(1981년)을 수상했다. 현재는 컴퓨터 이론과 뇌과학을 융합해 마음과 뇌의 관계를 밝히려는 연구가 활발히 진행되고 있다. 국내에서는 2009년에 수학, 물리, 전산, 전자, 신경생물학 전공 등 다양한 학문 분야의 연구자들이 동참한 계산뇌과학 연구회가 출범했으며, 그 목적은 국가적 뇌연구에 공헌할 계산뇌과학 분야 연구 역량의 증진과 통합이다. 이인식, 뇌연구 어디까지 왔나, 현대 뇌과학의 4대 테마 해부, 조선일보, 2008. 8. 4.

"블루브레인" 프로젝트
http://health20.kr/1309
https://d1ululg65bfe3q.cloudfront.net/images/blog/20151103-ilchi-lee-authentic-living-for-a-solar-body-trust-your-brain-to-unleash-its-creativity.jpg

뇌공학은 뇌의 정보처리 구조와 원리를 이해하여, 이를 실세계와 상호 작용하는 인공 지능 시스템에 구현하는 기술을 연구하는 분야로, 뇌인지과학, 뇌-기계 인터페이스(뇌 신경신호를 측정, 분석해 외부기기를 제어하고, 인간의 의사를 외부로 전달하는 방법을 연구함), 뉴로모픽 공학(뇌의 정보처리과정에 대한 이해를 바탕으로 뇌의 기능들을 모사하는 시스템을 구현함) 등 다학제간 연구가 융합된 최신 학문분야이다.[194]

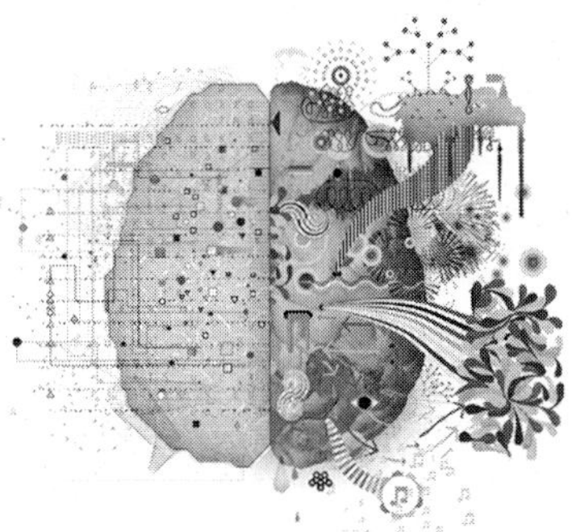

뇌공학은 뇌인지과학, 뇌-컴퓨터 인터페이스, 뉴로모픽 공학 등의 다학제간 연구가 융합된 학문분야다.
http://www.mccormick.northwestern.edu/images/placeholders/explore-think-a.png

194. 탁희성 외, 앞의 논문, p. 114.

뇌공학은 뇌의 고수준 정보처리 구조와 원리를 이해하고, 이를 실세계와 지능적으로 상호작용하는 인공 시스템에 구현하는 기술을 연구한다.
http://image.shutterstock.com/z/stock-vector-cog-wheels-forming-a-brain-shape-in-the-head-shape-the-concept-of-human-intelligence-head-and-105324674.jpg

뇌공학 연구 성과는 다양한 분야에 활용될 수 있는데 첫째, 뇌신경 활동 이상으로 인한 뇌질환 진단, 예측 및 예방을 돕는 기술을 제공할 수 있다. 둘째, 뇌공학은 인간심리와 인지능력을 연구하여 기술 환경의 변화를 제공하는 것은 물론, 인간의 뇌에서 비롯되는 무의식 세계의 분석도 가능하리라 예견된다. 이러한 연구 결과를 통해 새로운 제품에 대한 소비자들의 반응 및 호응도를 이용하는 뉴로 마케팅 기술을 개발하는 데에 기여할 수 있다.[195] 마지막으로 뇌-기계 인터페이스 기술BMI의 개발은 신체활동에 장애가 있는 사람들의 의수나 의족과 같은 인체 보

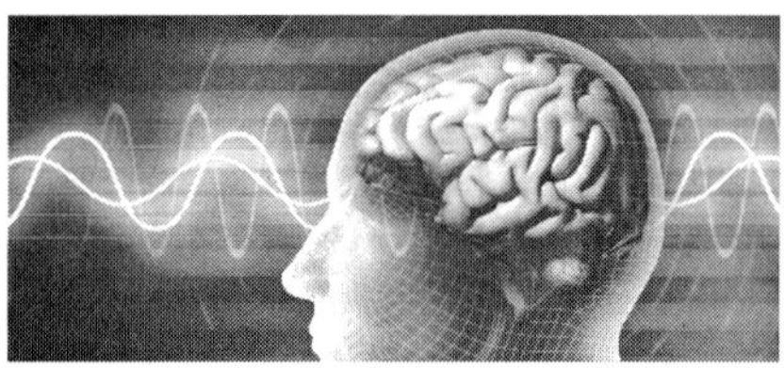

뇌파의 특성을 이용하여 생각만으로 컴퓨터나 로봇 등 기계를 제어한다.
http://newsweekkorea.com/wp-content/uploads/2016/04/1-25.jpg

195 탁희성 외, 앞의 논문, p. 115.

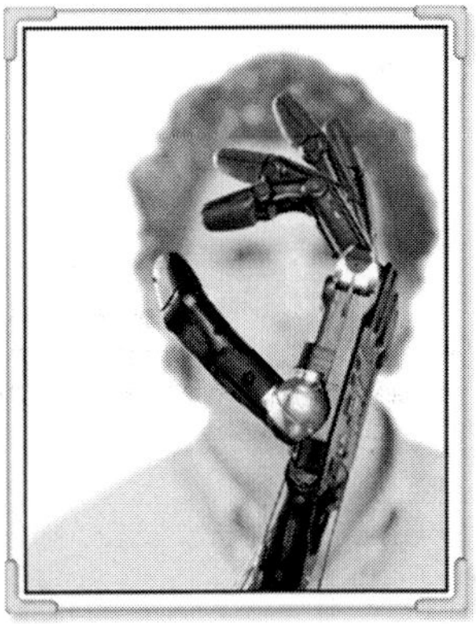

http://toparapa.tistory.com/entry/%EC%82%B6%EC%9D%98%EB%B0%A9%EC%8B%9D%EB%B0%94%EA%BE%B8%EB%8A%94%EB%87%8C%EC%99%80%EA%B8%B0%EA%B3%84%EC%A0%91%EC%86%8D%EA%B8%B0%EC%88%A0-29247308

조장비를 머릿속의 생각만으로 움직이게 함으로써 일반인과 유사한 활동을 가능케 할 수 있다.[196]

하지만 현재의 BMI 기술은 아직까지도 여러 측면에서 제한적이고 상당히 단순한 정도의 BMI 기기를 작동시키는 수준이다. 우선 BMI 기기 제어를 위한 뇌 신호 추출 방법으로 여러 측면에서 유리한 뇌전도만 하더라도 만족스럽지 못한 공간 해상도 문제 때문에 지금 당장은 우리의 다양한 정신 활동을 구체적으로 담아내기 어렵다.[197]

196. 예를 들어 뇌의 활동 상태에 따라 주파수가 다르게 발생하는 뇌파의 특성을 이용하여 생각만으로 컴퓨터나 로봇 등 기계를 제어한다. 머리에 띠처럼 두른 장치로 뇌파를 모아 컴퓨터로 보내면 컴퓨터가 뇌파를 분석해 적절한 반응을 일으키는 방식이다. 뇌파로 조작하는 비디오게임 장치는 이미 판매되고 있으며 전신마비 환자들이 생각하는 것만으로 휠체어를 운전할 수 있는 기술도 연구되고 있다. 이인식, 앞의 글, 같은 곳.

197. 단지 왼쪽 팔의 움직임은 오른쪽 뇌에서, 오른쪽 팔의 움직임은 왼쪽 뇌에서 뇌파의 활동성이 더 크고 뚜렷하게 측정되는 속성만으로도 뇌파를 사용해서 대표적인 이분법적 신호를 추출하는 데 문제는 없다. 컴퓨터가 0과 1의 두 자리 숫자만 가지고도 지금의 놀라운 진보를 보이는 것처럼 이분법적 신호 체계의 BMI에는 희망이 있지만, 복잡다단한 우리의 정신 세계를 실시간으로 거침없이 BMI로 구사하기에는 아직 연구해야

지금까지 여러 다양한 학문들과의 소통과 융합을 통한 다학제간 접근으로의 뇌과학 연구의 패러다임 변화에 대해 고찰해 보았다. 의학과 생명공학, 물리학과 생물학, 교육학과 심리학 등의 각 분야에서 독립적으로 시도하던 뇌연구에 한계를 느끼기 시작했으며, 마침내 2002년 미국 국립과학재단NSF이 인간 수행 능력 향상을 미래 과학기술의 궁극적 목표로 삼고 NBIC nano-bio-cogno 기술들의 융합이 필요함을 선언했다. 이를 계기로 학문적 소통과 융합에 바탕을 둔 융합형 뇌연구가 세계적 화두로 부각되고 있다.[198]

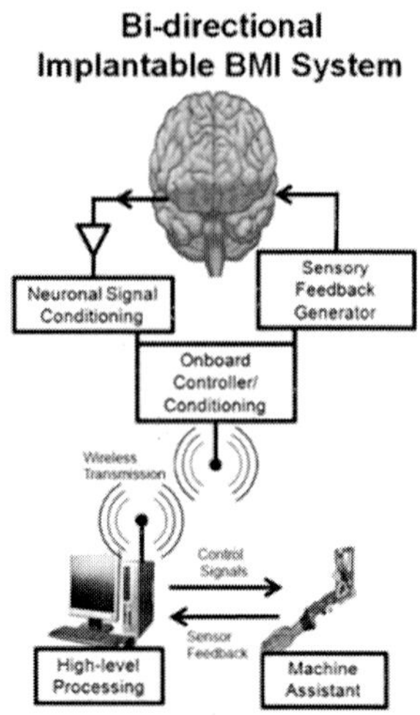

BMI은 신체의 움직임을 제어하는 뇌신호의 분석을 통해 외부장치를 생각만으로 제어하는 기술을 연구한다.
http://weeberlab.com/COMPLETED%20PAGES/images/ImplantBMI.jpg

뇌과학 연구와 신학 연구의 활발한 협력은 신경신학이라 불리는 학문을 탄생시켰다. 신경신학은 신과 종교의 기원을 뇌과학에 바탕을 두고 연구하며 영혼, 의식, 영성 같은 정신적인 것과 뇌 사이의 관계를 밝혀내려는

할 몫이 거대하다. 복합형(hybrid) BMI라는 이름하에 각각의 뇌영상 기법을 짝지어 함께 사용하는 방법도 현재 BMI의 한계를 극복할 수 있는 새로운 시도라고 할 수 있다. 또한 BMI가 지금의 휴대 전화처럼 일상에서 중요한 위치를 차지하게 될 미래에서 우리가 현재 상상할 수 없을 정도로 첨단화된 BMI로 인해 발생할 수도 있는 사회적이고 윤리적인 문제도 BMI 기술 개발과 함께 연구되어야 할 과제이다. 민경병, 뇌-컴퓨터 접속장치 기술의 현재와 미래, 『뇌과학, 경계를 넘다』, p. 175.

198. 이성환, 뇌영상 분석을 통한 마음 읽기, 『뇌과학, 경계를 넘다』, p. 158.

학문이다. 종교 수행자들의 뇌 촬영을 통해 종교적 · 영적 · 신비적 체험의 전기 · 화학적 설명을 시도하고 있으며, 심지어 뇌의 특정 부위를 '신의 자리God spot'라 지칭하면서 이 부위를 전기 자극함으로 영적 체험과 유사한 결과를 얻으려 한다. 이러한 연구들의 전제 속에는 종교적 체험은 뇌와 관련된 것이며 뇌 이외의 것과는 연관이 없다는 사실과 인간의 뇌가 뉴런의 전기 · 화학적 깜박임에 의해 종교적 체험을 할 수 있도록 진화해 왔다는 것, 결과적으로 뇌가 종교를 만든다는 믿음이 들어있다.

뇌의 정보처리는 신경세포들이 일정한 법칙에 따라 연결망을 구성하고 이 연결망의 생리적 활성화를 통해 이루어지는데 지각, 기억, 추론, 판단 등 고등 인지기능이나 언어능력을 가능케 하는 생리적 활성화의 원리 즉 소프트웨어를 이해하고자 하는 것이 뇌인지과학의 과제이며, 이것이 바로 뇌과학의 핵심적인 분야라고 할 수 있다. 즉 뇌과학이 사람들로부터 관심을 받게 된 직접적인 계기가 된 것은 신경해부학적 측면에 대한 연구가 아니라 뇌의 인지적, 심적 기능을 밝히는 뇌인지과학분야의 연구 결과

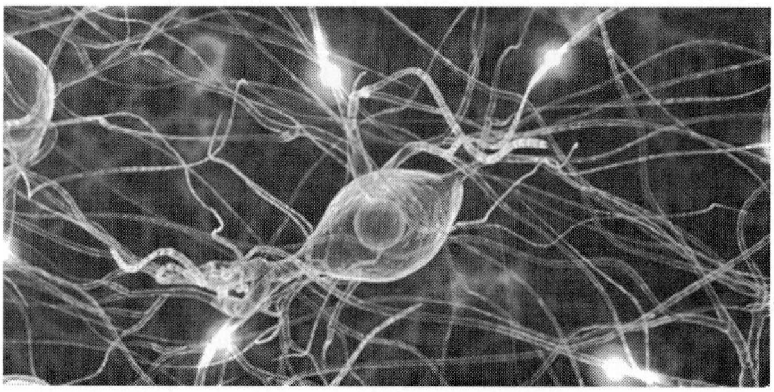

지각, 기억 등 고등 인지기능이나 언어능력을 가능케 하는 생리적 활성화의 원리 즉 소프트웨어를 이해하고자 하는 것이 뇌인지과학의 과제이다.
http://www.ndcn.ox.ac.uk/research/epilepsy/@@images/image

들로 인한 것이었기 때문에, 뇌인지과학이 바로 뇌과학의 핵심을 이룬다고 볼 수 있다.[199]

치료의학, 진단의학, 기초과학으로 세분화되는 뇌의학은 분자생물학과 신경약리학, 의공학의 발달에 힘입은 바 크다. 20세기 중반 이후 신경전달물질에 대한 연구가 많이 알려지면서, 우울증을 비롯한 정신질환은 신경전달물질에 작용하는 약을 사용하여 치료할 수 있게 되었다. 사실 정신질환은 프로이드 이후 정신분석 치료가 주류를 이루었으나 신경전달물질의 연구가 이루어지면서 이러한 물질에 작용하는 약을 주로 사용하여 정신질환을 치료하고 있는 것이다.[200] 뇌의학이 해결해야 할 과제는 알츠하이머 치매 이외의 다른 퇴행성 뇌질환이나 대부분의 정신질환의 치료에

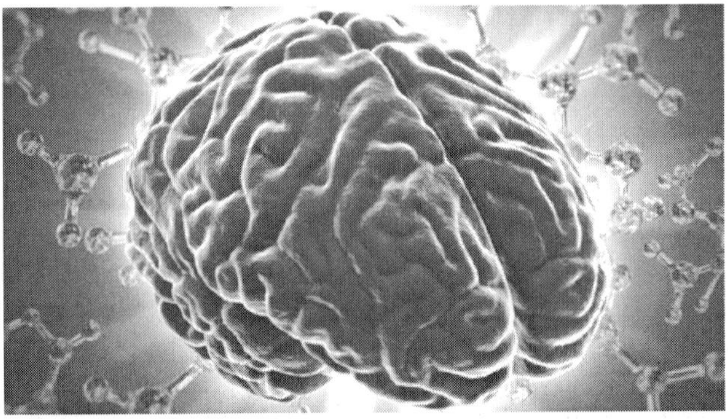

뇌의학의 발전은 정상적인 뇌기능의 향상을 위한 도구로 사용될 수 있는 가능성 때문에 윤리적인 문제를 야기할 수 있다.
http://www.ucb.com/static-pages/zn/epilepsy/images/keyvisual-brain.jpg

199. 탁희성 외, 앞의 논문, p. 103.

200. 이태규, 뇌의학, 어디까지 왔나?, 주간조선, 2007. 9. 3.

필요한 약을 개발하는 것과 정신분열증, 자폐증, 집중장애 등의 정신질환 치료제를 연구하는 것이다. 최근 이러한 분야에서 새롭게 등장한 것이 줄기세포를 이용한 치료법과 뇌 신경망 지도작성 사업Human Genime Project, 마음수술이다. TMS, DBS와 같은 마음수술과 약물을 통한 뇌의학의 발전은 불치로 여겨왔던 뇌질환 내지 뇌손상에 대한 치료를 가능하게 한 순기능도 있지만, 역으로 정상적인 뇌기능의 향상을 위한 도구로 사용될 수 있는 가능성 때문에 윤리적인 문제를 야기할 수 있다.

뇌공학은 인간심리와 인지능력을 연구하여 기술 환경의 변화를 제공하는 것은 물론, 인간의 뇌에서 비롯되는 무의식 세계의 분석도 가능할 것으로 예상된다. 인간의 뇌에서 일어나는 무의식 세계를 이해하는 연구 결과를 통해 새로운 제품에 대한 소비자들의 반응 및 호응도를 이용하는 신경마케팅 기술을 개발하는 데에 기여할 것으로 예상된다. 다만, 현대 산업사회의 사회적 맥락에서 뇌공학기술이 발달하고 이용되는 것은 새로운 유전학이 그랬던 것처럼 강력한 의학적, 윤리적, 법적, 사회적 딜레마를 피해가기는 어렵다.[201]

뇌가 작동하는 방식에 대한 지식을 바탕으로 인간, 자아, 자유의지의 본성이 어떤 것인지, 그리고 우리가 사회적으로 어떻게 상호작용할 수 있는지를 탐구하는 신경윤리학은 꽤 넓은 분야들을 망라하는 통합적 학문이다. 뇌과학의 발전은 그 자체가 새로운 윤리문제를 낳는 것이 아니라 윤리적 문제를 새로운 각도에서 탐구하게 하는 새로운 도구를 제공함으로써, 뇌과학을 통해 전통적인 윤리적 패러다임을 검증할 수 있는 새로운 성찰의 기회를 갖게 하는 것으로 인식할 필요가 있다.

201. 탁희성 외, 앞의 논문, pp. 115-116.

최경석은 윤리적 관점에서 보다 활성화되어야 하는 연구로 특정 신경 활동의 유형에 수반하는 정신적인 것들이 무엇인지 밝혀 나가는 작업을 꼽는다. 이는 기존의 심리학과 철학이 정신적인 것으로 파악하는 것들이 과연 뇌의 어떤 활동을 지칭하는 것인지 밝히는 작업을 의미한다. 최경석은 "이러한 작업은 정신적 활동을 지칭하는 개념들을 명료화하고 그것들의 뇌 활동적 측면을 세밀하게 분석하는 작업을 동반한다"면서 "이러한 작업을 통해 그동안 심리학과 철학이 잘못 파악한 현상들을 수정할 수 있을 것이며, 심리학과 철학은 새로운 과학적 기반 위에서 새로운 학문적 과제들을 수행해 나갈 수 있다"고 했다. 그는 다음과 같이 말한다.

> "자유의지로 불리는 정신적인 활동이 어떠한 일련의 뇌 활동들의 기능을 지칭하는 것인지 밝히고, 양심이란 것이 어떠한 기능을 하는지, 우리의 의사 결정이 뇌과학적 차원에서 어떠한 과정들을 거치고, 이 경우 칸트 이래 서로 다른 역할을 담당하는 것으로 이해되었던 이성, 감성, 의지가 어떠한 신경 활동들 간의 역할 분담과 연계될 것인지 등을 연구할 필요가 있다."[202]

최경석은 이러한 연구 결과들은 전통적인 윤리적 담론 방식에 영향을 미칠 것이며, 또한 윤리학이 뇌과학적 사실에 기반하여 좀 더 정교한 논의를 전개하는 데 도움을 줄 것으로 전망했다.[203] 끝으로 그는 뇌과학의 발달과 그 함의에 대한 차분하고 겸손한 대응이 필요함을 지적했다. 흔히 과학적 연구 성과를 대중에게 전달하는 과정에서 연구 성과를 과대 포장하거나 과학적 성과 이상의 결과까지 비약하여 논의를 전개하는 것은 옳

202. 최경석, 신경윤리학의 성찰과 전망, 『뇌과학, 경계를 넘다』, pp. 75-77.

203. 최경석, 앞의 책, pp. 75-77.

지 않다는 것이다. 이러한 관점에서 뇌과학에 대한 학제간 연구를 수행하는 인문사회학자들과 언론의 역할을 강조했으며, 아울러 공중 대화public dialogue와 교육을 통해 뇌과학의 발전에 대한 정확한 이해가 제공되어야 하고, 뇌 결정론과 뇌 환원론에 대한 오해가 발생하지 않도록 할 필요가 있음을 지적했다.[204]

이상에서 고찰한 바대로 뇌과학은 이제 겨우 30년이 채 안되는 역사에도 불구하고 신경신학을 비롯하여 여러 학문 분야들을 탄생시켰다. 다양한 학문 분야들과 소통을 시도한 뇌과학은 인문과학과 자연과학의 연결을 지향하는 통섭학문을 주도하는 디딤돌 역할을 담당할 것으로 보인다. 그리하여 뇌과학은 21세기 지식혁명을 주도해가는 핵심 코드를 만들어낼 것이라 기대된다.

204. 최경석, 앞의 책, p. 77.

III 인간이해에서 뇌과학의 의의와 한계

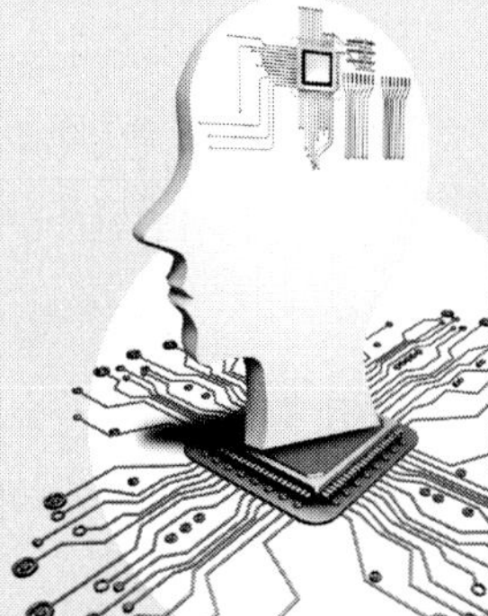

뇌 과학은 뇌라고 하는 단백질덩어리에서 비롯되는 전기·화학적 현상으로서의 정신작용을 설명하는 과정을 통해 인간에 대한 이해를 하게 된다. 주류 뇌 과학자들은 인간의 정신 상태는 곧 뇌의 특정한 전기·화학적 상태로 환원될 수 있다고 보는데, 예를 들어 요즈음 어머니가 몹시 예민하고 울적해 하는 것은 그동안 함께 했던 자식들이 집을 떠나가서가 아니라 어머니의 뇌 속 세로토닌 농도가 감소하여 뇌가 작동하는 방식에 변화가 왔기 때문이라는 것이다. 또한 내가 'A'라는 친구가 아니라 'B'라는 친구와 사귀기로 결정한 것과 쏟아지는 빗속을 뚫고 조깅하러 나가는 의지와 같은 것들도 어떤 목적이 있는 행동이 아니라 내 뇌에 들어 있는 분자들이 결정한다는 것이다. 이와 같이 우리가 받아들이고 느끼고 경험하는 모든 정서와 의지 등은 실재가 아니며 엄청난 수의 신경세포와 이들 세포와 관련된 분자들이 한데 뒤엉켜 만들어내는 행동에 불과하다는 것이다. 다시 말해 인간은 뇌 속 물질들 간의 상호작용의 지배를 받는 유기체일 뿐이라는 것이다.

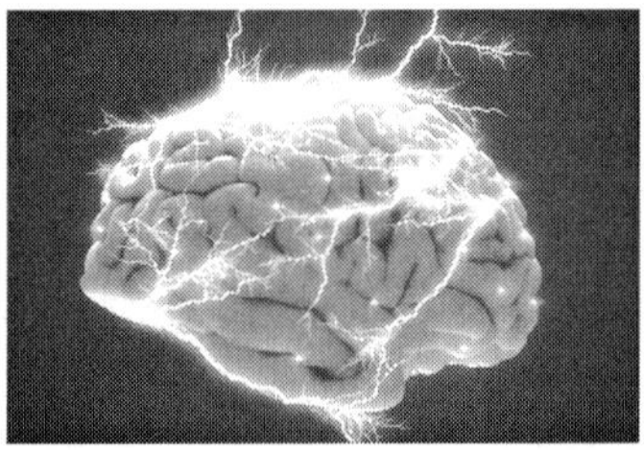

뇌과학은 인간의 정신 작용이 뇌의 전기·화학적 활동의 산물이라고 본다. http://www.freedawn.co.uk/scientia/wp-content/uploads/2015/12/MIT-Brain-Stimulation_0.jpg

이와 같이 뇌 과학자들의 인간에 대한 이해가 환원론으로 대변된다고 한다면, 이는 종교와 철학, 특히 그리스도교 신학의 인간이해에 전적으로 대치된다. 신학적 인간관에 의하면 인간은 물질의 한 영역에 불과한 신경작용에 의한 존재가 아니라 하느님의 창조를 받은 영적인 존재이다. 비록 불완전한 피조물이지만 기계적으로만 움직이는 존재가 아니라 본향으로 나아갈 수 있으며 결단할 수 있는 자유의지를 가진 존재이다.

1 뇌과학의 입장에서 본 인간이해

뇌 과학자들에 따르면 우리가 존재하고 보고 느끼고 행동하고 생각하는 등의 모든 것은 물리적인 상태이고, 뇌라고 하는 생체조직에서 일어나는 전기 · 화학적 활동이며, 정신과 의식 혹은 영혼은 물질로 환원될 수 있다. 도구를 이용해 실제로 뇌를 측정하고 관찰해서 이러한 결론에 도달한 물질적 뇌 환원론자들은, 의식 연구가 토마스 메칭어의 다음의 말, 즉 "영혼은 물질에 불과하며, 물질과 육체가 무너져 내리면 관찰 가능한 모든 정신적 · 심적 과정들이 소멸한다"는 말을 되풀이 한다. 메칭어는 "영혼과 정신은 물질이 뉴런의 특정한 배열로, 즉 뇌로 나타날 때 '성장'하는 것"이라며 "'나라는 것'이나, '의식', '합리성', '자유'와 같은 객관적이고 통일적인 심적 실체들이란 존재하지 않으며 존재하는 것은 단지 특정한 체험을 한 바 있는 뇌의 시스템일 뿐"[205]이라고 했다.

라 메트리는 "마음은 활동하는 뇌와 신경조직의 각 부분에 위치해 있다"면서 "마음은 물질과 아무런 차이가 없으며 심지어 물질조차도 감각 기능을 가지고 있다"고 한다. 메트리는 또한 "우수한 뇌조직을 가진 사람이 사물을 잘 판단할 수 있으며 이 기능이 마음"이라며 "담즙이 간에서 분비되는 것처럼 마음은 뇌에서 분비된다"고 주장한다. 이러한 시각은 박만상에게서도 보이는데 그 역시 마음과 뇌를 하나로 간주한다. 그는 마음 상

205. 마르틴 후베르트, 『의식의 재발견』, pp. 238-239 참조.

태가 어떤 방식으로 뇌 기능에 의존하는지 해명하기 시작하여 마음이 신경세포들에 토대를 두고 있음을 강조한다. 박만상은 "마음은 단순히 뇌에서 진행되는 물리·화학적 과정에 의한 것일 뿐"이라며 "뇌 활동과 관련이 없는 마음이란 있을 수 없다"고 단언한다.

프란시스 크릭 역시 "마음과 영혼의 이해는 철학, 신학에 있는 것이 아니라 뇌에 있고 신경세포가 어떻게 상호작용을 하는지와 관련된 것"[206]이라며 "신경세포 자체의 물리적 작용이 마음과 영혼의 유일한 토대"라고 한

206. 크릭은 정신과 육체의 문제에서 정신을 육체적 발현으로 환원할 수 있다는 유물론적 일원론자이며 이 믿음을 증명하기 위해 연구했다. 크릭은 과학의 길로 들어서서 두 가지 문제에 사로 잡혔다. 하나는 생물과 무생물의 차이가 어디에 있는지에 관한 것이고 다른 하나는 의식의 본질이었다. 크릭은 〈놀라운 가설〉에서 의식 탐구를 시작하는 최선의 방법은 시각 정보의 해석에 있다며 시각계 연구에 집중할 것임을 말했다. 그는 의식을 결정하는 세포의 위치를 파악해야 하며, 이 경우 의식이 뇌의 일정 부위 또는 복수의 부위에 모여 있을지 모른다는 아이디어는 비합리적일지 모르나 이 추정은 개개 세포가 그 안에 의식에 대한 지시를 갖고 있다고 하는 것보다는 훨씬 더 효율적이라고 보았다.

그러나 의식에 반응하는 뇌세포의 부위는 항상 한 곳은 아닐 것이다. 예를 들어 어떤 대상이 여러 다른 특징(형, 색, 운동 등)을 가질 경우에 각각의 특징은 서로 다른 시각 영역에서 처리되어 복합할 것이다. 이것이 결합(binding) 문제이다. 크릭은 대뇌피질의 어떤 부위에 걸쳐 발견되는 뉴런의 일관된 진동이 이것이 아닌가 추정하고 있다. 그는 시각적 자각 그리고 아마도 의식 그 자체는 대뇌피질과 시상이 관여한다고 생각했다. 대뇌피질은 백질과 회백질로 돼 있다. 회백질의 뉴런의 연결은 국지적이며 기껏해야 수 밀리미터이다. 그러나 나머지 뉴런은 회백질을 떠나 다른 피질 판으로 또는 다른 곳, 예를 들어 시상이나 척수로 들어간다. 이 긴 연결은 지질막으로 덮여 있기 때문에 신호가 더 빠르며 백색을 띤다. 크릭은 이 백질의 통신이 중요하리라고 생각했다.

크릭은 의식의 기원이 아무리 복잡하더라도 해결이 가능한 문제라고 말했다. 그는 한 때 초월적 능력으로 치부했던 다른 현상과의 유추를 끄집어낸다. 사람들은 뇌가 신비하다고 생각하지만 날씨만큼은 아니다. 그는 "우리는 아직 어떻게 빗방울이 형성되는지를 분명히 알지 못하지만 개개 뉴런과 시냅스가 어떻게 작동하는지를 안다"고 하며 뇌라는 것이 날씨보다 수수께끼가 아니라는 낙관론을 폈다. 크릭이 얼마나 의식을 신경세포로 환원할 수 있다는 강한 믿음을 가졌는지를 알 수 있다. 강건일, 『영혼의 세계』, 참과학, 2007, pp. 184-190.

다. 그에 의하면 사람들이 신비스럽게 느끼는 경험들은 단지 신경세포의 물리적 작용이 빚어내는 느낌에 지나지 않는데, 우리가 속아서 물리적인 몸을 넘어선 어떤 것이 존재한다고 생각하게 된다. 크릭이 취하고 있는 물질적 뇌 환원론적 접근법은 다음과 같은 말에서 잘 드러난다.

> "당신, 당신의 기쁨과 슬픔, 당신의 기억과 야망, 자기 정체성과 자유의지에 대한 감각은 사실 엄청난 수의 신경세포와 이들 세포와 관련된 분자들이 한데 뒤엉켜 만들어내는 행동에 불과하다. 나는 영혼을 신경발화라고 하는 선상에서 영혼의 과학적 탐구가 가능하다고 믿는다."[207]

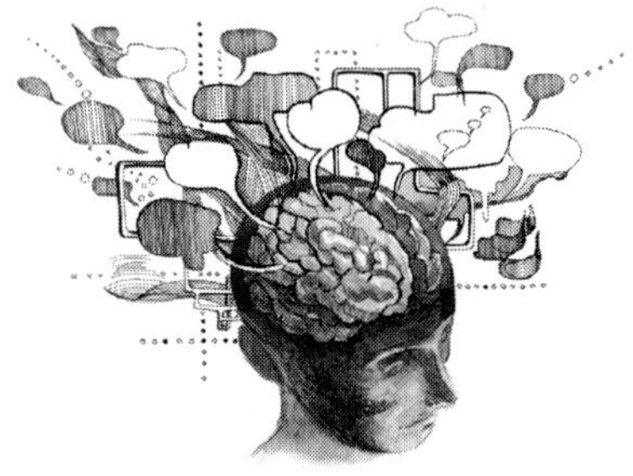

http://www.mymemories.co.kr/bbs/board.php?bo_table=issue&wr_id=4

물질적 뇌 환원론의 입장은 간단히 뇌와 정신은 동일하고 물질적 속성과 정신적 속성이 똑같다고 생각하지만, 우리는 어렵지 않게 물질적 속성과 정신적 속성이 동일하지 않음을 알 수 있다. 정신적 속성은 개인적인 반면, 물질적 속성은 공개적이다. 사람은 주관성을 갖고 있기 때문에 그 누구도 내 생각 속에 들어와서 나의 생각을 완전히 파악할 수 없다. 나의 기쁨과 슬픔은 오직 나만이 알 수 있으며, 나의 자아정체성과 자유의지, 나의 기억과 야망은 오직 나만이 간직할 수 있다. 정신적 속성은 또한 내적 성찰이 가능하지만, 물질적 속성은 내적 성찰이 불가능하다. 인간이 지닌 신

207. 류영주, 『뇌와 마음』, p. 389.

념, 목표, 열망, 욕구, 기대, 의도 등 이 중에서 컴퓨터 기능과 연관된 것은 하나도 없다. 경험의 주체로서 자신을 의식하는 자의식, 행동의 원인으로 자신을 경험하는 자기행위, 자기조절 등도 의식의 특성이지만 이 또한 컴퓨터와 무관하다.[208]

정신적 실체인 인간은 동물과도 판이하게 구별되는 속성을 지닌다. 인간의 마음은 수직적 회귀 구조(마음에 대해서 생각할 수 있는 회귀 구조)를 가지고 있는 점에서 동물인 침팬지의 마음과 차이가 있다. 인간의 마음은 자신의 마음을 생각할 수 있으며, 생각하고 있다는 것을 생각할 수 있는데, 동물에게는 이 능력이 없다. 우리는 생각할 때 정보를 만들기 위해 기존에 존재하는 정보를 사용한다. 정보를 하나 이상의 분류로 구분할 수 있으며, 실수도 하고 회상도 한다. 하지만 무엇보다도 우리를 동물들과 구별 짓는 것은 바로 생각에 대해 생각할 수 있고, 별개의 일들을 연결시키고, 추상적인 개념을 만들고 보이지 않는 것에 대해서 가설을 세울 수 있는 능력이다.[209]

우리는 어렵지 않게 자신이 단순히 물질(육체)만으로 이루어진 것이 아니라는 사실을 자각할 수 있다. 우리는 자신의 자아가 있음을 인식할 수 있다. 나의 뇌가 사물이나 사람을 선택하는 것이 아니라, 나라는 자아가 뇌를 사용해 선택하는 것이다. 나의 손이나 입이 누군가에게 인사를 건네는 것이 아니라 온전한 생명체인 나의 자아가 손이나 입을 통해 인사를 건네

---

208. 마리오 뷰리가드, 앞의 책, pp. 196-197; 박명룡, 인간의 영혼은 과연 존재하나요?, 제4회 기독교변증컨퍼런스, '죽음 후에도 삶이 존재하는가?' 2015, 서울 큰나무교회, pp. 47-48.

209. 이영돈, 『마음』, 예담, 2006, pp. 52-54; Fred Ehrlich, M.D., 『You can't your brain if you're a jellyfish』, p. 28. p. 37.

는 것이다. 뉴런이나 시냅스가 감동하고 사랑에 빠지는 것이 아니라 온전한 인격체인 우리 각자가 생각하고 느끼고 원하고 선택하고 실행하고 서로 사랑한다.

우리는 인간의 모든 것을 전두엽으로 설명하려는 '중추집행central executive'의 속뜻에 주의해야 한다.[210] 인간은 걸어다니는 전두엽이 아닐뿐더러 통 속에 담긴 뇌도 아니다. 뇌의 의인화brain anthropomorphization라든가 세간에 잘 알려진 '신경세포 인간neuronal man' 등과 같은 환원론은 단지 우리를 잘못된 길로 인도할 뿐이다. 우리는 단지 뇌의 일부로서가 아니라 하나의 완전한 인간으로서 생각하고 느끼면서 살아간다.[211]

뇌와 정신은 서로 연관되어 있는 것이 분명하지만 물질적 메커니즘으로 그러한 연관성을 설명하기는 불가능하다. 인간의 뇌에는 1천억 개가 넘는 뉴런이 있고 10^{14}~10^{15}개나 되는 시냅스가 있는데, 이들이 이루어내는 복잡하고 다양한 인간의 사고와 행위를 알아내고 이해한다는 것은 오늘날의 과학 발달 속도로는 아직 요원한 일이다. 뇌과학의 급속한 확장으로 분자보다 작은 단계에서 뇌 전체의 단계까지 상상할 수 없을 정도로 많은 양의 데이터와 사실, 실험적 발견물을 얻게 되었지만, 문제는 이 덩어리를 어떻게 정확하게 들어맞는 뇌 이론에 끼워 맞출지이다. 뇌는 역설로 가득한 기관으로서 고정된 구조인 동시에 역동적이며 때로는 정합적이고

210. 중추집행이라는 은유는 뇌과학과 인지심리학의 한 경향, 즉 계산주의(computationalism)에서 비롯되었다. 계산주의에 따르면 인간의 정신이나 뇌는 컴퓨터와 같다고 한다. 또한 인간의 행동은 인간 이하의 무의식적 집행 처리기(모듈)와 그에 상응하는 뉴런의 활동에 좌우된다고 가정한다. 그리고 이러한 모듈은 컴퓨터 프로그램의 실행파일처럼 기능한다고 한다. 마리오 뷰리가드, 앞의 책, pp. 195-196.

211. 마리오 뷰리가드, 앞의 책, p. 195.

때로는 독립적인 과정의 총체이다. 속성, 즉 '기능'은 특정 부분에 모여 있는 동시에 어느 부분에도 모여 있지 않다.[212]

스타니슬라프 그로프는 〈코스믹 게임-인간 의식의 심층에 감추어진 존재의 비밀: Coamic Game〉에서 뇌 과학자가 뇌를 보는 시각을 TV 수상기로 비유해 설명하고 있다. TV 수상기에서 아름다운 풍경이나 다양한 사물 같은 여러 가지 화면이 나올 때, 그것이 왜 나오는지 알기 위해서 수많은 TV의 부품을 분해하는 것이 뇌 과학자가 하는 일이다. TV 수상기는 방송 프로그램을 전달할 뿐이지 프로그램을 만들거나 제작에 관여하지 않는다. 뇌 과학자가 연구하는 물질적인 뇌와 인간이 경험하는 주관적인 의식은 밀접한 관계를 지니면서도 별개의 것이다.[213] 이에 대해 뇌 과학자 허균은 다음과 같이 말한다.

> "술을 마시고 취해서 어떻게 집에 왔는지 전혀 생각이 나지 않는 사람의 예를 들어보자. 실제 이 사람은 술에 취한 채 택시를 잡아타고 집에 오는 방향을 지시하고 택시비를 지불한 후 자기 집 대문을 찾아서 무사히 도착하는 동안 완벽한 정보처리를 수행한다. 그러나 그러한 과정에 대한 아무런 기억도, 인식도 없는 의식의 공백이 발생한다.

212. 데이 리스 외, 『새로운 뇌과학』,, 김재영 외 역, 한울, 2010, pp. 12-14.
213. 김건열 외, 『의사들, 죽음을 말하다』,, 북성재, 2015, pp. 177-178.

즉 정보처리와 의식은 반드시 동반되지 않는 별개의 현상이다. '의식'이란 나 혼자만이 느낄 수 있는 지극히 사적이고 주관적인 현상이면서도 나에게는 너무나도 분명한 부정할 수 없는 현상으로 삶의 가장 기본적인 요소이다. 그리고 이러한 의식현상을 가능케 하는 것이 또한 뇌의 작용인데 아무도 어떻게 그것이 가능한지 설명하지 못하고 있다. '의식'은 뇌과학이 부딪히고 있는 가장 난해한 문제인데, 뇌의 구조와 기능에 관한 모든 지식을 습득해서 곧 답변이 되는 것이 아닌 또 다른 차원의 현상이다.[214]

환원론자들이 주장하는 대로, 만일 인간이 뇌 과정과 활동으로 환원되거나, 단순히 물질의 결합체라고 한다면 물질체인 인간은 자신의 정체성을 올바르게 설명하지 못한다. 인간의 정체성은 단순히 물질에만 있는 것이 아니다. 인체의 세포는 7년마다 모두 바뀌는데 물질에만 초점을 맞춘다면 전혀 다른 사람이 되는 것으로 봐야 한다. 그러므로 인간의 정체성과 본질적 요소는 세포가 소멸, 생성되더라도 바뀌지 않는 영혼에 있다.[215] 각각의 인간이 소유하고 있는 영혼은 제각기 다르며, 이 영혼이 인간의 본질인 것이다.

신경생리학자 존 에클스는 네안데르탈인이 출생과 죽음을 구분하고자 제의를 활용한 사실을 들면서 죽음을 피할 수 없는 운명으로 여겼던 인식은, 다른 동물의 의식을 넘어서는 획기적인 도약을 의미한다고 했다. 그는 "초자연적인 영적 창조에 의해서 영혼이 생겨났다는 것을 인정하지

---

214. 허균, 신경과학과 신학, 우원사상 논총 10, 2001, pp. 169-170.

215. J. P. Moreland, Scaling the Secular City: A Defense of Christianity, (Grand Rapids: Baker Book, 1987), p. 88, 박명룡, 앞의 글, p. 48에서 재인용.

않을 수 없다"면서 "이 영혼은 신의 새로운 창조물이며 수정과 출산 사이의 어느 시기에 성장하는 태아에게 이식되었다"고 했다. 영혼이란 영성을 견지해야 하므로 이것의 존재에 대한 의문은 과학의 범위 밖에 있다. 인간의 최초 출현 이전에 우리의 조상은 원시 인간 포유류였고 그 이후에는 영혼이라는 신의 선물을 통하여 진정한 인간이 되었다. 특유의 자아의식적 존재로서 우리가 존재하게 되었다는 사건은 과학을 훨씬 초월하는 기적이다.[216]

에클스는 물질 마음과 비물질 마음을 연결하는 모델을 계발해 바깥세계(빛, 소리, 냄새, 맛, 감촉 등)와 내면세계(사고, 느낌, 기억, 꿈, 이미지 형성, 의도 등)를 구분했다. 특히 내면세계는 '연락 뇌Liaison Brain'와 연결되어 있고, 연락 뇌는 자아, 자신, 영혼을 담고 있으며 의지의 근원이다. 에클스 이론의 핵심은 연락 뇌는 물질과 거리가 멀지만 그럼에도 물질 뇌에 영향을 줄 수 있다는 주장이다.

존 에클스
http://media-1.web.britannica.com/eb-media/55/12155-004-C13D5333.jpg

에클스는 연락 뇌와 연결된 뇌 부위를 밝혀내고자 노력하여 우반구 두정엽의 두 부위가 신신피질(매우 새로운 피질이라는 의미에서 붙인 이름)이라는 부위를 구성한다는 견해를 제시했다. 원숭이는 이곳이 제대로 발달하지 않았으며, 인간 태아의 경우에는 뒤늦게 발달하는 것으로 보인다. 따라서 이 부위는 진화과정에서 뒤늦게 인간 뇌에 추가되어, 창의력과 '지식에

216. 존 에클스(John C. Eccles) 저, 앞의 책, pp. 343-350.

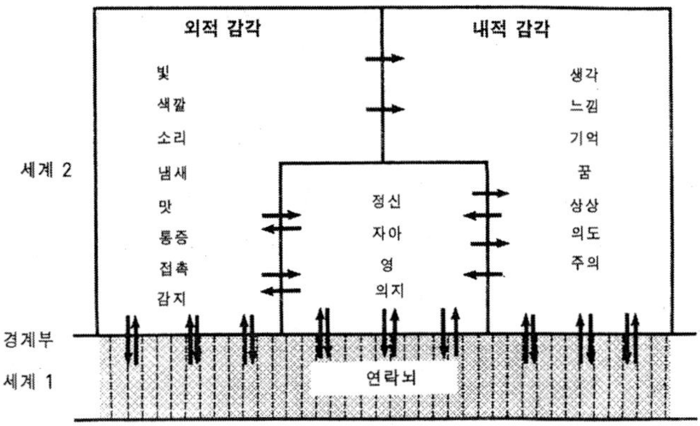

뇌와 마음의 상호작용에서의 정보의 흐름

세계 2의 세 가지 요소-외적 감각, 내적 감각, 정신 또는 자아-는 그 연결성을 나타내었다. 양 방향 화살표는 세계 1과 세계 2 사이의 접경을 가로지르는 소통선이다. 즉 연락 뇌에서 세계 2로 가고 오는 것이다. 일러스트=존 에클스, 뇌의 진화, p. 295.

관한'기능을 맡게 되었다"고 주장하면서 이곳이 바로 마음과 연결되는 부위라고 했다.[217] 대부분의 과학자들이 과학적 정설을 반대하는 듯 보이는 에클스의 이 이론을 거부하면서 그의 견해는 영혼이 송과체에 들어 있다는 데카르트 믿음의 현대판이라고 비판했다. 그러나 그의 생물학적 모델에 지지를 보낸 학자들도 있다.[218]

217. 데이비드 코언, 앞의 책, pp. 38-39.

218. 앞의 책, 같은 곳.

2 철학 · 신학의 입장에서 본 인간이해

에클스는 마음과 뇌의 긴밀한 연관성을 잘 알고 있으면서도 인간에게는 몸과 뇌와 상호작용을 하는 비물질적인 불멸의 영혼이 있다고 믿었다. 이러한 견해는 그리스도교의 역사에서 오랫동안 확고하게 자리잡았는데, 예를 들어 "하느님이 자기 형상 곧 하느님의 형상Imago Dei 대로 사람을 창조하시되 남자와 여자를 창조하시고(창세 1:27)", 이 구절에 따르면, 인간을 제외한 모든 피조물은 '그 종류대로' 창조되었지만, 인간만은 '하느님의 형상'대로 창조되었다. 이것은 인간이 육체만 가진 존재가 아니라 하느님과 인격적인 관계를 맺을 수 있는 영적인 존재임을 내포한다. 다시 말해 우리를 인간으로 만들고 나머지 피조물과 구별되게 만드는 이유는 영적 존재인 하느님이 우리에게 불멸의 영혼을 주었기 때문이다. 영혼은 인간 존엄의 토대며 인간의 삶에 신성함을 부여했으며, 몸과 구별된 비물리적 영혼은 인간이 이생에서 내세로 넘어갈 수 있는 수단으로 여겨지기도 했다. 그리스도교 사상에서 몸은 약하고 유약한 반면 영혼은 죽지 않는다고 생각했기 때문이다.[219]

영혼의 존재와 중요성을 뒷받침하는 증거 본문은 "하느님이 땅의 흙으로 사람을 지으시고 '생명의 기운the breath of life'을 그 코에 불어넣으시니 사람이 살아있는 영혼, '생령living soul, a living being'이 되었다"(창세 2:7)라는 구절에 나온다.

하느님이 유일무이하고 특별한 창조 행위를 함으로써 흙이라는 물리적

219. 말콤 지브스, 『마음 뇌 영혼 신』, 홍종락 역, IVP, 2015, pp. 98-99; 박준서, 『구약세계의 이해』, 한들출판사, 2001, pp. 20-23.

물질 안에 비물질적인 영적 본질을 부여했다는 것이며, 인간은 이 '생명의 기운'에 의해 영혼 또는 영적 본성을 지닌 피조물이 되었다. 영혼은 인간이 죽을 때 몸을 떠나 영적 영역에서 살다가 마지막 날 죽은 자들이 부활할 때 몸과 다시 합쳐지므로 많은 사람들은 인간성을 규정하는 데 영혼의 지위를 지키는 일이 꼭 필요하다고 생각한다.[220] 아래에서는 지금까지 개괄적으로 살펴본 영혼 개념을 좀 더 심층적으로 분석한 뒤, 영혼과 자주 섞이어 사용되고 있는 정신의 정체, 그리고 이에 얽힌 의문들을 풀어보기로 한다.

God animates Adam with the breath of life. http://obrerofiel.com/entonces-jehov-dios-form-al-hombre/que-significa-entonces-jehova-dios-formo-al-hombre/

1) 영혼의 정체

영혼이란 무엇인가에 대한 서양인들의 생각은 서구문명의 근간을 이루는 이스라엘과 그리스 문화의 영혼관에 바탕을 두고 있다. 영혼이란 말은 그리스어의 프쉬케(ψυχή)와 라틴어 anima를 번역한 것이

http://www.scuoladirespiro.org/respiro/

220. 말콤 지브스, 앞의 책, pp. 99-100.

다. 그리스어 프쉬케는 숨을 불어넣는 것을 의미하는 프쉬케인(ψυχειν)에서 유래했다. 이것은 본래 생명을 유지하는 데에 절대적인 호흡을 의미했고 몸(σωμα)과 구분된다. 고대 그리스인들은 영혼을 줄로 조종하는 꼭두각시에 비유했다. 영혼은 몸에 생명을 불어넣는 삶의 원리로서 신체에 머무는 공기와 미립자 또는 불처럼 물질로 생각했으며 사람이 죽으면 몸을 떠난다고 믿었다. 영혼은 모든 생명체에 깃들여 있다가 생명체가 죽으면 떠나가는, 우리 눈에는 보이지 않는 힘이라고 보았다.[221]

프쉬케는 숨을 불어넣는 것을 의미하는 프쉬케인(ψυχειν)에서 유래했다.

http://stickyjesus.com/2011/07/7-ways-to-breathe-life-into-the-words-you-release/sj-breathwords/

221. 한스 페터 뒤르, 『신, 인간 그리고 과학』, 여상훈 역, 시유시, 2000, pp. 199-200; Gerhard Krause und Gerhard Müller(Hg), Theologische Realenzyklopädie, Band XXX, Walter de Gruyter Verlag, Berlin, New York, 1999, p. 748; 류영주, 『뇌와 마음』, p. 385; 『한국가톨릭대사전』9, 한국교회사연구소, 2002, pp. 6303-6305 참조; Benjamin Libet, Mind Time; Wie das Gehirn Bewusstsein produziert, Suhrkamp Verlag Frankgurt am Main, 2005, pp. 264-265 참조; Detlev Ganten, 앞의 책, p. 725 참조; C. A. 반 퍼슨, 앞의 책, p. 198 참조.

소크라테스 이전의 철학자였던 아낙시메네스Anaximenes는 영혼이 숨과 같다고 생각했다. 아낙사고라스anaxagoras는 영혼과 이성을 구분하여 이성만이 외부의 물질적인 요소들에 영향을 받지 않는 것으로 보았다. 아폴로니아의 디오게네스Diogenes von Apollonia는 영혼을 아낙시메네스와 마찬가지로 다시 몸에서 가장 중요한 요소인 숨과 같은 것으로 보았다. 원자Atom를 만물의 근원으로 본 데모크리토스Demokritos는 영혼을 불과 같이 유동적이고 가볍고 섬세한 가장 좋은 아톰들로 구성된 존재로 이해했다. 소크라테스 이전의 철학자들은 영혼을 동물들과 인간이 움직이고 인지하는 생명의 원리로서 살아있는 존재의 온기 및 숨과 연계된 것으로 보았다.[222]

Four Pre-Socratic philosophers: (from left to right) Thales, Heraclitus, Anaximander, and Demokritos. http://tbabrennan.weebly.com/unit-2-ancient-greece.html

플라톤과 아리스토텔레스는 생명체가 자신의 몸을 움직일 수 있다는 사실이야말로 생명체 안에 영혼이 있다는 표시라고 생각했다.[223] 플라톤은 영혼을 인간의 고유한 실체라고 보고, 영혼을 육체와 결합되지 않는 순수

222. *Theologische Realenzyklopädie*, Band XXX, p. 749.

223. 한스 페터 뒤르, 앞의 책, p. 198.

한 이데아적인 부분과 육체와 결합된 부분으로 나누었다. 전자는 순전히 개념적으로 사유하는 이성logos 혹은 지성nous으로서 불멸하는 존재이다. 후자는 육체를 떠나서는 존재하지 않는 것이므로 생멸하는 것인데, 이 부분을 다시 둘로 나누었다. 하나는 충동적인 부분으로서 감각적 · 육체적 욕구를 느끼는 정욕(情欲)epithymetikon이고, 다른 하나는 이성과 정욕의 중간물로서 이성의 명령에 복종하여 육체적 욕구를 억압하는 기개(氣槪)thymoeides이다.[224]

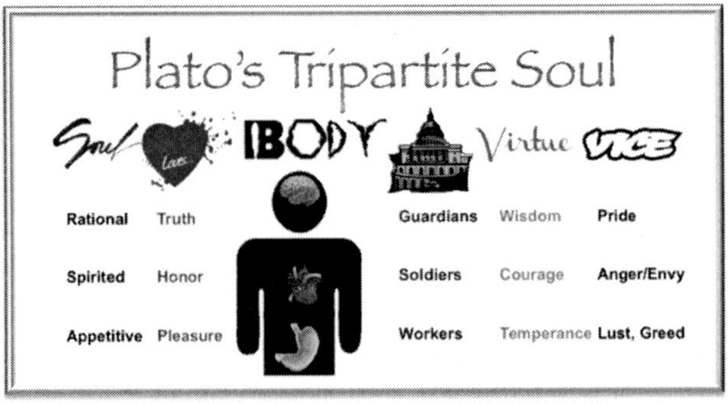

http://tbabrennan.weebly.com/unit-2-ancient-greece.html

이 세 가지 기능은 몸의 머리, 가슴, 배와 관계가 있다. 가장 높은 기능(수레꾼)은 이성적 능력이고 그 다음은(주인의 뜻을 잘 따르는 말) 의지와 결정의 능력이며, 마지막으로 가장 낮은 기능(절제 없는 말)은 욕망의 능력, 즉 성욕과 식욕이다. 각 능력은 넓게 적용되기에 이에 상응하는 덕(지혜, 용

224. 플라톤은 이 둘 사이를 횡경막이 구분하고 있다고 보았다. 즉 횡경막 위쪽 흉강에는 욕구를 억압하는 부분이 위치하고, 그 아래쪽인 복강에는 충동적인 부분이 있다. 그리고 이 둘 사이에는 횡경막이 칸막이처럼 가로막혀 있어 충동적인 요소가 위로 치닫지 못하게 차단하고 있다고 보았다. 이길용, 앞의 책, p. 62; 류영주, 앞의 책, p. 386.

기, 절제)이 있다. 플라톤은 국가를 논할 때 이에 상응하는 신분으로 국가를 운영하는 현인과 군인 그리고 상인과 기술자를 말하고 있다. 플라톤은 영혼의 세 가지 기능 사이의 긴장 관계를 말하면서 이성이 욕망을 어떻게 제어하며, 또 의지와 욕망이 어떻게 서로 싸우는가 등을 설명한다.[225]

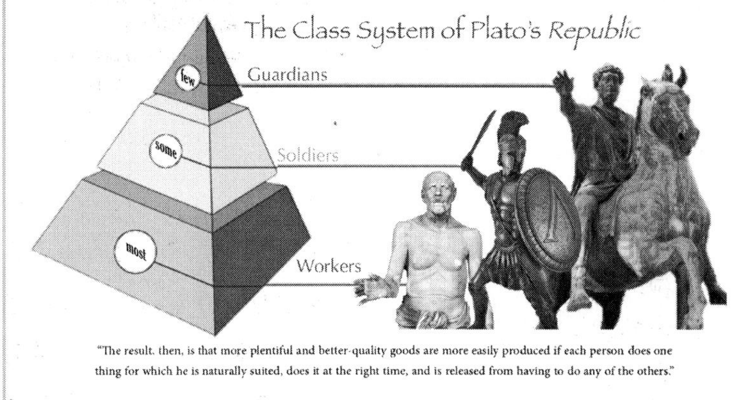

http://tbabrennan.weebly.com/unit-2-ancient-greece.html

아리스토텔레스는 〈영혼에 관하여〉에서 영혼은 '생명을 잠재적으로 가지는 자연적 신체의 제일 현실태'라고 정의하면서 영혼을 갖는다는 것은 근본적으로 생명을 갖는다는 것을 의미하며 생명 유지에 필요한 능력들을 갖는다는 것을 의미한다고 말했다.[226] 그는 영혼을 영양 섭취 · 감각(지각) · 욕구 · 장소운동 그리고 사고와 관련하여 이해하고, 그것들을 운동의 일종으로 보았다. 영혼은 사물의 형식이라는 의미에서의 실체이고

225. C. A. 반 퍼슨, 앞의 책, p. 47.

226. 류영주, 앞의 책, p. 386; 데이비드 코언 저, 『마음의 비밀』, 원재길 역, 문학동네, 2004, p. 67; 아리스토텔레스 저, 『영혼에 관하여』, 유원기 역주, 궁리, 2001, pp. 125-126.

Computer generated image of Aristotle by Kolja Mendler. http://www.mensagenscomamor.com/ frases_de_aristoteles.htm#!

그러한 성질을 지닌 신체의 본질이다. 눈동자와 시력이 눈을 구성하듯이, 영혼과 신체는 생물을 구성한다.[227]

'영혼을 갖는 것' 과 '영혼을 갖지 않는 것' 은 생명을 통해 구분된다. 생명은 여러 가지 의미를 지니고 있는데, 감각 · 장소운동 또는 정지 · 영양 섭취 · 쇠퇴 · 성장과 관련된 운동과 같은 성질 중 한 가지만을 가져도 살아있다고 할 수 있다.

http://www.realmagick.com/soul-aristotle/

영혼은 근본적인 의미에서 우리로 하여금 살게 하고 감각하게 하며 생각할 수 있게 하는 것이다. 영혼의 능력들은 영양 섭취 능력, 욕구 능력, 감각 능력, 장소운동 능력, 사고 능력이다. 아리스토텔레스의 영혼관은 비교적 유대인들의 사고방식에 가깝다고 볼 수 있다.[228]

구약성경은 인간을 몸과 영혼 · 정신으로 분리할 수 없는 전체적인 존재로 파악했다. 몸과 독립하여 미리 존재하고 영원히 죽지 않는 영혼은 구

227. 아리스토텔레스, 앞의 책, p. 20, 23, 39, 128, 130.

228. 아리스토텔레스, 앞의 책, pp. 132-133, 138-139; 한스 페터 뒤르, 앞의 책, pp. 199-200.

약성경의 세계에 낯선 개념이다.[229] 이스라엘 사람들은 영혼을 선재(先在)하는 것도, 육체 없이 살아남을 수 있는 것도 아닌 것으로 보았다.[230] 영혼을 의미하는 네페쉬의 어원은 확장하다는 의미를 지닌 나파슈에서 파생된 것으로서 '호흡'과 '호흡하는 영혼'이라는 의미를 지닌 '목구멍 · 목'이라는 뜻을 갖고 있다.[231] 이스라엘 사람들은 영혼이 피 속에 깃들어 있거나, 피와 동일한 것으로 이해하여 피를 먹는 것을 금했다(창세 9,4; 레위 17,11; 신명 12,23). 다른 한편으로 영혼이 심장이나 신장과 같은 몸의 기관으로 표시되는 경우도 있다. 그러나 네페쉬로서의 영혼은 이보다 더 중요한 의미를 가지고 있다. 즉 인간은 영혼을 가지고 있는 것이 아니라 그 자신이 곧 영혼이다. 하느님의 호흡으로 인간은 살아있는 영혼(창세 2,7)이 되었다. 이 영혼으로 인간은 하나의 통일체를 이룬다. 여기에 육체적인 것과 정신적인 것의 구별이나 심지어 살아있는 것과 죽은 것의 엄격한 구별마저도 존재하지 않는다. 영혼은 힘이 강해질 수도 있고 약해질 수도 있다. 강한 영혼은 그와 접촉하는 사람들과 사물들을 통해서 자신의 명백한 한계를 초월할 수 있다. 배고픔 · 갈증 · 탐욕 · 만족 · 기쁨 · 슬픔 · 사랑 · 증오 · 희망 · 절망 등을 뜻하기도 하는 네페쉬는 전체적인 감정을 표현할 수도 있다(출애 23,9). 영혼은 증오와 기쁨, 사랑과 하느님을 향한 갈망의 처소이기도 하다(시편 35,9; 42,2; 1사무 20,17).[232]

마카베오 상 · 하, 토비트서, 유딧서 특히 집회서에서 사용하는 프쉬케는

229. 전헌호, 『자연환경 인간환경』, 성바오로, 1998, p. 290; Theologische Realenzyklopädie, Band XXX, p. 740.

230. 전헌호, 앞의 책, p. 290; 한스 페터 뒤르, 앞의 책, pp. 199-200.

231. 『성서백과대사전』8, p. 526; 『한국가톨릭대사전』9, pp. 6303-6305.

232. C. A. 반 퍼슨, 앞의 책, pp. 103-104; 『성서백과대사전』8, p. 527.

대체로 네페쉬의 의미에 상응하고 있다. 지혜서에서는 명백히 그리스 개념의 흔적이 담겨 있는 것을 볼 수 있다. 예컨대 영혼의 선재성(8,19), 영혼의 불멸성(3,1), 육체에 억눌린 영혼(9,15), 영혼에 속해 있는 윤리적 성질(1,4; 2,22; 7,27; 10,7; 17,1), 영혼은 지옥으로 간다는 관념(16,14) 등이 있다.[233]

http://trackingbibleprophecy.com/heaven_resurrection.php

쿰란에서 공동체를 이루고 살았던 사람들은 영혼이 죽음 이후에도 지속적으로 존재하고 마지막 날에 부활할 것이라는 믿음을 지니고 있었다. 바리사이파에 속한 랍비들도 이와 같은 믿음을 지니고 있었다. 헬레니즘의 영향을 받은 유다인들 중에는 부활과 연계시키지 않고도 영혼이 죽음 이후에도 지속적으로 존재한다는 믿음을 지닌 사람들이 있었다.[234]

신약성경에서 몸을 경시하고 영혼만을 중시하는 말은 찾아볼 수 없으나 영혼의 불멸을 전제하는 발언은 찾아볼 수 있다(마태 10,28). 중간 단계에 대한 언급(루가 23,43)과 부활에 대한 언급도 있다. 예수는 이러한 관점으

233. 『성서백과대사전』8, p. 527.

234. Josef Höfer, Karl Rahner(Hg), Lexikon für Theologie und Kirche, Freiburg 9, 1986, pp. 566-567.

로는 사두가이파 사람들보다 바리사이파 사람들에게 가깝다(마태 22,23-32).[235] 신약성경에서 인간의 육체를 표현하는 단어로 소마(σωμα, soma), 사륵스(σαρξ, sarx), 인간의 정신을 표현하는 단어로 프쉬케(ψυχή, pschche), 프네우마(πνευμα, pneuma) 등을 사용하고 있으나 그리스 철학에서처럼 인간의 영혼과 육체를 따로 분리해서 이원론적으로 생각했던 것은 아니다. 신약성경에서 인간에 관한 물음은 인간의 죄와 구원에 주로 집중되어 있다.[236] 인간은 피조물로서 언제나 하느님 면전에 있는 존재이며, 하느님에 의해 다른 모든 피조물 위에 높여진 존재이다.[237]

성경에서 말하는 영혼은 최종적으로는 인간을 뜻한다. 객관적으로 볼 때 영혼은 모든 살아있는 것, 동물까지도(창세 1,20-21.24; 2,19) 포함하는 뜻이기도 하지만 특히 인간에 대하여 사용하는 말이다. 그래서 하나의 영혼은 하나의 사람이다. 주관적으로 볼 때 영혼은 마음이나 몸과 똑같이 '나'를 의미하지만, '나'의 내면성과 생명력을 강조한다. 영혼은 사랑하거나(창세 34,3) 미워하고(시편 11,5), 어떤 사람의 기쁨을 사고(마태 12,18; 히브 10,38) 영구히 하느님을 찬미하기 위해 만들어졌다(마태 22,37; 마르 12,29-30; 에페 6,6; 골로 3,23). 또한 영혼은 성화되어야 한다(1베드 1,22). 예수는 영혼들에게 안식을 약속했다(마태 11,29). 여기서 말하는 영혼은 육체로 된 존재이기는 하지만 그 속에는 생명의 씨앗, 영원의 씨앗이 자리하고 있다(1베드 1,9).

영혼은 생명의 표지이지만 생명의 원천은 아니다. 생명을 주는 것은 영혼

235. *Lexikon für Theologie und Kirche*, 9, pp. 566-567.

236. Lothar Coenen(Hg), Theologisches Begriffslexikon zum Neuen Testament, Band II, Wuppertal, 1971, p. 937.

237. 전헌호, 앞의 책(1998), p. 293; 데이비드 코언, 앞의 책, p. 527.

이 아니라 하느님이시다. 죽는다고 말하지 않고 하느님께로 돌아간다고 말하는 '영'(욥기 34,14-15; 시편 31,6; 전도 12,7)과는 달리, '영혼'은 뼈(에제 37,1-14)나 육체(시편 16,9-10)처럼 죽고(민수 23,10; 판관 16,30; 에제 13,19) 죽음에 부쳐질 수 있다(시편 78,50). 이 영혼은 명부에 내려가 그림자와 같은 죽은 자들의 처참한 생활을 한다. 그곳은 '살아있는 자들의 땅'에서 멀기 때문에 거기에 대해서는 아무것도 모른다(욥기 14,21-22; 전도 9,5.10). 또한 하느님께로부터 멀기 때문에 그분께 찬미를 드릴 수도 없어(시편 88,11-13), 그들은 침묵 속에서 살 뿐이다(시편 94,17). 영혼은 이미 없는 것이다(욥기 7,8.21; 시편 39,14). 그러나 깊은 구렁 속으로 내려간 영혼(시편 30,4; 49,16; 잠언 23,14)은 하느님의 전능으로 다시 살아나고(2마카 7,9.14.23), 흩어졌던 뼈들도 다시 생명을 얻게 된다.[238]

영혼은 하느님에 의해 창조되었다.
http://www.wordofgodtoday.com/does-man-reflect-gods-image/

그리스도인에게 있어서 영혼은 언제나 사람 전체를 의미하는 말이고 유

238. 『한국가톨릭대사전』9, pp. 6303-6305.

일무이한 존재이다. 영혼은 윤리적 선택과 이성적 판단의 주체이고 불멸하는 존재이다.[239] 칸트에 의하면 영혼은 객관적으로 파악될 수 없는 존재이다. 헤라클레이토스, 플라톤, 아리스토텔레스와 같은 사상가들뿐만 아니라 아우구스티누스와 데카르트도 영혼을 고립된 존재로 간주하지 않았다. 영혼은 현실의 전체 상관관계에서 파악해야 하는 존재이다.[240] 인간만이 본질적인 영혼을 가지고 있다고 할 수 있지만 영혼을 의미하는 라틴어 anima에서 동물을 뜻하는 animal이라는 단어가 파생된 것을 감안하면, 다른 모든 생명체도 나름대로의 방식으로 영혼을 가지고 있는 것으로 볼 수 있다. 영혼은 생기를 주는 원리를 의미하기도 하기에 모든 살아있는 것은 어떤 방식으로든 영혼이 있어야 한다. 하느님이 모든 생명체에게 나름대로 어울리는 생명을 주셨고 이것을 생명 또는 영혼으로 이해할 수 있다. 영혼은 각각의 종이 가진 유기적 또는 정보적 복잡성에 따라 적절하게 생기를 부여하고 있다. 인간 영혼의 등장은 창조와 진화의 일반적 측면에서 나타난 뛰어난 현상이다.[241]

인간의 영혼은 보다 개인적이고 은밀하며 친숙하게 보인다. 그래서 사람들은 몸이 속해 있는 외부 세계와 달리 영혼을 공간적인 의미는 아니지만 내부 세계로 본다. 타인이 나의 몸은 관찰할 수 있지만 나의 영혼은 관찰할 수 없다. 몸은 역학의 법칙에 복종하지만 영혼은 그렇지 않다. 영혼은 우리의 개인사를 형성하고 몸은 공적인 역할을 담당한다. 사람은 영혼에

239. 전헌호, 앞의 책, p. 291; Hans-Peter Dürr u. a., *Geist und Natur; Über den Widerspruch zwischen naturwissenschaftlicher Erkenntnis und philosophischer Welterfahrung*, Scherz Verlag, Bern·München·Wien, 1989, p. 89; Lexikon für Theologie und Kirche, 9, p. 571; 『한국가톨릭대사전』9, pp. 6303-6305.

240. C. A. 반 퍼슨, 앞의 책, p. 153, 210.

241. 존 호트 저, 『신과 진화에 관한 101가지 질문』, 신재식 역, 지성사, 2004, pp. 56-57.

http://deoxy.org/p_daimon.htm

대한 체험을 오직 몸짓, 말, 글과 같은 육체적인 것을 통해 다른 사람에게 전달할 수 있다.[242]

역사 안에서 영혼의 정체를 이해하려고 노력했던 여러 가지 시도들을 살펴보면 두 가지 방향으로 종합할 수 있다. 하나는 영혼을 생명체의 생명원리로 보는 것이다. 인간에게 있어서는 정신적인 원리까지 포함하는 것으로서 비물질적인 존재이다. 다른 하나는 물질적인 요소로 이해되는 것으로서 생명체의 몸 안에 들어 있는 힘을 의미하는 것이다.[243]

2) 정신의 정체

정신이란 말은 대개 영혼이란 용어와 같은 뜻으로 쓰였거나,[244] 때로는

242. C. A. 반 퍼슨, 앞의 책, p. 16.

243. *Theologische Realenzyklopädie*, Band XXX, p. 755.

인간의 영혼보다 한 단계 높은 층으로 신적인 기원이 있는 것으로 생각되었다.[245] 철학사전에 따르면 정신을 그리스어에서는 프네우마Pneuma로, 히브리어는 루아Ruach로 라틴어는 스피리투스spiritus 또는 아니마anima라고 하는데, 숨·생명력·생명의 원리를 의미한다.

http://bradleach.typepad.com/.a/6a00d8349247c769e20115724e3ab6970b-pi

고대에서는 정신을 비록 매우 가벼운 것이기는 하지만 물질적인 것과 관련된 것으로 보기도 했다. 현대철학에서는 정신을 그리스적 개념에서 유래한 누스Nous와 로고스Logos로 본다.[246] 정신은 생물학적

루아는 하느님으로부터 부여된 정신 실재를 의미한다.
http://www.betweensermons.com/2012/01/first-theme-of-2012/

244. 데카르트는 이 두 용어를 구별 없이 뒤섞어 사용했다. 그는 또한 정신을 원하고 의식적으로 인지하며 기억하고 상상하며 이해하는 자아와 동일한 것으로 봄으로써 영혼, 정신, 자아를 특별히 구분하지 않았다.(페터 뒤베케 저, 『두뇌의 비밀을 찾아서; 데카르트에서 에클리스까지』, 이미옥 역, 도서출판 모티브북, 2005, p. 32.)

245. 아리스토텔레스가 이렇게 보았다.

246. Gerhard Roth, *Das Gehirn und seine Wirklichkeit; Kognitive Neurobiologie und ihre philosophischen Konsequenzen*, Suhrkamp Verlag Frankgurt am Main, 1997, p. 272.

으로는 뇌의 수많은 신경세포들과 육체를 구성하고 있는 조직들이 활발하게 작용함으로써 발생한다. 신경세포들과 육체의 조직들을 분리시키는 일이 발생하면 정신에 심각한 장애가 따른다.[247]

정신은 보통 삶의 비물질적인 원리, 사고 능력으로 여겨진다. 아리스토텔레스는 정신을 최고로 완벽한 상태에 도달한 영혼이라고 정의한다. 기원전 300년 무렵 스토아 철학자들은 정신spiritus이라는 말이 어원상 숨결이나 바람을 뜻한다는 사실을 근거로, 정신을 생기(生氣)를 가진 기본 물질, 세계영혼Weltseele으로 규정했다. 아리스토텔레스와 마찬가지로 토마스 아퀴나스도 정신을 비물질적인 인식 능력으로 보고, 그 안에 영혼의 최고 능력이 잠재해 있다고 생각했다.[248] 그리스도 신앙은 인간의 존재 원리를 정신이라고 규정하고 있다.[249]

몸과 영혼은 구체적인 인간의 국면이다. 이 구체적인 인간은 살아 활동하며 스스로 책임을 지고 자기의 길을 선택한다. 바로 이것을 우리는 '정신'이라 일컫는다. 정신은 몸, 영혼 위에 얹혀 있는 또 하나의 새로운 층이 아니라 전혀 다른 관점에서의 인간이다. 문화를 창조하고 다른 사람들과 사회를 이루어 윤리적인 관계를 가지며, 나아가서는 초월적인 존재를 체험하면서 자기를 인식하고 자기를 완성하고 자기의 위치를 발견하며, 태도를 설정하고 가치 판단을 내리는 주체로 보았을 때의 인간이다. 정신은 우리가 그것을 출발점으로 삼아 세계를 경험하는 중심점이다. 마치 눈과 대상간의 거리를 재기 위해 그 한쪽 끝을 형성하는 자기의 눈 밖으로 나

---

247. Antonio R. Damasio, *Descartes' Irrtum; Fühlen, Denken und das menschliche Gehirn*, Ullstein Buchverlag GmbH, München, 2004, p. 303.

248. 한스 페터 뒤르, 신, 앞의 책, p. 177.

249. 심상태, 『인간; 신학적 인간학 입문』, 서광사, 1989, p. 78.

갈 수 없듯이, 정신도 대상으로 삼아 관찰할 수 없는 그런 중심점이다.[250]

정신은 모든 것을 포괄하는 능력이고 한계가 없다. 감각 작용은 항상 몸과 직결되어 있고 일정한 감각 기관에 종속되어 있다. 그러나 정신은 몸에 거의 얽매이지 않고 어떤 특정한 감각 기관의 구속을 받지 않는다. 정신은 모든 것을 포착하고 무한한 가능성을 지니고 있다. 바로 이 이유 때문에 정신을 엄밀하게 규정하거나 일정한 위치를 설정할 수가 없다. 정신은 실로 인간이 한계를 그을 수 있는 영역 밖에 놓여 있다. 인간의 영역 안에 속하는 것은 몸과 영혼의 관계이고 정신은 신성한 힘이라고 아리스토텔레스는 생각했다. 그에게 있어서 정신은 인간을 진정한 인간으로 만들기 위해 영혼의 생활에 연합한 숭고한 힘이다.[251]

몸과 영혼의 문제에 대해서 아리스토텔레스 사상이 갖는 의의는 대단히 크다. 영혼을 몸을 통해서 해석하고, 몸을 영혼을 통해 해석하는 그의 방법은 숱한 문제를 해결했다. 그러나 그는 정신을 구체적인 인간 생활에 관계시키면서 동시에 정신적인 것의 본질을 몸과 영혼으로 존재하는 구체적인 개인의 영역 밖에 두었기 때문에, 그의 사상 체계 가운데 팽팽한 긴장을 조성해 놓았다. 토마스 데 아퀴노에 의하면 정신은 인간에게 개인성과 독립적인 인격을 부여하는 영혼의 한 형태로서 개인적으로 계속 존재한다. 인간은 동물보다 고차원의 세계에 속한다. 그 이유는 인간은 개인적이고 인격적인 정신이고, 이 정신은 곧 불멸하는 영혼이기 때문이다.[252]

250. C. A. 반 퍼슨, 앞의 책, pp. 4-7, p. 81.

251. C. A. 반 퍼슨, 앞의 책, pp. 121-124.

252. C. A. 반 퍼슨, 앞의 책, pp. 124-127.

철학자 조용현은 정신을 하나의 주어진 실체가 아니라 생성되고 발전해 가는 하나의 사건으로 보았다. 그에 의하면 정신은 영장류가 채택한 새로운 적응 전략의 논리적 귀결이다. 인간의 진화는 손을 이동 기능에서 해방시켜 가는 과정이며 이것은 동시에 정신을 출현시켜 온 과정이다. 인간 특유의 노동과 의식의 기원을 여기에서 찾을 수 있다고 한다. 정신은 단순히 나의 뇌 또는 그것의 부대 현상도 아니고 나 밖에서 들어온 신비적 실체도 아니다. 그것은 그 속에 있으면서 동시에 그 밖에 있다. 정신은 인간의 비밀이고 우리의 포착 대상이 아니다. 정신은 세계의 한가운데 있지 않고 정신을 통해서 비로소 세계가 우리 앞에 등장한다.[253]

자신이 자신을 자신의 부분으로 포괄하는 것, 이것이 바로 자기의식이며 이러한 의미에서 정신의 본질은 자기의식에 기초하고 있다. 의식 자체는 물질이 아니지만 일정한 물질적 기초 위에서 성립한다. 자유의지는 정신이 출현하는 데에 필수적 조건이다. 의식은 자아와 타자를 구분하는 것이고 그것의 최고 형태가 자기의식이다. 정신은 이러한 무제약적인 자기중심적 관점(즉 자유 의지)에서 가능한 것이고 비로소 세계는 인식 가능한 객관적 대상이 된다. 정신은 모든 것을 대상화하여 파악하고 자신도 하나의 대상으로서 파악한다. 정신은 개방성과 유동성으로 그 자신을 대상과 분리시킬 수 있고, 여기서 자신과 대상을 자신 속에 포섭함으로써 의미를 부여하는 존재가 된다.[254]

C.A. 반 퍼슨은 정신이라는 존재는 영혼・몸과 나란히 제3의 요소로 객관화의 차원에서 작용하는 것이 아니라, 인간의 주관성으로부터 객관성

---

253. 조용현,『정신은 어떻게 출현하는가?』, 서광사, 1996, p. 5, 24, pp. 186-187, p. 287.
254. 조용현, 앞의 책, p. 193, 214, pp. 289-290, p. 296.

의 차원으로 움직이는 운동을 지각할 수 있는 방식을 가리키는 것으로 본다. 그에 의하면 정신이라는 단어는 인간이 살고, 움직이고, 행동하고, 사유하는 방식과 관계가 있는 말이다. 인간이 정신적인 존재인 것은 그가 정신적인 공간 가운데 자신을 숨겨두고 있기 때문이 아니라 일정한 한 점에 이르러서는 어떤 종류의 객관화라도 모두 벗어나 버리기 때문이다. 정신은 세계의 한가운데 있지 않고, 이 정신을 통해서 비로소 세계가 우리 앞에 등장한다. 인간은 주변의 현실과 관계를 맺을 줄 알고 또 자기와 구별할 줄도 안다. 이것을 통해서 인간은 자신의 고유한 인격성을 의식한다. 정신적인 것은 이와 같이 행동과 혼합되어 있다. 정신은 그 자체로 고립할 수 없다. 정신은 배후에 항상 숨어 있는 어떤 본체가 아니라 무대나 일터에서, 혹은 장기판에서 발견된다. 그래서 정신은 단순히 물리적으로 규정할 수 있는 어떤 행동의 집합에 제한되지 않는다.[255]

헤겔은 정신을 셋으로 나누어 각각 '주관적 정신', '객관적 정신', '절대 정신'으로 불렀다. 주관적 정신은 보통 개인에게 나타나는 정신으로 이해된다. 객관적 정신은 국가에서 실현되는 법과 윤리이다. 법, 가치, 문화체계, 정신과학의 연구 영역 등. 절대 정신은 개인을 초월하여 예술과 종교와 철학을 통해 드러난다.[256]

C.A. 반 퍼슨의 견해를 따르면 인간의 정신은 사람 속이나 밖에 객관적으로 존재하는 어떤 대상이 아니라, 인간이 주변 세계에 대하여 그리고 그와 상관관계 가운데서 스스로 위치를 설정하는 방식이라고 볼 수 있다. 이렇게 볼 경우, 정신은 무엇보다 인간 행동의 장이고 '나'라고 말할 수

255. C. A. 반 퍼슨, 앞의 책, p. 149, pp. 154-159.

256. 앞의 책, p. 188.

헤겔
http://www.libertylawsite.org/wp-content/uploads/2013/01/Hegel.gif

헤겔의 명저 〈정신현상학〉

있는 한 존재의 실현이며, 그러면서도 동시에 '다른 어떤 것'을 가리킬 수 있는 것이다. 정신은 각 사람이 처한 사회와 문화 속에서 스스로 위치를 설정할 때 필요한 기본적이고 전체적인 행동의 틀이다.[257]

C.A. 반 퍼슨에 의하면 정신의 정체를 드러내는 표상은 어떤 물체가 아니라 운동이다. 그는 정신을 명사라기보다 동사로 보았다. 정신은 인간의 피부에 머물지 않고 제의(祭儀), 예술품, 기술의 업적, 윤리적 결단과 같은 인간의 전반적인 문화적 행위를 포괄하는 넓은 광장에 이른다. 정신에 관해서 구체적으로 말해보려면, 의식적이든 무의식적이든 문화를 통해 구체화되는 인간의 행동과 관계 짓지 않을 수 없다. 인간은 문화를 통해 보다 향상된 인간이 된다. 인간은 동물처럼 생물학적 세계에 고정되어 있

257. 앞의 책, p. 189.

지 않다. 역사 속에 살며, 이 가운데서 늘 새로운 세계(노동, 성에 대한 태도와 다른 행위의 변화, 기술의 발달과 교환 관계, 광고와 예술, 스포츠와 교육 등)를 창조한다. 이것을 헤겔의 용어를 빌려 객관적 정신으로 표현할 수 있을 것이다. 정신의 표현인 문화는 객관적인 측면(도구, 철도, 운동장 등)과 주체적인 측면(자아의식, 자기 설정, 육체성 등)을 다 같이 포괄한다. 정신은 여기서 인간에게 '무엇'이 주어져 있느냐를 문제 삼는 말이 아니라, 인간이 자기의 존재를 '어떻게' 실현하느냐를 가리킨다. 이것은 곧 인간의 행동이 사람됨의 본질적인 요소임을 시사한다. 태도 설정과 가치 판단은 인간에게 부차적인 것이 아니라 인간을 비로소 인간으로 만드는 본질적인 요소이다.[258]

3) 영혼과 정신의 차이

앞서 우리는 영혼과 정신의 정체, 그리고 이에 얽힌 의문들을 풀어보는 데에 도전해 보았다. 역사 안에서 영혼의 정체를 이해하려고 노력했던 시도들은 크게 두 방향으로 종합할 수 있다. 하나는 영혼을 생명체의 생명원리로 보는 비물질적 존재로 간주하는 것이고, 다른 하나는 생명체의 몸 안에 들어있는 힘으로 보는 물질적 요소로 간주하는 것이다. 정신은 주로 영혼과 비슷하게 쓰였지만, 때론 영혼보다 높은 단계로 볼 수 있다. 생물학적 관점에서는 정신은 뇌 신경세포들과 육체의 조직들이 활발하게 작용함으로써 발생한다. 정신은 인간을 살아 행동하게 하며 스스로 책임을 지고 자신의 길을 선택하게 한다. 이러한 정신은 모든 것을 포괄하는 능력이고 한계가 없다. 아리스토텔레스는 정신을 신성한 힘이라고 생각했

258. C. A. 반 퍼슨, 앞의 책, pp. 190-202.

는데, 그 이유는 정신이 인간을 진정한 인간으로 만들기 위한 영혼의 생활에 연합한 숭고한 힘이었기 때문이다. 정신은 세계의 한가운데에 있지 않고 정신을 통해서 비로소 세계가 우리 앞에 등장한다.

정신의 본질은 자기의식에 기초하고 있다. 자기의식이란 자신이 자신을 자신의 부분으로 포괄하는 것이다. 이처럼 정신은 개방성과 유동성으로 그 자신을 대상과 분리시킬 수 있고, 자신과 대상을 자신 속에 포섭함으로써 의미를 부여하는 존재가 된다. 그래서 정신은 단순히 물리적으로 규정할 수 있는 어떤 행동의 집합에 제한되지 않는다. 정신은 무엇보다 인간 행동의 장이고 나라고 말할 수 있는 한 존재의 실현이며, 그러면서도 동시에 다른 어떤 것을 가리킬 수 있다.

아리스토텔레스 철학의 전통에서는 정신은 인간에게만 있는 반면 영혼은 모든 생명체에 깃들여 있다고 본다. 영혼이라는 단어는 여러 언어에서 바람·숨결·호흡 등의 뜻을 아울러 담고 있는데, 이 말들은 살아있는 육체가 하는 호흡, 잡을 수 없고 금세 사라져 버리는 그 무엇을 가리킨다는 의미에서 정신과 비슷하다. 다만 정신은 육체에 얽매이지 않은, 포괄적이고 독립된 원리라는 점에서 영혼과 다르다고 할 수 있다.[259] 데카르트는 자아와 영혼 그리고 정신을 구별 없이 사용했다.[260]

개념사적으로 보면 영혼과 정신 사이에는 본질적 차이가 있다. 아리스토텔레스에게서 볼 수 있는 바와 같이 영혼은 특별히 인간의 영혼만을 의미하는 것이 아니라 일반적으로 모든 생물의 삶의 원칙을 의미한다. 그래서 사람들은 생명이 있는 기관인 식물과 동물의 영혼에 관해서도 말한다. 영

259. 한스 페터 뒤르, 앞의 책, pp. 198-199.

260. C. A. 반 퍼슨, 앞의 책, p. 36; 페터 뒤베케, 앞의 책, p. 38.

혼은 육체적 삶의 내적 원칙을 의미하고 정신은 본질적으로 육체와 물질보다 우위에 있는 존재 원칙과 작용 원칙을 의미한다. 사람들은 이러한 의미로 순수한 정신에 관해서 말한다. 그러나 고전적 해석에 의하면 인간에게 정신은 동시에 영혼이다. 정신은 인간의 육체를 살게 하고 혼을 불어넣어 주는, 육체적 삶의 생명 원칙이다.[261]

태초의 생명 탄생과 이것에 근원을 둔 인간 존재의 신비를 자연과학적 탐구 방법을 통해 궁극적으로 해명하는 일은 현재까지 이루어지지 않았고 앞으로도 가능하지 않을 것이다. 뇌연구의 권위자 펜필드도 뇌연구를 진행해 가면 인간 존재의 수수께끼, 인간 의식 세계의 수수께끼가 모두 풀릴 것이라고 생각했는데, 그것은 불가능한 일이라고 단언했다.[262] 마음과 뇌의 문제를 포함한 인간 존재의 근본 문제들은 과학이 다룰 수 있는 범위를 넘어선 종교와 철학, 그리고 신학 영역에 속하는 것으로 보아야 한다. 인간 존재의 신비에 관한 문제는 과학적으로 해석하는 것이 불가능한 비물질적인 속성을 지니기 때문이다. 그리고 분명한 것은 인간은 신비하고 쉽게 정의를 내릴 수 없는 존재라는 것이다. "인간은 육체와 영혼의 합일체이면서 자유롭게 사유하고 행동하는 가운데 자신의 존재 의미를 성취할 수 있는 주체이고, 객관화가 불가능한 하나의 원천이다."[263]

아래에서는 앞서 고찰한 영혼 이해를 바탕으로 영혼과 육체와의 관계, 뇌

261. 에머리히 코레트 저, 『철학적 인간학』, 진교훈 역, 종로서적, 1986, pp. 172-173.

262. 류영주, 『사람의 참모습 II』, 대구가톨릭대학출판부, 2015, pp. 227-229, 『뇌와 마음』, 대구가톨릭대학, 2005, p. 393.

263. C. A. 반 퍼슨, 『철학적 인간학 입문; 몸 · 영혼 · 정신』, 손봉호 · 강영안 역, 서광사, 1989, p.24; 심상태, 『인간; 신학적 인간학 입문』, 서광사, 1989, p. 80; 전헌호, 『자연환경 인간환경』, 성바오로, 1998, p. 289.

와 의식의 관계를 살펴보기로 한다. 뇌와 의식의 관계 문제에는 의식을 보유하고 있는 것은 뇌[육체]밖에 없기 때문에 뇌의 죽음과 함께 모든 것이 끝이라는 신념과, 육체를 떠나 영원히 존속할 수 있는 영혼이 있고 인간 존재의 본질은 거기에 있다는 신념이 있다.

4) 영혼과 육체의 관계

물질적 뇌 환원론자들은 의식을 보유하고 있는 것은 뇌밖에 없기 때문에 뇌의 죽음과 함께 모든 것이 끝이라고 생각하는 반면 비환원론자들은 육체를 떠나 영원히 존속할 수 있는 영혼이 있고, 인간 존재의 본질은 거기에 있다고 생각한다. 이와 같이 영혼-육체 관계 문제에 대해 인류는 오래 전부터 많은 관심을 가져 왔는데, 이에 대한 생각은 일원론과 이원론으로 나눌 수 있다. 일원론은 물질세계가 곧 정신세계를 지배하며 물질적인 육체가 해체되면 영혼도 동시에 사라지는 것으로 보는 유물론적 입장으로 중성적 일원론, 기능주의, 유물론 등의 견해가 이에 속한다.

중성적 일원론은 육체와 영혼은 단일한 것이 둘로 나타난다고 본다. 기능주의는 육체와 영혼의 관계는 하드웨어와 소프트웨어의 관계와 같은 것으로 본다. 환원주의적 유물론은 정신이 물질의 작용이라고 보며, 창발적 유물론은 정신은 뇌의 활동으로부터 창발된 독자적 작용이라고 본다. 그리고 소거적 유물론과 행동주의에서는 정신은 따로 없다고 간주한다.

반면 이원론은 정신세계가 물질세계를 지배하는 독립적인 것으로 보고 정신세계는 인간의 사후에도 초자연적으로 존재하며 종교적으로는 내세의 세계를 긍정하는 입장이다(육체와 영혼을 서로 다른 실체로 봄). 여기에도 병행설, 상호작용설, 부수현상설 등의 여러 가지 견해가 있다. 병행설은 육체와 영혼이 동시에 나란히 작용하는 것으로 보고, 상호작용설은 육체와 영혼이 서로 적극적으로 작용을 주고받는 것으로 본다. 상호작용설을 주장한 데카르트는 불멸하는 비물질적인 영혼은 송과체에서 동물정기와 신경과 혈액의 중계를 통하여 몸과 상호작용한다고 보았다.

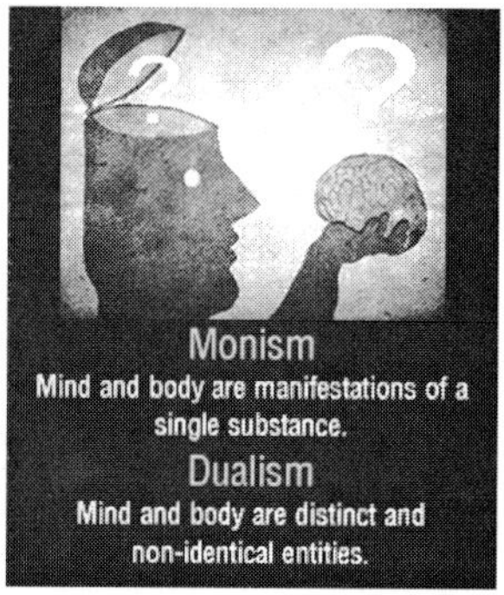

http://www.buzzle.com/articles/dualism-vs-monism-in-philosophy.html (일원론과 이원론).

일러스트=데이비드 퍼피뉴, 의식, p. 33

육체는 심장의 열에 의해 가동되는 열동력 기계이며, 뇌는 뇌실로 들어오는 동물정기들을 몸 전체로 분산시키는 자동기계이다. 동물정기는 심장에서 묽어진 피의 가장 생기 있고 미세한 부분으로서, 기체화된 혈액과 같은 것이다. 신경 전달작용은 동물정기가 신경망 속을 운동하여 이동함으로써 이루어진다. 영혼이 의지를 행사하여 육체를 움직이는 경우를 예로 들자면, 우선 의지는 송과체를 자극하여 동물정기들을 뇌의 기공을 향해 밀어내고, 뇌에서 밀려나온 미량의 동물정기가 신경망을 통해 근육에 열려있는 작은 통로를 닫고 열면, 이미 근육 안에 있던 많은 양의 동물정기가 빠른 속도로 운동하며 근육을 움직인다. 반대로 육체가 영혼에 영향을 미치는 경우에는, 신경망을 통하여 뇌로 들어온 동물정기들의 운동이 송과체를 자극하여 영혼에 영향을 미친다.[264]

부수현상설은 오직 육체만이 영혼에 작용할 수 있는 것으로 보는데,[265] 이 설을 지지한 토마스 헉슬리에 따르면, 두뇌과정은 물리적이고, 의식은 물리적인 것이 아니다. 그러나 의식은 두뇌과정이나 다른 의식을 발생시킬 수 없고, 행동의 원인도 될 수 없다. 이 모든 것의 원인은 두뇌과정일 뿐이다. 예를 들어 팔을 올리려고 생각하고 팔을 올렸을 때, 팔이 올라간 사건의 실제 원인은 두뇌과정이고, 팔을 올리려는 마음을 갖게 한 것도 뇌의 사건일 뿐이다. 뇌 생리학자들 가운데에는 의식을 두뇌과정의 그림

264. 그러나 데카르트에게서는 도대체 어떻게 서로 다른 두 실체인 영혼과 물질이 이처럼 상호작용할 수 있는지에 대한 궁극적 수수께끼는 신이 설계한 초자연적인 현상으로 간주해야 할 뿐, 인간이 대답할 수 있는 문제가 아니다. 한정선, 철학적 인간상에 도전해오는 뇌과학의 쟁점들, 철학연구 83, 2008, pp. 214-215.

265. 에른스트 페터 피셔 저, 『인간; 사람이 알아야 할 모든 것』, 박규호 역, 들녘, 2005, p. 393; 성영신 외 12인, 『뇌를 움직이는 마음 마음을 움직이는 뇌』, 해나무, 2004, p. 65; 한스 페터 뒤르, 앞의 책, pp. 214-215.

자로 간주하는 부수현상설을 주장하는 사람들이 흔하다.[266]

부수현상설은 토마스 헉슬리가 19세기에 처음 제안했다.
http://twistedphysics.typepad.com/cocktail_party_physics/history_of_physics/page/2/

역사가들에 따르면 고대 그리스 철학자들은 육체와 영혼에 대해 뚜렷하게 구분된 개념을 가지고 있지 않았던 것 같다. 그러다 차츰 몇몇 철학자들이 육체와 영혼을 분리된 것으로 보기 시작했다. 예를 들어 플라톤은 한 개인의 영혼은 사후에도 존속한다고 믿었다. 이에 반해 아리스토텔레스는 육체와 영혼은 개념적으로는 구분 지을 수 있을지라도 서로 통합되어 있어서 분리할 수 없다고 생각했다. 중세시대에 이르기까지 철학자들은 이 두 가지 생각의 조합을 채택했는데, 아리스토텔레스처럼 육체와 영혼을 통합된 실체로 보면서도 플라톤처럼 영혼을 영원한 것으로 간주했다. 예를 들어 토마스 데 아퀴노는 지적이고 비물질적인 마음의 성질은 영혼에 불멸성을 부여하며, 심판의 날에 육체가 부활하여 영혼과 재결합한다고 믿었다. 17세기에 데카르트가 제시한 육체와 영혼에 대한 사유 방식은 그 이후 이 문제에 대한 철학적 논쟁의 기본 형태로 자리 잡았다.[267]

버클리George Berkeley는 영혼이 육체의 모든 현상을 지각할 때 그것에 대

266. 김재권, 『심리철학』, 하종호 외 역, 철학과현실사, 2008, p. 223.

267. 조지프 르두, 앞의 책, pp. 39-40; C. A. 반 퍼슨 저, 『철학적 인간학 입문; 몸 · 영혼 · 정신』, 손봉호 · 강영안 역, 서광사, 19894, pp. 11-12.

한 지식을 가질 수 있으므로 육체의 현상은 모두 영혼에 의존해 있다고 말한다. 모든 사물이 나를 떠나 존재하는 것은 사실이지만 궁극적으로는 하느님의 정신 안에서 존재한다는 것이다. 나와는 따로 하느님의 정신과 관계해서 계속 존재하는 자연이 있지만 그것은 다만 하느님의 정신을 나타내는 상징이요, 문자라는 것이다. 버클리는 육체의 존재를 부인하지 않지만 그것은 정신의 현존을 상징하는 것에 지나지 않는 것으로 보았다.[268]

"육체의 현상은 영혼에 의존해 있다."
- 버클리

물질적 뇌 환원론자들이 뇌와 육체의 작용에 관심을 집중하여 인간을 이해하는 데 나름대로 이바지한 부분이 있는 것은 사실이나, 인간의 정신적인 측면을 폄하하고 심지어 물질의 부산물로 보기까지 하여 균형을 이루지 못했다. 물질적 뇌 환원론자들은 인간을 의학이나 생물학의 대상으로만 삼아 뇌의 작용을 관찰하면 인간 전체를 파악할 수 있는 것으로 생각했다. 그러나 이러한 관점으로 관찰되는 인간은 생생하게 살아있는 것이 아니라 객관적 물질로 도착(倒錯)된 존재에 지나지 않는다. 인간의 정신적 측면은 관찰되지 못하고 마는 것이다.[269]

---

268. C. A. 반 퍼슨, 앞의 책, pp. 77-80.
269. 앞의 책, p. 57.

뇌와 의식에 관한 한, 핵심적인 수수께끼는 여전히 '어떻게 뇌에서 의식이 출현하는가?'이다. 물질과 정신, 몸으로부터 독립적으로 존재하는 영혼에 대한 궁극적인 수수께끼가 함께 풀리지 않은 한, 뇌와 의식의 관계에 관한 모든 철학 · 신학적 주장과 뇌과학적 주장은 완결되지 않은 과도기적인 대답으로 남을 것이다.[270]

오늘날 뇌과학은 자신이 철학이나 여타의 인문학보다 인간을 더 잘 설명할 수 있다고 자처하면서, 뇌를 측정하고 관찰하는 것과 같은 실험적experimental 연구를 통해서 새로운 뇌과학적 인간관을 만들어내고 있다. "전통철학의 주류는 이성적 존재로서의 인간, 의식적 주체로서의 인간, 자유의지를 가진 행위의 주체로서의 인간, 존재자들의 위계질서에서 동물들과는 질적으로 다르고 존재적으로 우월한 존재로서의 인간, 즉 이성중심적 · 주체(의식)중심적 · 자유의지적 · 인간중심주의적 인간관을 구축해왔다."[271] 뇌과학은 장구한 세월에 걸쳐 구축되어온 전통 인간관과 대립하면서 이를 뒤흔들어 놓고 있다. 이러한 뇌과학의 도전에 종교와 철학, 특히 신학은 힘겹게 대응하면서 뇌과학적 인간관을 검토하고 있으며 "인간이 진정 어떤 존재인지"를 설명할 대안을 모색하고 있다.[272] 한편에서는 뇌과학적 인간관과 철학적 인간관의 충돌은 "새로운 '계몽의 기획'을 요청"할 것이며 "뇌과학적 이론과 철학적 이론 사이에 공진화를 가져오는 계기"가 될 수 있다는 전망도 나온다. 종교철학자 한정선은 뇌 과학자 징어W. Singer의 발언을 인용해 다음과 같이 말한다.

270. 한정선, 앞의 논문, p. 228.

271. 한정선, 뇌과학과 철학: 누가 인간을 설명할 것인가, 철학과 현실 77(2008), p. 164.

272. 앞의 논문, p. 164 참조.

"3인칭 관점에서 영혼불멸성이나 실체로서의 자아나 자유의지를 부정할 수밖에 없는 뇌과학적 인간상과, 1인칭 관점에서 우리가 아직도 고수하고 있는 자아를 가진 주체적 존재이자 자유의지적 존재로서의 철학적 인간상이 서로 대립한다면, 그 사이에서 사람들은 이것을 따르지도 못하고 저것을 따르지도 못하는 딜레마에 처하게 될 것이다. 이것은 서구의 문명이 오랜 세월 유지해온 인간상에 대한 도전이기 때문에 문제가 매우 심각하지만, 장기적으로는 기존의 개념을 대체하는 새로운 인간상의 개념에 기초하여 인간과 사회의 연대를 창출하는 계기가 될 것이다."[273]

한정선에 따르면, "철학적 의식이론은 의식과정에 대한 1인칭적 체험을 바탕으로 지향적 의식, 자아의식, 반성적 의식, 전반성적 의식 등과 같은 개념들을 산출했던 반면, 신경과정을 바탕으로 의식과정을 설명하는 뇌과학적 의식이론은 의식을 '뉴런 집합체들의 분산된 활동에서 나오는 기능적 산물'이라고 정의하고, 상의의식, 하위의식, 콸리quale, 작업의식, 자아의식 등과 같은 개념들을 창출했다." "이 두 의식이론의 개념들이 각각 뇌과학적 그리고 철학적 범주와 차원에서 사용되고 있기 때문에, 이들을 어떻게 상호 번역할 수 있는지, 같은 용어로 표현될지라도 그 의미가 어떻게 다른지를 검토하는 일은 앞으로 뇌과학과 철학의 공동 과제임"[274]을 지적하면서 한정선은 다음과 같이 당부했다.

"인간을 설명하는 과제 앞에서 철학을 포함한 인문학이 뇌과학과 배타적으로 경쟁하는 관계는 될 수 없다. 신경과정-의식과정-인간을 설

273. 앞의 논문, p. 165.

274. 앞의 논문, p. 166.

명하는 과정 앞에서 이들 학문들이 서로 얽혀있는 부분도 있겠지만, 또한 각각의 학문이 저마다 고유한 방법론과 연구 영역을 가지고 있는 것도 사실이다. 가장 이상적인 것은 이들이 모여 학제간 연구를 통해 하나의 입체적이고 통합적인 이론을 구축하는 것이다."[275]

한정선의 깊은 분석과 직관적인 통찰력은 철학을 포함한 인문학이 뇌과학과 협력하여 '공진화된 철학적 인간학'을 재정비할 수 있는 방안을 제공하고 있다. 그녀의 연구 성과를 깊이 신뢰하는 논자는, 지성을 동원한 결단과 의지를 동원한 마음으로 이에 동의한다.

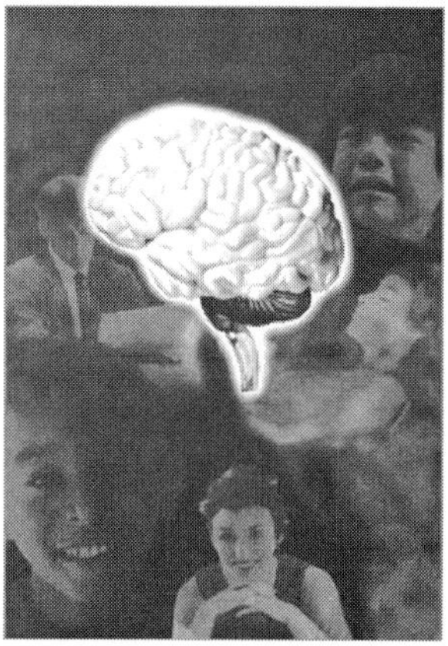

http://weekly1.chosun.com/site/data/html_dir/2005/07/13/2005071377001.html

275. 한정선, 앞의 논문, p. 167.

IV 패러다임의 전환

앞서 살펴본 바대로 물질적 뇌 환원론자들에 따르면 우리가 존재하고 보고 느끼고 행동하고 생각하는 등의 모든 것은 물리적인 상태이고, 뇌라고 하는 생체조직에서 일어나는 전기·화학적 활동이며, 정신과 의식 혹은 영혼은 물질로 환원될 수 있다. 이에 반대하는 비환원론자들은 "뇌의 시스템이 인간의 모든 경험을 결정짓는 것은 아니라"면서 "자각, 사랑, 정체성, 의지력, 영적 차원의 경험 등은 뉴런과 시냅스로 설명할 수 없다"고 주장한다. 기도, 명상과 같은 영적 체험을 해본 과학자들은 비환원론 편에 서는 경향이 강한 것으로 드러났는데, 그들은 자신들이 경험한 개인적인 체험을 현대 과학의 가정보다 우선시 한다.[276]

모든 것이 물질적으로 설명될 수 있다는 환원론에서는 의식을 보유하고 있는 것은 뇌밖에 없기 때문에 뇌의 죽음과 함께 모든 것이 끝난다고 생각한다. 그리고 그러한 패러다임은 이성의 시대가 도래한 이후 400년 동안을 지배해왔다. 그러던 것이 오늘날 점점 많은 과학자들이 물질주의적 패러다임의 기초가 그렇게 견고하지 못하다는 의구심을 갖고 기초를 파헤치려 하고 있다.

1 뇌를 넘어서: 체화적 인지(embodied cognition)

철학계를 비롯한 학계에서는 뇌 = 정신, 정신 = 뇌, 의식 = 뇌라는 단순한 과학적 믿음을 과감하게 폐기하려는 움직임이 태동하고 있다. 이러한 '정신'에 대한 개념의 재구성 추세는 단순히 철학, 뇌과학뿐만 아니라 인문

276. 바바라 해거티, 앞의 책, pp. 238-239 참조.

학 전반, 사회과학 전반, 그리고 인공지능, 로보틱스, 다른 인간 관련 공학, 디자인, 더 나아가서는 광고와 매스컴 등에 강력하고 지속적인 영향을 미치리라 생각된다.[277] 이러한 지적 세계의 새로운 움직임, 생각의 대전환을 제안한 인물로 노에를 비롯한 가자니가, 뱅상 등을 꼽을 수 있다. 뱅상은 "뉴런에는 영혼이 없다" 고 단언하면서 사유의 주체도 뇌가 아니라 인간 자체로 보고 있다.[278] 이러한 시각은 가자니가에게서도 보이는데 그 역시 인간과 뇌를 하나로 간주하지 않는다.

> "우리는 사람이지 뇌가 아니다. 우리는 뇌에서 창발하는 정신이 뇌와 상호작용할 때 발생하는 바로 그 추상적 개념이다. 우리는 바로 이 추상적 개념 안에 존재하고 이 개념을 계속 쪼고 있는 듯한 과학에 맞서 우리가 진정 어떤 존재인지를 설명할 어휘를 필사적으로 찾고 있다."[279]

노에 역시 인간과 뇌를 하나로 바라보지 않으며 의식을 뇌의 산물로 간주하지 않는다. 그는 뇌만으로 인간 의식이 가능하다고 믿는 과학자들을 비판하면서, 인간 의식은 몸과 세상 환경의 총합이 낳은 창발적 결과라고 주장한다. 그는『뇌과학의 함정』,

277. 알바 노에,『뇌과학의 함정: 인간에 관한 가장 위험한 착각에 대하여』, 김미선 역, 갤리온, 2009, pp. 8-14.

278. Jean-Didier Vincent, Voyage Extraordinaire au Centre du Cerveau,『뇌 한복판으로 떠나는 여행』,, 이세진 역, 해나무, 2010, p. 298; 이길용, 앞의 책, p. 260.

279. 마이클 가자니가,『뇌로부터의 자유』,, 박인균 역, 추수밭, 2012, p. 325.

이라는 책을 통해 "'의식 = 뇌'라는 일부 뇌 과학자들의 '거대한 착각'에서 이제는 빠져나와야 할 때"라면서 "그동안 잘못 가고 있던 자연과학을 철학을 중심으로 한 인문학적 재개념화를 통해 제자리에 돌려놓아야 할 때"라고 갈파한다.

> "'당신은 당신의 뇌가 아니다. 의식의 현상은 삶 자체의 현상처럼 세계를 요구하는 역동적 과정이다. 우리는 우리 머리 밖에 있다.', '뇌는 마음과 같지 않다', '마음(의식)은 뇌와 몸, 그리고 환경(다른 인간과의 관계 포함)의 상호작용 활동에 의존한다', '살아 움직이는 생명체의 몸과 환경을 빼놓고 뇌가 곧 마음이라고 생각할 수는 없다', '의미는 (환경과의 행위적 활동) 관계에서 (비로소) 생긴다', '뇌 혼자서 무엇을 이룰 수 없기에 실상 모든 '의미'는 머릿속에 없다', '우리의 경험을 경험으로 만드는 것은 뇌 자체에서 일어나는 신경 활동이 아니라, 우리와 사물(환경) 사이에서 일어나고 있는 역동적인 (행위 또는 활동) 관계이다.'"[280]

노에는 뇌는 우리 안에 있는 의식의 장소가 아님을 보여주면서 의식은 우리 안에서 일어나는 무엇인가가 아니라 우리가 주변의 세계와 역동적으로 상호작용하는 동안 능동적으로 생겨나는 무엇이라고 한다. 뇌라는 특정한 신체 기관이 의식의 작동 원리를 이해하는 데에 결정적인 것은 분명하나 뇌가 의식에 어떻게 기여하는지를 이해하려면, 우리는 뇌 말고도 더 커다란 몸, 그리고 우리 자신이 처한 환경과 관련해서 뇌가 하는 일을 바라볼 것을 요청한다.[281] 그리하여 노에는 뇌 과학자, 일반인, 대중

---

280. 이정모, 뇌과학을 넘어서: 인지과학과 체화된 인지로, 『뇌과학, 경계를 넘다』,, 바다출판사, 2012, pp. 280-281.

매체 등 우리 모두가 빠져 있는 거대한 뇌과학적 착각에 정면으로 맞서 이를 포기하고 벗어날 것을 요청한다.

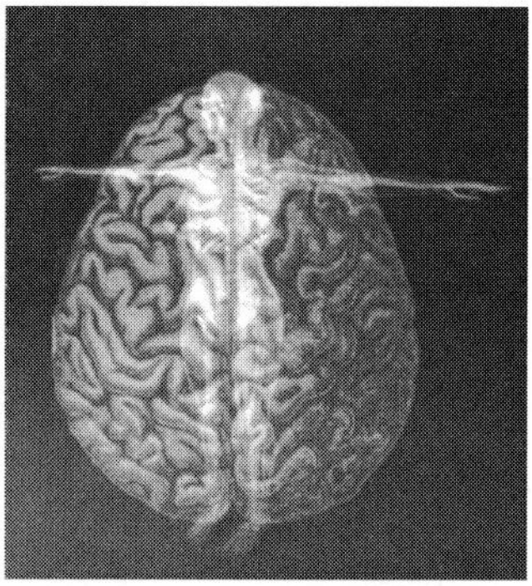

체화적 인지(embodied cognition)
http://www.do-it-better.ca/about-do-it-better/

이러한 거대한 착각을 벗어나서 '탈데카르트적 관점'으로 돌아가자는 움직임은 '체화적 인지embodied cognition'라는 개념으로 뇌과학의 대안적 관점으로 떠오르고 있다. "인지, 마음이 개인의 뇌 속에 추상적 (다분히 언어적) 명제의 형태로 표상된 내용이라고 하기보다는, 구체적인 몸을 가지고embodied 환경에 구현, 내재되어embedded 사회 문화 환경에 적응하는 (몸이 있는) 유기체가 '환경'과의 순간적 상호작용 행위 역동dynamics 상에서 비로소 존재하게 되는 마음, 즉 몸과 문화와 역사와 사회의 환경적 맥락에 의해 구성되고 결정되는 그러한 '역동적 활동'으로서의 마음을 강조하는 접근이다."[282]

2 비환원론적 패러다임

캐나다의 뇌 과학자 마리오 뷰리가드는 "오늘날 물질적 뇌 환원론자들은

281. 알바 노에, 『뇌과학의 함정』, 김미선 역, 갤리온, 2009, p. 55.
282. 이정모, 앞의 책, pp. 281-282.

증거를 무시하거나 폄하하는 사고에 갇혀 있다"면서 "지금 우리는 패러다임 혁명의 한가운데 있다"고 지적했다.[283] 그는 "초심리학, 초자아 심리학, 신경신학, 양자물리학 등에서 너무나도 많은 자료가 쏟아져 나오고 있는데 이 자료들은 모두 기존의 환원론적 패러다임의 실패를 지적하고 있다"고 갈파했다.

마리오 뷰리가드
http://media.salon.com/2012/04/Screen-shot-2012-04-29-at-2.06.14-PM.png

뷰리가드는 인간이 완전한 유전자와 뉴런으로 결정되는 생물학적 로봇이 아니라는 것, 즉 우리에게 영적인 면이 있다는 것을 증명하는 자료들을 제시할 때마다 과학자들이 큰 관심을 보인다고 했다. 점점 더 많은 과학자들이 은밀하게 연구를 진행하거나 국립보건연구원과 같은 권위 있는 기관의 지원 하에 연구가 진행되면서, 과학자들 사이에 뇌 = 정신, 정신 = 뇌, 의식 = 뇌 같은 기존 이론을 반박하는 주장에 대한 공감대가 점점 넓어지고 있다고 했다.[284]

현재 세계를 바라보는 관점은 상당히 물질적이며 정신과 의식을 단순히

283. 캐나다 몬트리올대학 심리학과 뇌과학 부서의 준 연구교수인 마리오 뷰리가드는 데니스 오리어리와 공동 집필한 저서 『신은 뇌 속에 갇히지 않는다』로 잘 알려져 있다. 뷰리가드는 몬트리올대학의 교수진이 되기 전, 미국 텍사스대학과 캐나다 맥길대학의 몬트리올 신경학 연구소에서 연구를 했다. 그는 신경생물학 분야에서 신비로운 체험에 대한 선구적인 연구로 국제적인 인정을 받았고, 월드 미디어 넷에서 '21세기 백 명의 선구자' 중 한 명으로 선정되었다.

284. 바바라 해거티, 앞의 책, pp. 339-340.

뇌의 전기 · 화학적 반응의 결과로 보고 있다. 그러나 이러한 관점은 생각과 의도가 뇌를 바꿀 수 있을 뿐만 아니라 몸의 상태도 바꿀 수 있음을 보여주는 수많은 실험을 설명할 수 없다. 우리는 뇌가 면역체계, 내분비계 같은 몸의 다른 생리체계와 연결되어 있음을 알고 있다. 이것은 예를 들어 믿음 같은 무엇인가를 마음의 수준에서 바꿨을 때 뇌뿐만이 아니라 다른 모든 생리체계, 가령 면역체계에도 영향을 미친다는 뜻이다. 이것은 30년 전에 시작한 '정신신경면역학psychoneuroimmunology' 분야에서 설득력 있게 보여주었다. 이제는 여러 종류의 행동과 관련된 일부 유전자의 표현을 바꿀 수도 있음을 입증하고 있다. 몸과 뇌는 가소성이 뛰어나며 이러한 종류의 심리적 · 정신적 영향에 활짝 열려있다. 사람들이 시각화, 정신의 형상화, 명상과 다양한 이완 기술을 사용할 때 암의 차도를 보인 사례가 있다. 정신이 존재하고 뇌로 축소될 수 없는 다른 대안적 패러다임이 있다면 정신 수준의 예를 들면, 생각 같은 정보적인 과정이 뇌의 활동에 영향을 미친다는 것을 이해할 수 있게 만든다.[285] 이에 대해 뷰리가드는 다음과 같이 명확하게 말한다.

> "이것에 대한 모델이 있다. 이것이 양자 물리학과 관련된 양자 과정에 기초한다는 점에서 설명할 수 있다. 이것은 전달자가 지나가는 신경세포 속에 있는 이온 채널을 보았을 때 이 이온 채널이나 작은 구멍들은 너무나 작고 극도로 미세해서 그 크기 순서대로 양자 물리학의 법칙에 적용되기 때문이다. 양자 역학의 아버지들은 80년 전 관찰자가 그들이 측정하고 있는 미시물리학적 체계의 행동에 영향을 미칠 수 있음을 깨달았다."[286]

285. 수프림 마스터 텔레비전, 과학과 영성, 두뇌 속에서 신을 찾는 여정 1~2-캐나다 신경과학자 마리오 뷰리가드 박사 참조.

인간의 의식이 그 수준에서 물질 세계에 영향을 미칠 수 있다. 뷰리가드는 또한 메타인지를 뇌의 변화에 영향을 미칠 방법으로 여기고 있다. 메타인지Meta Cognition란 '생각에 대한 생각'이나 인식의 인지로 설명될 수 있다. 많은 뇌 이미지 연구는 자신의 생각이나 믿음, 그리고 자신의 감정과 거리를 가지는 메타인지를 하고 명상을 시작할 때 임상 우울증이나 강박 장애로 고통 받는 환자들이 뇌의 기능을 바꾸는 것이 가능하다는 사실을 보여주었다. 특정한 뇌의 구조와 기능, 모든 종류의 부정적인 감정 상태의 기저에 있는 뇌 네트워크를 바꿀 수 있다는 것이다. 이 내용은 중요한 부분이기 때문에 다시 거론하기로 하고, 여기서는 뷰리가드가 제안한 비환원론적 패러다임의 구체적 예를 살펴보기로 한다.

비환원론적 관점은 인간이 자기감정에 집중함으로써 스스로 감정을 조절하는 모습을 보여주는 신경영상 연구를 설명할 수 있다. 뷰리가드는 fMRI와 같은 영상술로 뇌 활동을 조절하는 법을 가르칠 수 있음을 확인했다. 뇌는 아주 높은 감정 전하에 반응하는데, 예를 들어 감정적으로 무거운 영화 장면이나 그림 같은 것을 들 수 있다. 사람들에게 자신의 감정이나 영화 장면이나 그림에서 분리되어서 떨어진 관찰자가 되라고 말하면 뇌의 반응이 완전히 바뀌면서 감정의 뇌인 변연계가 더 이상의 큰 반응을 보이지 않는다.

뷰리가드는 "현재 환원론적 관점으로는 설명할 수 없는 난해한 현상도 과학에 기초해 설명할 수 있다"면서 그 중 하나로 '초심리psi'를 꼽고 있다. 초심리란 초감각적인 감지, 텔레파시, 예지, 염력처럼 거리가 떨어진

---

286. 수프림 마스터 텔레비전, 과학과 영성, 두뇌 속에서 신을 찾는 여정 2-캐나다 신경과학자 마리오 뷰리가드 박사 참조.

상태에서 일어나는 지각이나 행동 등을 말한다. 초심리 외에도 뷰리가드는 정신적 외상이나 대수술을 겪은 환자들이 말하는 '무의식 상태에서 삶을 변화시킬 만한 신비적인 자각 경험' 등을 꼽았다. 그는 비환원론적 관점은 의학과 같은 실용 분야에 유용하게 쓰일 것으로 전망하고 있다. 예컨대 강박증과 공포증은 정신이 해로운 뇌의 패턴을 인식해서 재조직하면 훨씬 효과적으로 완화될 가능성이 있다. 물론 "약물이나 치료를 비롯한 다양한 의학적 방법들의 역할을 폄하시키려는 것은 아니며", "궁극적으로 정신이 뇌의 가장 효과적인 변화촉진자임"을 강조하려는 것이다. 과학은 지시를 받고, 의지가 있는 정신 활동이 뇌 기능을 명확하고 체계적으로 변화시킬 수 있다는 사실에 함축된 주요 내용을 다루어야 할 때가 왔다.[287]

정신의학자 제프리 슈워츠에 의하면 강박증은 온전한 정신이 뇌 기능 손상으로 고통을 받는 경우이며 특히 안와전두엽피질, 전두대상이랑, 기저핵과 연결된 신경회로의 결함으로 인해 고통과 충동이 생겨난다. 이 '걱정 신경회로' 가 작동하면 실제로 위험에 처하게 될까봐 걱정하게 되고 그 위험을 줄여야 한다는 충동을 느끼게 된다. 안와전두엽피질과 전두대상이랑의 중심에 위치한 오류 탐지기가 과도하게 작동되어 반복적인 방출 패턴 안에 갇힌다. 이로부터 뭔가가 잘못되었다는 강렬한 감정과 함께 바로 잡아야 한다는 강박적 충동이 일어난다.[288]

그러나 슈워츠는 진화과정에서 가장 최근에 발달한 전전두엽피질이 강박증에 거의 영향을 받지 않는다는 사실도 발견했다. 가장 인간적인 특성을

287. 마리오 뷰리가드, 『신은 뇌 속에 갇히지 않는다』, p. 218.
288. 앞의 책, p. 220.

지닌 뇌 영역에서 볼 때 강박적 충동은 대단히 낯선 것이며, 이 말은 환자들이 이성적 능력과 정체성을 온전한 상태로 유지할 수 있으면 치료에 적극 협력할 수 있다는 것을 의미한다. 이에 슈워츠는 뇌를 통제하고 재배치할 전략을 환자의 마음에 제공하는 치료방법, 이른바 "뇌를 변화시키는 4단계 방법" ① 꼬리표 바꾸기 ② 인식 바꾸기 ③ 초점 바꾸기 ④ 평가 바꾸기를 개발했다. 이러한 방법을 통해 슈워츠는 환자에게 생각만이 아니라 뇌까지도 바꾸도록 요구하면서 무익한 신경회로를 유익한 신경회로로 대체하도록 했다. 각 단계는 다음과 같다.

뇌를 변화시키는 4단계 방법

4단계 두뇌 훈련법은 인지행동치료(생각의 의미를 바꾼다)와 알아차림(생각을 인식하도록 한다) 접근법을 결합하면서 동시에 원치 않는 메시지로부터 자유로워질 수 있는 힘을 부여해주고자 한다. 그 과정에서 뇌를 진정으로 변화시킬 방법을 익히고, 뇌의 거짓말 대신 새롭고 건강한 행동에 초점을 맞추게 하는 것이다.

목표는 단지 뇌의 거짓말을 발견하는 방법, 그 메시지에 대한 태도를 변화시키는 방법에서 그치지 않고 환자 안에 지적이고 애정 넘치는 인도자(현명한 조언가)가 있음을 보여주는 것이다. 그 현명한 조언가는 문제는 뇌일뿐, 환자나 환자의 정신이 아니라는 사실을 잘 알고 있다. 4단계 두뇌 훈련법의 핵심은 뇌를 건강하고 긍정적으로 바꾸기 위한 주의 집중 방법을 습득하는 것이다.

1단계 : 꼬리표 바꾸기

뇌의 거짓말과 불편한 감각을 찾고 실체 파악하기.

2단계 : 인식 바꾸기

뇌의 거짓말에 대한 인식 바꾸기. 그 생각과 충동이 계속 당신을 괴롭히는 이유 말하기.

3단계 : 초점 바꾸기

거짓 충동, 생각, 감각이 여전히 존재하는 가운데 생산적인 행동과 사고로 주의 돌리기.

4단계 : 평가 바꾸기

뇌의 거짓말이 만들어낸 생각, 충동, 감각 등이 사실도 아니고 집중할 가치도 없음을 깨닫기.

용어 해설

뇌의 거짓말: 삶의 진정한 목표에서 멀어지도록 만드는 그릇되거나 부정확한 생각, 충동, 욕망.

진정한 자아: 진정한 자아에 따라 산다는 것은 자신이 믿는 가치와 목표를 위해 노력하는 것, 있는 그대로의 자신을 바라보는 것이다. 이렇게 하려면 감정과 욕망, 그리고 자기 자신을 애정 어린 시선(예: 우리 내면에 있는 인도자인 현명한 조언가의 시선)으로 바라보아야 한다.

현명한 조언가: 자기 고유의 가치, 능력, 성취 등 큰 그림을 볼 수 있는 당신 정신의 한 측면이다. 현명한 조언가는 당신의 생각과 감정을 꿰뚫어보고 뇌가 하는 거짓말이 무엇인지, 어디서 왔는지 찾아낼 수 있다. 파괴적이고 유해한 습관 혹은 자동화된 반응을 인식할 수도 있다. 현명한 조언가는 당신을 사랑하고 보살피며 최고의 존재로 만들고 싶어 한다. 그리하여 진정한 자아의 가치를 발견하고 장기적으로 최선의 이성적 선택을 하도록 돕는다.[289]

289. 제프리 슈워츠 외, 『뇌는 어떻게 당신을 속이는가』, 이상원 역, 갈매나무, 2012; 류영주, 『재미있는 뇌 이야기 I』, 대구가톨릭대학 인간과영성 연구소, 2015, pp. 267-270.

보통에서 중증에 이르는 강박증 환자 18명을 상대로 4단계 프로그램을 개별적, 집단적으로 실시했으며, 프로그램 전후 각각에 대해 양전자방출단층촬영을 실시했다. 그 결과 약물치료를 전혀 하지 않았음에도 10~12주 학습 기간 동안에 증세가 상당히 호전된 환자가 12명이나 되었다. 그들의 양전자방출단층촬영 결과를 살펴봐도 좌우측 미상핵 치료 후에 신진대사 활동이 급감했음을 알 수 있었는데, 우측에서의 감소가 특히 더 두드러졌다. 우측 미상핵과 안와전두피질 및 시상에서 나타나던 비정상적인 뉴런 활동도 급감함을 관찰할 수 있었다. 슈워츠는 다음과 같이 명확하게 말한다.

> "우리는 자기 생각에 대한 사고방식을 변화시킨 환자들에게서 그러한 변화가 일어났음을 입증했다. 우리의 정신은 뇌가 아니며, 우리의 정신과 뇌는 다르다(정신이 뇌보다 강하다)."[290]

4단계 프로그램의 성공 여부는 다음 두 가지, 환자가 잘못된 뇌 메시지가 강박적 행동을 일으킨다는 사실을 인정하는 것과 이러한 메시지가 자아의 일부가 아니라는 사실을 깨닫는 것에 달려 있다. 이 치료법에서는 환자가 전 과정을 스스로 조정하는데, 다시 말해 치료의 성공 기반은 뇌와 독립된 실체로서 정신의 존재와 역할을 진심으로 인정하는 것이다.[291] 슈워츠는 약물에 의존하지 않는 정신치료를 통해 뇌 회로에서 잘못된 뇌 화학작용을 바로잡을 수 있음을 보여주었다. 이 사례는 정신치료를 통해 정신에 일어난 변화들이 뇌를 기능적으로 '재조직'할 수 있음을 시사한다. 다시 말해 정신을 변화시키면 뇌도 변화시킬 수 있는 것이다.

290. 류영주, 앞의 책, p. 267; 마리오 뷰리가드, 앞의 책, p. 224.

291. 마리오 뷰리가드, 앞의 책, p. 224.

이와 같은 견해를 공유한 리처드 데이빗슨은 정신 수행을 통해 정신적 회로를 다듬을 수 있다고 주장한다. '건강한 정신 탐구센터'를 설립한 그는 뇌파 측정기를 이용해 불교 명상 수행자들이 약간의 집중만으로 뇌파 활동을 좌뇌로 옮길 수 있다는 것을 증명했다. 왼쪽 전전두엽에서 뇌파 활동이 활발한 사람들은 정신이 맑고 기운이 넘치며 열정적이고 즐거움을 느낀다는 것을 밝힌 기존의 연구들이 있었는데 데이빗슨의 연구 결과도 일치했다. 오른쪽 전전두엽의 활동이 활발한 사람들은 걱정, 불안, 슬픔을 더 많이 느꼈으며, 희열이나 기쁨을 거의 느끼지 못하는 것으로 나타났다. 불교 승려들의 뇌파 운동이 왼쪽으로 치우쳐 있다는 사실을 통해 데이빗슨은 이 명상가들의 뇌는 보통 사람들의 뇌와 다를 것이라고 생각하게 되었다. 이 승려들은 일반인과 다른 뇌를 타고났고, 그렇기 때문에 명상에 이끌리는 것인가, 아니면 누구든지 훈련을 통해서 즐겁고 행복하고 성스러운 느낌이 드는 상태에 도달할 수 있는 것인가에 대해 의문을 갖게 했던 것이다.

리처드 데이빗슨
http://kr.brainworld.com/Opinion/10478

이를 밝히기 위해 데이빗슨은 1만~5만 시간 명상을 해온 승려 8명과 일주일 동안 명상 훈련을 받은 대학생 10명의 뇌를 비교했다. 피험자들에게 눈에 끔찍한 종양을 앓는 아기의 사진이나 아들을 안고 울부짖으면서 폭발지점을 피해 달아나는 아버지의 사진 등 격한 감정을 불러일으키는 사진을 보여주었다. 이들에게 모든 생명을 기꺼이 돕겠다는 자세, 무조건적인 연민의 감정에 정신을 집중하라고 했다. 실험 결과, 학생들의 뇌는 휴식 상태일 때와 연민의 감정을 느끼게 한 명상 상태일 때 약간의 변화를 보였지만 승려들의 뇌는 동정 · 연민 · 모정에 관련된 뇌 부위, 계획된 행동의 수행에 관여하는 뇌 부위가 활성화되었다. 더군다나 이들의 뇌 사진은 왼쪽 전전두엽이, 일반 정신 상태에서는 결코 볼 수 없는 활발한 활동을 보였다.

더욱 흥미로운 사실은 감마뇌파였는데, 명료한 정신과 주의집중에 관련된 감마뇌파가 승려들의 뇌에서 엄청나게 빠르게 나타났다. 감마파가 뇌 전체에 걸쳐 홍수를 이루었고, 이로써 뇌의 회로도 다르게 조직화되었다(이 순간을 '깨달음'의 순간이라 부르기도 한다). 대부분의 사람들은 아주 짧은 순간 동안 깨달음을 누리지만, 이 승려들은 5분 이상 그런 깨달음을 지속시켰다. 승려들에게서 신경학적 지문을 발견한 것이며, 휴식 상태일 때도 승려들의 뇌는 여전히 맑고 명료하며 조화롭고 행복한 상태를 보였다. 이는 명상이 이들의 뇌를 영구적으로 바꾸어놓았다는 것을 보여주는 증거이다.[292]

한편 존 카밧-진은 장시간 높은 스트레스 속에 근무하는 생명공학기술 회사 '프로메가' 기업의 직원들을 대상으로 실험을 진행했다. 첨단기술 분야에 종사하는 사람들의 전형적인 특성을 지닌 이들은 약간의 정신적 수양이 삶의 질을 바꿀 수 있다는 가설을 검증하는 대상으로 안성맞춤이었다. 프로메가에서 일하는 과학자, 실험실 기술자, 영업사원, 중견간부 등 25명의 직원들은 명상하는 법을 배웠다. 그들은 일주일에 한 번씩 두 시간 반 동안 바닥에 앉아서 정신 훈련을 했고 하루에 45분씩 명상 기법 훈련을 하라는 지시를 받았다. 그들은 자신의 생각과 감정을 임상적으로,

292. 바바라 해거티, 앞의 책, pp. 232-234.

외부인 시각으로 어떻게 바라보아야 하는지, 자신들의 외적 현실을 어떻게 판단해야 하는지에 대해 배웠다. 통제 집단으로 분류된 다른 직원 16명은 연구가 마무리될 때까지 명상 훈련을 받지 않았다.[293]

직원들 41명을 모두 뇌파 측정기에 연결해서 뇌파 활동을 측정한 결과, 명상 훈련을 받은 직원들의 경우, 훈련 전 그들의 '고정점' 혹은 본래의 태도는 불안하고 근심이 많았지만(뇌의 활동이 불안, 걱정에 관여하는 우측 전전두엽에 치우침), 8주 후에 그들은 기분이 좋아졌다고 했으며 불안을 덜 느꼈고 일에 보다 적극적으로 몰입했다. 뇌파 측정기에 연결해서 살펴보니 그들의 뇌 활동이 행복감에 관여하는 좌측 뇌로 이동해 있었고, 통제 집단 직원들의 뇌는 내내 불안한 영역에 머물러 있었다. 결과적으로 프로메가 직원들은 하루 45분의 훈련만으로 뇌의 회로 연결을 다시 조직화하고 고정점을 바꾸었다. 그들은 두 달 안에 '고정점'을 신경학적으로 변화시켜 행복을 느끼는 영역으로 이동시킬 수 있었다.[294]

뷰리가드의 견해와 연구 성과로 이야기를 되돌리기로 한다. 그 역시 카밧-진과 데이빗슨과 마찬가지로 뇌 영상술을 이용해 다음과 같은 사례를 입증했다. 여성들은 슬픈 생각에 대한 반응의 수위를 자발적으로 조절할 수 있었으며, 남성들은 성적 흥분을 조절하라는 요구를 받으면 성적 흥분을 유발하는 영상에 아랑곳하지 않고 반응을 조절할 수 있었다. 거미 공포증과 같은 공포증에 시달리는 사람들은 뇌를 재조직해서 공포심을 이겨낼 수 있었다. 치료 전후로 사람들의 뇌를 두 번 스캔했으며 스캔하는 동안 움직이는 거미를 담은 영상을 몇 편 보여주었다. 치료 전에 사람들은 공

293. 앞의 책, pp. 234-236.

294. 앞의 책, p. 235.

황발작을 일으켰으나 4주간 진행된 치료 후, 감정을 관장하는 그들의 뇌 영역은 같은 자극에도 아무런 반응을 보이지 않았다.

공포증
http://001blog.olleh.com/1028

결과적으로 이런 결과는 약물이나 장치, 보상, 위협 따위 없이 거미공포증 환자들이 4주에 걸쳐 뇌를 재조직해 삶을 괴롭혔었던 공포에서 벗어났음을 시사한다. 이는 우울증과 강박증 환자가 정신치료를 통해 적응력 있고 국부적인 뇌의 신진대사 변화를 초래할 수 있다는 양전자방출단층촬영 연구 결과와 일치한다. 뿐만 아니라 정신치료를 통해 정신에 일어난 변화들은 뇌를 기능적으로 '재조직'할 수 있음도 시사한다. 즉 정신을 변화시키면 뇌도 변화시킬 수 있는 것이다.[295]

지금까지 강박증을 비롯해 우울증, 공포증 피험자들이 점진적으로 뇌를 재조직해서 삶을 괴롭혔던 장애에서 벗어났음을 살펴보았다. 이러한 결과는 약물이나 장치, 보상, 위협 따위 없이 피험자들이 점진적으로 뇌를 재조직해서 삶을 괴롭혔던 장애에서 완전히 벗어났음을 시사한다. 이러한 연구 결과는 정신이 뇌를 관장하는 것이지 그 반대가 아닌 것, 다시 말해 정신이 뇌로 환원되지 않는다는 것을 의미한다.

앞서 살펴본 연구의 최종 결과는 의학적 치료와 관련된 환자의 정신적 믿음과 기대가 뇌 활동에 영향을 미칠 수 있음을 입증한 것이다. 이러한

295. 마리오 뷰리가드, 앞의 책, p. 236.

연구 결과를 해석하려면 정신 활동과 뇌 활동 사이의 관계를 설명하는 가정이 필요한데, '정신신경학적 해석 가정psychoneural translation hypothesis'을 통해 살펴보기로 한다. 이 해석에 따르면 의식적·무의식적 정신 과정은 생물리학적·분자적·화학적·신경적 망 조직들로 이루어진 뇌 조직의 다양한 단계에서 저절로 신경 과정으로 해석된다. 그러한 신경 과정은 면역 시스템이나 내분비 시스템 등과 같은 시스템 과정과 활동으로 해석된다. 정신신경면역학psychoneuro-immunology은 이러한 정신, 뇌, 면역 시스템 사이의 관계를 연구하는 분야이다. 이 단어를 분석하면 우리의 정신psycho(생각과 감정)이 우리 뇌 속의 화학물질(신경neuro)에 영향을 미치고, 이는 다시 질병과 싸우거나 바이러스를 복제하는 호르몬에 영향을 미친다(면역학immunology). 연구 결과 정신(생각이나 감정)과 같은 비신체적인 것들이 유전자나 생활 방식이나 복용하는 약처럼 몸에 세포 차원에서 영향을 미친다는 사실을 발견했다.[296]

뇌 과학자 캔더스 퍼트는 정신과 뇌를 비롯한 여러 생리적 시스템 사이의 의사소통을 '심신 상관적 네트워크psychosomatic network'라고 불렀다. 이는 결국 정신신경 해석 역학을 올바르게 이해하면 정신 과정이 뇌와 신체에 어떤 식으로 미치는지 이해할 수 있음을 뜻한다. 이는 곧 사고의 언어인 멘텔리스mentalese가 뇌의 언어인 뉴러니스neuronese로 해석된다고 은유적으로 표현할 수 있다.[297] 이에 대해 조 디스펜자는 다음과 같이 말한다.

> "생각은 뇌에 특정한 화학 반응을 일으킨다. 그러면 뇌는 화학물질을 분비하고 이를 몸에 전달한다. 뇌에서 분비된 화학물질은 우리가 '생

296. 마리오 뷰리가드, 앞의 책, pp. 254-255.
297. 앞의 책, p. 256.

각한' 것과 똑같이 몸이 '느끼도록' 만든다. 다시 말해 어떤 생각을 하면 몸이 그에 상응하는 반응을 하도록 뇌가 화학물질을 분비하는 것이다. 특히 행복한 생각이나 긍정적인 생각은 뇌에 기쁨과 흥분을 유발하는 화학물질을 분비하게 만든다. 예를 들어 우리가 어떤 기대감에 차 즐거울 때 뇌는 흥분을 유발하는 도파민을 분비한다. 반대로 화나거나 우울할 때는 그에 상응하여 펩티드를 분비한다. 즉 우리의 생각이 그 즉시 현실이 되는 것이다."[298]

이러한 정보전달 메커니즘은 진화의 최고 산물이며 이로부터 정신과정은 뇌의 기능성과 가소성에 인과적으로 영향을 미칠 수 있다. 정신과 뇌의 해석을 설명하기 위한 신경영상 연구에 의하면 실제로 피아노 건반을 두드려 연습했던 사람들과 단순히 마음속으로 연습했던 사람들이 같은 수준으로 실력이 향상되었다(뇌 스캔을 통해 측정된 신경회로의 양이 같았음). 한 집단은 피아노 연주하는 것을 보고 기억한 다음 마음속으로만 같은 시간 동안 연습했다. 그들은 생각만으로 뇌의 물리적 구성을 바꾸었다. 또 다른 예로 배우가 슬픔과 행복이란 감정을 끌어내는 동안 뇌의 일부에서 세로토닌(5-HT) 변화가 감지되었다. 즉 사람들은 삶에서 감정이 충만했던 사건을 회상하고 재현하라는 요청을 받을 때 실제로 사건이 일어났던 당시와 동일한 뇌 영역을 활성화시키는 것으로 드러났다. 이러한 사실을 통해 뇌 과학자들이 회상으로 강렬한 감정 상태를 연구할 수 있다는 중요한 결과가 도출된다.[299]

298. 조 디스펜자, 『꿈을 이룬 사람들의 뇌』, 김재일 · 윤혜영 역, 한언, 2009, p. 55.
299. 마리오 뷰리가드, 앞의 책, pp. 256-257.

이상에서 살펴본 바대로, 신경정신의학자 제프리 슈워츠가 실시한 강박증 치료는 뇌를 재조정함으로써 정신이 뇌를 변화시킬 수 있다는 사실을 보여준다. 뷰리가드는 이와 유사한 사례로 뇌 영상술을 이용해 우울증 환자가 슬픈 생각에 대한 반응의 수위를 자발적으로 조절할 수 있다는 사실을 입증했다. 이러한 사례들을 통해 뷰리가드는 정신이 뇌를 통제할 수 있으며 "물질을 지배하는 정신 같은 것이 실제로 있다"고 주장했다. 인간은 의지력, 의식, 감정 등을 가지고 있을 뿐만 아니라 목적과 의의를 지각함으로써 삶의 변화를 일으킬 수 있는 것이다.

이와 함께 뷰리가드는 비환원론적 뇌과학으로 초심리 효과와 임사체험 사례를 다루고 있다. 초심리 현상은 초감각적 지각ESP, extrasensory perception과 염력ESP, extrasensory perception 같은 현상처럼 확실히 드러나는 효과가 크지 않음에도 불구하고 이를 부인하려는 노력은 실패했다고 지적한다.[300] 임사체험 또한 최근에 빈번하게 연구 대상이 되고 있는데, 심폐소

300. 초심리, 초심리학(parapsychology)이란 사람의 심령(psychic) 현상을 과학의 주제로 삼아 연구하는 분야이다. 심령이란 앞서 살펴봤듯이 마음속의 영혼, 즉 육체를 떠나서 존재한다고 생각되는 마음의 주체이다. 심령 현상이란 영혼에 의해 나타나는 신비하고 불가사의한 정신 현상이다.

초심리학에서 연구하는 심령 현상은 다섯 분야로 구분된다. 첫째 초감각적 지각(ESP, extrasensory perception)이다. 사람이 오감을 사용하지 않고 논리적 추론 없이 정보를 얻는 능력이다. ESP에는 텔레파시(telepathy), 투시(clairvoyance), 예지(precognition)의 세 종류가 있다. 텔레파시(정신감응)는 두 사람 이상의 마음 사이에 오감을 사용하지 않고 정보를 직접 교환하는 능력이다. 다른 사람의 마음으로부터 정보를 얻는 것이다. 투시는 마음으로 멀리 떨어진 곳의 물체나 사건에 관한 정보를 얻는 능력이다. 투시는 다른 말로 먼 곳 보기(remote viewing)라 한다. 투시는 사람이 아니라 무생물로부터 정보를 얻는다는 점이 텔레파시와 다르다.

텔레파시와 투시는 실시간으로 일어난다. 정보의 발생과 획득이 거의 동시에 이루어진다는 의미이다. 그러나 예지는 미래의 사건에 관한 정보를 사전에 인지하는 능력이다. 특히 타인의 정서를 미리 아는 능력을 예감(presentiment)이라 한다. 예지는 특정

생술의 발달로 예전보다 많은 사람들이 죽음에서 살아나 그러한 경험을 자세히 진술하고 있기 때문이다. 비환원론적 뇌과학은 임사체험자들이 직면한 난제를 의료진이 더 잘 이해할 수 있게 도울 수 있으며 초심리 효과를 증거에 기초해 다룰 방법론을 제공할 수 있다. 뿐만 아니라 과거에는 치료가 어려웠던 정신장애를 치료가 가능한 영역으로 편입시킬 수 있다.

뷰리가드는 "환원론자들이 인간됨의 본질에 관한 핵심 질문에 답하지 못하고 있다"면서 "그들은 정신과 의식, 자유의지가 불러일으키는 망상, 그

의 사건을 알게 되므로 투시와 유사함과 동시에 타인의 정서를 경험하므로 텔레파시처럼 보인다. 요컨대 ESP는 텔레파시, 투시 또는 예지에 의하여 정보를 획득하는 심령능력이다.

초심리학에서 연구하는 두 번째 심령 능력은 염력(ESP, extrasensory perception)이다. 사람이 육체적 힘을 사용하지 않고 마음만으로 물체, 사건 또는 사람을 움직이는 능력이다. 매크로 염력(macro-PK)과 마이크로 염력(micro-PK)의 두 종류가 있다. 매크로 염력은 숟가락을 구부리는 것처럼 큰 물체에 작용하는 염력인 반면에 마이크로 염력은 전자장치를 사용하여 마음으로 원자에 영향을 미치는 능력이다. PK와 ESP로 나타나는 현상을 통틀어 '사이(psi)'라 한다. 사이는 본래 그리스어 알파벳의 스물셋째 글자(Ψ)이다. 사이라는 용어가 새삼스럽게 출현한 까닭은 ESP와 PK가 초심리학의 핵심 주제이기 때문이다.

초심리학의 나머지 세 분야는 사이현상보다 과학적 설명이 쉽지 않은 심령현상들이다. 첫째 사람의 유령 또는 귀신이 나타나는 현상이다. 시끄러운 소리를 내는 장난꾸러기 유령인 폴터가이스트(poltergeist), 특정 장소에 주기적으로 유령이 출몰하는 현상(haunting) 등의 연구도 포함된다. 초기의 심령연구가들은 유령을 사람이 죽은 뒤에도 영혼이 살아있음을 보여주는 증거라고 생각했기 때문에 초심리학의 연구대상에 포함시켰다.

둘째 임사체험(NDE, near-death experience)이다. 임사체험은 초심리학과 의학의 경계에 있는 분야이다. 종종 임사체험과 함께 일어나는 현상인 체외이탈 경험(OBE, out-of-body experience)도 연구대상이다. 체외이탈 경험은 육체와는 별개의 것으로 믿어진 영체(astral body)가 육체로부터 분리되는 것을 경험하는 현상이다. 요컨대 체외이탈 경험은 마음이 육체로부터 분리 가능함을 암시하므로 초심리학의 관심사가 된다. 이인식, 『과학동아』, 동아사이언스, 1999년 1월호.

리고 영성의 무용성이나 위험에 대해 지나치게 확신한다"고 지적했다. 20세기 중반에 많은 전문가들은 영성이 서서히, 확실히 사라질 것이라고 예측했다. 물질적으로 풍요로우면 사람들은 더는 신을 생각하지 않을 것이라고 했다. 그러나 오늘날 영성은 더 다양해졌고 전 세계로 확산되고 있다. 그리고 무엇보다 중요한 것은 영성을 연구하고 싶은 인간의 호기심도 더욱 강해지고 있다. 영성을 과학적으로 연구하는 방법으로 뷰리가드는 오랜 세월 무시되었지만 항상 우리 곁을 지키고 있는 비환원론적 유산을 재발견하는 것을 제안했다. 앞서 살펴본 존 에클스를 비롯한 이븐 알렉산더, 카렌 샤노어, 찰스 쉐링턴, 와일더 펜필드 등과 같은 과학자들은 환원론자가 아니었고 그들의 주장에는 나름대로 타당한 이유가 있었다. 여기서는 카를 프리브람의 다음과 같은 말을 소개하는 것으로 이 문제에 대한 고찰을 일단 마무리 짓는다.

> "현 시대에는 인간의 영적인 본성과 조화를 꾀하는 과학이 가까운 과거의 기술적 과학이 했던 것보다 인간의 행복에 더 많은 기여를 할 것이다."[301]

301. 카렌 N. 샤노어 외, 『마음을 과학하다』, 변경옥 역, 나무심는사람, 2003, p. 25.

3 비환원론적 패러다임의 성공사례: 뇌교육[302]

여기서는 비환원적 패러다임의 성공적인 사례로 뇌교육을 거론하고자 한다. 뇌를 기반으로 한 학습과 관련된 분야에 대한 관심은 많은 융합학문을 낳았으며 그 대표적인 것이 앞서 살펴본 교육신경과학과 뇌교육이다. 뇌교육은 인간의 모든 활동의 근원을 뇌라고 전제하고, 뇌를 교육적 소재로 삼으며 체험학습을 통해 학습자의 총체적인 발달을 이루고자 하는 새로운 교육영역(신혜숙, 2006)으로 상상을 통해 뇌를 직접 체험하는 명상을 강조하고 있다(허정남, 2015).

뇌교육에서는 뇌에 어떤 조건을 주느냐에 따라, 몸의 생리적 변화와 감정의 변화 결과가 달라진다고 보고, 몸의 감각체험을 통해 뇌 기능을 활성화하고 뇌에 실질적인 변화를 일으키는 것을 목표로 한다. 이를 위해서 뇌를 운명의 대상으로 바라보고 뇌를 운영하는 원리인 뇌운영시스템(BOS)과 구체적 교육방법인 뇌교육 5단계를 제시하고 있다(이승헌, 2007). 뇌교육에서 무엇보다 중요시하는 몸의 감각 체험을 교육하는 방법으로는

302. 이승헌은 2016년 1월 18일 조선일보와 가진 인터뷰에서 "인간의 잠재력을 계발할 수 있는 가능성이 뇌교육에 있다"며 "뇌교육은 유아부터 노인층까지 누구나 배우는 기초적인 실용학문이 될 것"으로 전망했다. 두뇌 사용 설명서로 불리는 뇌교육을 익히면 학습, 건강, 행동, 성공 등 자신이 원하는 것을 쉽게 이룰 수 있다. 논자는 '명상 체험수련과 뇌교육 5단계 연구'를 통해 많은 사람들에게 뇌교육 정신의 뿌리인 '홍익인간'의 정신을 전하고자 한다. 홍익인간은 인간의 가치를 실현하는 정신이자 인류 평화를 이룰 수 있는 최고의 실천법 중 하나이다. 홍익인간은 또한 건강한 사람, 능력 있는 사람, 정서적으로 풍부하고 조화로운 사람, 창조적이고 영적인 사람, 그리고 양심적인 사람을 의미한다. 뇌교육 5단계의 최종 목표인 '뇌의 주인'도 크게 보면 홍익인간과 같은 의미로 쓰인 말이며, 양심을 기준으로 정보를 선택하고 활용하는 뇌의 주인이 곧 홍익인간인 것이다.

뇌체조, 호흡, 명상을 활용한 프로그램이 발달되어 있으며, 연구의 방향도 프로그램을 통한 실증적 효과 쪽으로 진행되고 있다(김주남, 2014; 박은주, 2006; 신현정, 2005; 오흥미, 2007; 추정인, 2014; 한정균, 2005).

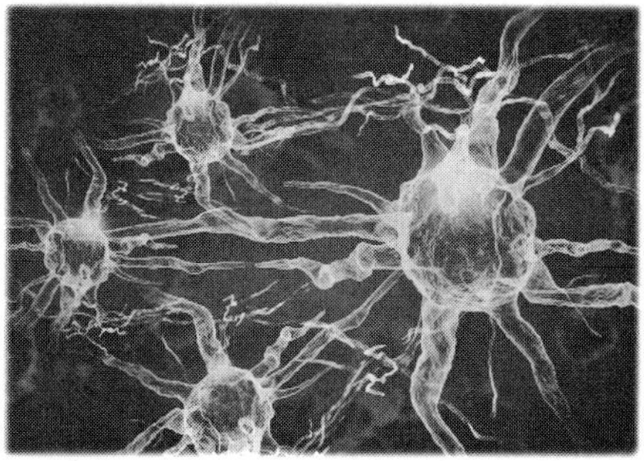

뇌교육은 뇌 기능을 활성화하고 뇌에 실질적인 변화를 일으키는 것을 목표로 한다.
http://www.livescience.com/images/i/000/077/175/original/brain-neurons.jpeg?1436411661

뇌교육의 핵심은 몸의 감각을 깨우는 것으로, 이 때 감각을 깨운다는 것은 새로운 감각 자극을 더하는 것이라기보다는 익숙한 감각 자극에 대한

https://i.ytimg.com/vi/VSkrGckDAds/maxresdefault.jpg

감도를 높이는 것이라고 할 수 있다(이승헌, 2010). 즉, 뇌교육은 오감을 통해 감각을 예민하게 하고 예민하게 된 감각을 통해 뇌 속에 있는 정보들까지 인식할 수 있는 수준에 이르게 하여, 궁극적으로는 뇌 속의 정보를 잘 관찰할 수 있는 능력을 계발하여 이들 정보를 선택하고 조절함으로써 인지적 구조를 개인이 의도하는 바대로 재구성하는 것을 목표로 한다. 이는 메타인지적 관점을 극대화시킴으로서 뇌 속에 있는 정보를 자신이 직접 인식하고 조절하고 운영할 수 있게 한다는 측면에서 볼 때, 지금까지 어떤 교육이나 교수법에서도 찾아볼 수 없는 새로운 패러다임의 정보처리 기술이라고 할 수 있다. 뇌교육 수련의 이러한 관점들은 뇌과학의 발전과 더불어 점차 그 타당성이 입증될 뿐만 아니라 생각과 사고를 규제하여 삶을 제어하기 위한 수단으로 점차 확산되는 추세에 있다(오미경, 2011).

뇌교육은 '건강, 행복, 평화'라는 가치를 지향하는 목적성을 지닌 학문이다. 이승헌(2006)에 의하면 뇌교육은 인간의 모든 정보체계와 기능을 총괄하는 뇌를 교육하여 뇌가 가진 최고의 가치를 실현하는 개인적 차원의 목적과, 생산적이고 창조적이며 평화로운 인재, 즉 홍익인간을 양성하여 인류평화를 실현하는 사회적 차원의 목적이 있다. 이와 같이 뇌교육은 한 개인의 뇌에서 출발하여 내적인 의식의 확장을 통해 개인의 차원과 전체 의식을 연결하는 데 목표를 두고 있는 것이다(하태민, 2008).

1) 심리치료로서의 뇌교육

뇌교육 수련의 심리치료적 요소에 관한 연구에 의하면, 뇌교육 수련이 현대 심리치료와 다른 점은 궁극적으로 순수무의식의 자각을 통해 시간과

심리치료
http://www.panic119.pe.kr/newfile3.html

공간에 갇혀있는 현상적 자아로부터 자유로워지기를 갈구한다는 점이다. 매슬로Abraham Maslow가 지적했듯이 개인의 성장은 자아실현을 넘어 더 큰 자아로 나아간다는 사실을 감안할 때 개인 속에 내재하는 자기초월의 욕구는 심리치료에서 또 다른 관심사가 아닐 수 없다.

뇌교육 수련은 인간 특성의 세 가지 요소인 신체, 정서, 인지의 상호 역동적인 과정을 강조하며 건강, 행복, 평화를 창조하는 전인적인 인간의 성장을 목적으로 한다.

뇌교육 명상 수련자들은 온 우주가 하나로 연결되는 느낌을 받는다고 보고한다.
http://cfile30.uf.tistory.com/image/210B4D4751BF351502BDD9

뇌교육은 뇌가 가진 최고의 가치를 실현함으로써 완전한 건강, 행복, 평화를 이루는데 관심을 가진다. 이것을 개인차원의 목표라고 한다면, 전체 차원의 목표는 뇌교육으로 양심 밝은 홍익인간을 양성해 인류 평화를 이루는 것이다. 실제로 뇌교육 명상 수련자들은 온 우주가 하나로 연결되는 느낌을 받는다고 보고한다. 자아와 비자아와의 경계가 희미해지면 개인은 타인과 더 잘 융화할 수 있으며 사랑할 수 있는 능력이 향상될 뿐 아니라 한정된 자아경계를 망각하고 타인과 깊이 공감할 수 있는 능력을 보인다. 이러한 관점에서 볼 때 뇌교육은 자신의 문제를 해결하여 현실에 적응하고자 하는 데에 초점을 둔 심리치료적 맥락을 넘어선다고 볼 수 있다(오미경, 2011).

2) 인성교육의 새로운 패러다임으로서의 뇌교육

뇌교육적 관점의 인성교육을 적용한 사례에 대한 연구에 의하면, 뇌교육적 관점의 인성교육은 올바른 습관 및 가치관 형성, 자기주도적인 정서조절, 자아존중감 및 대인관계 향상, 자아정체감 정립 및 도덕성 발달 등 인성교육과 관련하여 국내외 수많은 교육현장에서 큰 성과를 거두고 있어 인성교육의 새로운 대안이 될 수 있다. 뇌교육적 관점의 인성교육은 학습자들의 삶 속에서 근본적인 의식 변화를 가져오는 것은 물론, 몸과

해피스쿨 캠페인은 다양한 뇌교육 인성프로그램을 통해서 학생들의 뇌활용을 증진시킴으로써 학습력 향상, 감정조절 등의 인성교육에 큰 성과를 거두었다.
http://www.smokefreealberta.com/uploads/images/cute-happy-school-girls.jpg

마음, 정신이 일치된 인격 형성을 추구함으로써 전인교육을 실천하는 데 크게 기여할 것으로 사료된다(신재한, 2015).

뇌교육적 관점의 인성교육을 적용한 사례는 국내 600여개 학교(2014년 9월 기준)에서 실시한 '해피스쿨' 캠페인을 중심으로 소개할 수 있다. 해피스쿨 캠페인은 다양한 뇌교육 인성프로그램을 통해서 학생들의 뇌활용을 증진시킴으로써 학습력 향상, 감정조절 등의 인성교육에 큰 성과를 거두었다. 특히 해피스쿨 캠페인을 실시하고 있는 학교에서는 뇌체조, 에너지 집중명상, 뇌파진동, HSP Gym 등 뇌과학에 기반한 체험활동을 통해서 뇌교육적 관점의 인성교육을 실시했다. 해피스쿨 캠페인을 적용한 A초등학교와 B중학교 사례를 중심으로 뇌교육적 관점의 인성교육의 효과를 보면, 학생들은 자기 뇌를 믿고 쓰는 법을 알게 되었고, 감정을 조절하고, 자신을 긍정하는 법을 배우게 되었다. 특히 자신의 가능성을 발견하고 잠재력을 계발하는 것은 물론, 긍정적으로 자신을 믿고 사랑하는 법을 배우게 되면서 학습뿐만 아니라 인성 등 다방면에서 학생들의 태도가 변화했다(신재한, 2015).

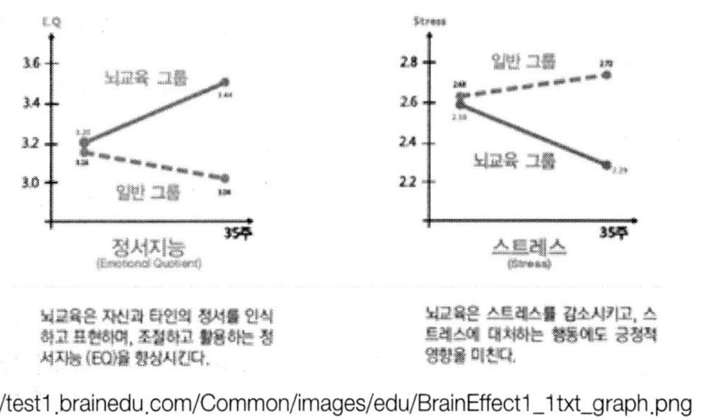

http://test1.brainedu.com/Common/images/edu/BrainEffect1_1txt_graph.png

3) 뇌교육의 뇌과학적 함의

뇌교육은 인간 안에 신성(神性)이 있다고 보는데, 그 근거를 〈삼일신고〉 중 하느님에 대한 가르침을 담은 〈신훈〉에 나오는 '자성구자 강재이뇌(自性求子 降在爾腦; 본성에서 하느님을 찾아라. 너희 뇌 속에 내려와 있다)'에서 찾는다.

신인합일
http://f.hatena.ne.jp/akatsuki-nishiyama/20090412203029

이승호는 "뇌교육이 제시하는 신성 개념 중 '생명'과 관련된 정의는 뇌과학과도 밀접한 연관이 있다"면서 "뇌교육의 신성 개념을 해부학적으로 뇌간의 생명현상과 연관 지어 이해할 수 있다"고 주장했다. 특히 그는 "뇌간의 생명현상(신성)을 느낄 수 있다"라는 신성 의식에 관한 뇌교육의 원리는 뇌과학에서 주장하는 느낌feeling과 공감empathy이라는 신경기제와 부합해 이해할 수 있다고 했다. 의식 연구에 있어 뇌교육은 뇌과학에 복잡 미묘한 함의를 지닌 것으로 사료된다.[303]

한국 전통 가르침에서 탄생한 뇌교육은, '강재이뇌(降在爾腦)'에서 '뇌를 알아야 한다'는 그 전제가 나왔으며, '자성구자(自性求子)'에서 누구나 자신의 몸을 통해 깨우칠 수 있는 뇌교육의 방법론을 찾았다. 뇌교육은 '무엇이든 자기 안에서 찾으라'는 한국 전통 가르침을 현대 뇌과학을 바탕으

303. 논자는 뇌교육의 신성 개념을 이승호 교수의 〈뇌철학 원론〉 강좌를 통해 접하게 되었고 그의 논문도 수차례 정독하면서 관심을 갖게 되었다. 뇌교육의 신성과 신인합일에 대한 본고에서의 언급은 전적으로 이승호 교수의 논문 〈뇌교육의 신성 개념과 신경과학적 접근을 통한 신성 인식에 관한 시론적 이해, 2014〉를 인용해 요약 정리한 것이다.

로 재현한 것이다.

뇌교육에서 하느님은 조화의 법칙으로 생명을 생성하게 하는 힘 속에 깃들어 존재하며 생명현상으로 드러난다고 한다. 생명현상은 조화의 법칙에 따라 드러나는데 이는 우주의 법칙으로 '율려(律呂)'라고 한다. 율려는 '생명의 자연스러운 흐름'을 의미하며 자율성autonomy에 따라 작용한다. 뇌과학적 입장에서 자율성이란 생명 활동의 항상성 유지에 필수적인 자율신경계의 속성으로 이해할 수 있다. 대부분의 뇌과학자들은 자율신경계의 운영을 조작하는 다른 존재를 상정하지 않는다. 뇌 속에 소형인간homunculus이 별도로 있어서 신경작용을 조절하는 것이 아니라 자율신경계는 스스로 조절하고 작동하기 때문에 자율성을 갖고 있는 것이다. 뇌과학과 마찬가지로, 뇌교육은 자율성 그 자체가 바로 율려이고 생명의 질서라고 정의하고 있으니 뇌 속의 소형인간과 같은 별도의 물질적 실재를 요청하지 않는다. 이승헌은 〈단학〉과 〈숨쉬는 평화학〉에서 뇌교육에서의 자율성을 율려, 조화의 법칙으로 정의하면서 하느님의 속성(신성)으로 설명한다. 신성은 모든 인간의 뇌 속에 내재하기에 가장 보편적인 생명현상이라고 했다.

'율려(律呂)'는 '생명의 자연스러운 흐름'을 의미하며 자율성(autonomy)에 따라 조절되고 작용한다.
http://az616578.vo.msecnd.net/files/2016/03/16/635936887514197551-729215297_A-God-of-Miracles.png

인간의 뇌를 3층으로 구분했을 때, 가장 왕성한 생명활동이 이루어지는 곳은 신경핵들의 집합체인 뇌간이다. 뇌간의 자율신경계에서 신경핵들이 전기·화학적 작용을 하고, 이에 영향을 받은 신경세포들은 피질에서 지도화되고 심적 표상을 일으킨다. 이러한 신경학적 작용에 의해 인식이 발생한다.

대뇌피질의 속성을 개체성으로 이해하는 뇌교육의 주장은 인식론적 관점에서 일면 타당하다고 할 수 있다. 인식은 인식 주체와 인식 대상이 있어야 성립한다. 이러한 의식은 지향성intentionality을 갖는 '~의 의식'이다. 〈의식과 본질〉의 작가 이즈쓰 도시히코는 이를 '표층의식'이라 하며, 표층의식은 사물의 본질을 말의 의미기능 지시를 파악하는 데서 일어나며 탈자적(脫自的) 내적 상태를 유발한다고 한다. 본원적 탈자성을 갖는 표층의식은 자신의 밖으로 미끄러져 나가게 되어 결국은 의식 내부가 없어져 공허하게 되고 샤르트르의 '구토'를 유발한다고 한다.

이에 반해 동양의 정신 전통은 인간을 구토에 빠트리지 않는 심층의식의 존재를 알고 있었다. 동양의 철인이란 심층의식이 열려 거기에 머무는 사람으로, 표층의식의 차원으로 나타나는 사물과 거기에 일어나는 여러 사태를 심층의식의 지평에 두고 그 견지에서 바라본다. 동양 전통에서 표층의식은 '~의 의식'이 아니라 무대상적·비지향적 '무'의식이며, 메타의식과 같은 것으로 이러한 의식을 체험적 사실로 인정한다.

지향성을 가진 표층의식은 의식의 작용인 노에시스noesis와 의식의 대상인 노에마noema 즉, 의식을 주체와 객체로 분절시키는 의식이다. 반면 심층의식은 순수한 노에시스, 즉 개별적 대상으로서의 노에마가 없는 개별성이 사라진 무분절한 의식 그 자체를 말한다. 도시히코는 의식이 바로 존재이며 이때를 의식의 제로 포인트 상태라고 한다. 뇌교육에서도 '의식의 0점' 상태를 진공의 자리이며 참된 비어 있음으로 표현하면서 아무것도 없는 상태와 구분한다. 뇌교육 방법론의 핵심은 바로 0점 의식의 회복에 있다.

요컨대 0점 의식의 회복은 지향성과 분절을 갖는 표층의식에서, 인식의 주체와 객체가 사라지고 궁극적 절대 주체로 일체화되는 것이다. 이때 인간은 자기 자신을 지향하지만, 대상화·객체화하지 않는다. 인간 본성에 대한 자각이 바로 하느님에 대한 인식이며 이때 하느님이 인간과 다른 존재가 아니라 하나임을 인식하게 된다. 뇌교육이 궁극적으로 추구하는 인식은 바로 '신과 하나되는 경험'이며 뇌교육은 그러한 인식의 메커니즘이 뇌에 있으며 이성이나 지성이 아닌 '체험'으로 인식된다고 한다. 신경신학자 앤드류 뉴버그는 "궁극적 실재와 하나 되는 신인합일의 체험에서는 '하나됨'이라는 '전체성'을 가진 의식이 나타나면서 자기 자신에 대한 감각이 사라지는 경험을 하게 된다"면서 "이를 뇌생리학적 측면에서 설명 가능하다"고 한다.

자율성은 자율신경에 의한 자연치유력으로 이해할 수 있고, 이러한 자율성과 전체성, 보편성을 갖고 생명활동을 유지하는 곳이 뇌간이다. 이러한 관점에서 뇌교육은 뇌간을 신성이 잠재된 곳으로 비유하며, 뇌간에 깃든 자연치유력이나 생명력의 활용을 뇌교육의 주요 방법론으로 제시한다.

원초적인 생명력이 깃든 뇌간을 활용하는 것은 뇌교육의 주 방법론이며, 뇌를 바르게 활용하기 위해서는 뇌간의 원초적인 생명력과 변연계의 감성, 대뇌피질의 창조성을 통합해야 한다. 이는 뇌교육 방법론인 뇌교육 4단계인 뇌 통합하기에 속하며 3층 뇌를 통합하기 위해서는 뇌간을 느낄 수 있어야 한다.

시겔(Siegel)은 "'나는 슬프다'와 '나는 슬픈 감정을 느낀다'라는 두 진술은 차이가 있다"면서 "'나는 슬프다'는 자기 자신을 제한하는 역할을 한다"고 했다. 반면 '나는 슬픈 감정을 느낀다'라는 표현은 감정에 소모되지 않고 그 감정을 인식하고 인정할 수 있음을 암시한다고 했다. 느낌feeling은 감정 그 자체를 자신으로 인식하지 않고 관찰자 입장에서 바라보게 한다. 뇌교육은 이를 '감정의 객관화'라고 하며 감정을 관찰함으로써 감정에서 자신을 분리할 수 있다고 본다.

'인간이 과연 형이상학적 존재를 인식할 수 있는가'라는 물음에 뇌교육은 '느낌을 통해 인식할 수 있다'고 답한다. 이는 인간이 인식론적 한계를 갖고 있다는 기존의 인식론적 주장에 다소 충격을 가하는 답일 수 있다. 뇌교육 방법론의 핵심인 '뇌간을 느낄 수 있다'와 뇌파진동에서 주장하는 뇌간에 잠재된 신성을 만나라는 것은 뇌과학적으로 열린 가능성의 명제가 된다. 뇌교육에 따르면 인간에게는 뇌간의 원초적이며 왕성한 생명력을 느낄 수 있는 메커니즘이 있는 것이다.

데카르트 이후, 정신과 물질이라는 이원성의 문제는 아직 해결되지 않은 아포리아aporia임에 틀림없다. 그렇기에 주류 뇌 과학자들이 정신을 뇌세포의 작용(물질)으로 환원시키고자 하는 유혹으로부터 벗어나기가 쉽지 않았다. 뇌교육은 정신과 물질 사이에 기(氣), 즉 에너지가 있어 이 둘을 연결시킨다고 본다. 뇌교육은 정신과 물질의 이원성을 기(氣)라는 존재를 더한 삼원성triad으로 극복한다. 정신과 물질이라는 이원적 상관성의 문제를 에너지를 느낌으로써 해결된다고 본다.

에너지는 물리학과 같은 분야에서 주로 다루어 왔기에 뇌과학 분야에서는 생소한 개념에 해당한다. 그렇기에 에너지의 느낌을 강조하는 뇌교육의 원리는 뇌과학적 해석의 한계를 노정하고 있다. 에너지에 대한 뇌과학적 정의가 있은 다음에야 뇌교육에서 주장하는 느낌에 대한 온전한 뇌과학적 해석을 시도할 수 있을 것이다. 하지만 분명한 것은, 인간의 감정은 몸과 떨어질 수 없는 관계성을 갖고 있다는 것이다. 뇌교육은 몸 수련이 바로 마음 수련이며, 마음 수련이 바로 몸 수련이 되는 것이기에, 멘탈헬스를 이루기 위해서 지식이 아니라 몸으로부터의 체험을 강조한다. 결국 의식을 변화시키는 것은 몸을 통해서도 가능한 것이다.[304]

304. 느낌에 대한 뇌의 신경기제가 갖는 또 하나의 해석 가능성은 고차원적 감정의 문제이다. 인간은 감정중추인 변연계에서 이루어지는 신경전달물질의 분비나 전기 흐름을 직접 지각할 수 없으며, 이런 전기화학적 작용을 감정으로만 느끼는 것이다. 이것이 확실하다면 변연계에서 일어나는 전기·화학적 작용을 직접 지각하지 못하고 감정으로 느끼듯, 뇌간의 신경작용을 감정과 유사한 느낌으로 인식하는 것은 아닐까? 이러한 느낌을 뇌교육에서는 '홍익', 불교에서는 '자비', 그리스도교에서는 '사랑', 유교에서는 '인(仁)'이라는 지고지순한 감정으로 개념화한 것인지도 모른다. 향후 이러한 관점은 뇌과학과 관련하여 뇌교육의 도덕론 정립에 기여할 수 있을 것이다. 이승호, 앞의 논문, p. 99.

V 결론

뇌과학은 인간의 사고, 행동, 정신을 지배하는 사령탑인 뇌의 비밀을 풀려는 학문이다. 뇌과학의 목표는 뇌의 해부학적 구조나 작동원리를 밝히는 것뿐 아니라 정신과 행동의 물리적 기초를 밝혀 궁극적으로는 인간의 정체성을 규명하는 데에 있다. 뇌과학은 노령화 사회에서 치매로 대표되는 수많은 신경계 퇴행성 질환의 병인을 규명해 국민 보건복지를 위해 기여할 수 있다. 또한 뇌과학 연구를 통하여 뇌 신경정보처리의 분자 메커니즘을 이해한다면, 뇌 기능을 모방한 반도체 칩chip과 같은 미래 산업혁명의 핵심기술을 개발하는 첩경을 이룰 것으로 예견된다. 이런 이유에서 뇌과학은 21세기를 이끄는 키워드이자 첨단과학의 최전선이라고 불린다.

그런데 이 첨단과학의 최전선이 긍정적인 측면만을 보여주는 것은 아니다. 신경교육학의 영역에서 논란이 되는 '신경신화', '개인의 정체성과 사생활 보호', '마음 = 뇌 환원론' 등에 대한 우려의 목소리가 적지 않다. 물론 뇌과학의 발달은 종교나 여타의 인문학에서 논의되던 의식 · 마음 · 영혼 등을 과학적 개념으로 이해하면서 예전에는 성스럽게만 여겼던 정신의 영역을 과학화시킨 긍정적인 측면이 있다. 하지만 이러한 측면의 이면에는 인간이해가 더욱 물질화되며 자아(자유의지, 주체성, 책임성)와 같은 인간이해의 알맹이가 사라져 '유물론적 인간관'이 득세할 것이라는 염려도 있다. 본고를 통해 이러한 염려의 전제들이 정당한 것인지, 뇌과학이 진지하게 고민해야 하는 사항들은 무엇인지 밝혀 보고자 했다.

이를 위해 먼저 뇌과학 연구가 어디까지 와있고, 또 어디로 가고 있는지를 점검해 본 뒤, 뇌 연구의 시대적 발전과 관점의 변화에 대해 고찰해 보았다. 기원전 5세기에 히포크라테스는 "모든 생각과 감각은 뇌가 지배한다"면서 대뇌피질을 영혼이 머무는 곳으로 보았던 반면, 17세기 데카르트는 송과체를 영혼의 자리로 지목했다. 현대에 들어와 뇌과학은 다양한 과학 분야의 접근기법을 사용하여 뇌의 기능을 총체적으로 연구하고 있으며, 특히 신경세포의 발견 이후 각 신경시스템의 분자수준에서부터 행동수준까지 광범위하고 상호 연계적인 관계를 체계적으로 연구하고 있다.

다음 장에서는 뇌과학 연구로 밝혀진 뇌의 메커니즘에 대한 연구 결과를 고찰해 보았다. 인체를 관리하고 외부의 자극들과 정보들을 인지하며 고도의 정신작용을 하는 뇌는 의식, 감각, 감정, 기억, 지능, 언어 등과 같은 다양한 기능들을 호르몬과 전기적 작용을 통해 수행한다. 본고에서는 현대 뇌과학이 이러한 작용에 대해서 어디까지 밝혀냈는지 알아보고자 했다. 호르몬, 전기적 작용, 의식, 감각, 감정, 기억과 같은 요소들은 세부적으로 고찰해 들어가면 끝이 없는 영역이므로 전체를 조망하는 안목으로 간략하게 고찰해 보았다.

그 다음에는 뇌과학의 의의와 고려사항을 의학적, 경제적, 사회문화적, 법적 측면에서 살펴본 뒤, 뇌인지과학을 비롯한 뇌의학, 뇌공학, 신경윤리학 등과 같은 뇌과학 주요 연구 분야들의 성과와 전망에 대해서 고찰해 보았다. 이와 같이 뇌과학이 부각되고 있는 것은, 단순히 뇌의 해부학적 구조나 생리학에 관심을 두기 때문이 아니라 뇌의 일정한 정신적 과정이 어떻게 기능하는지를 밝혀내고, 뇌의 활동유형과 정신적인 기능들이 인간의 특정 행위유형과 일정한 상관관계를 갖는다는 것을 보여주기 때문이다. 하지만 이러한 뇌과학 연구들이 뇌와 인간의 정신적 기능 및 행동을 이해하는 데 있어서 얼마나 정확하고 효과적인가 하는가에 대해서는 여전히 불확실성을 벗어나지 못하고 있다. 그러나 이제 겨우 30년이 채 안 되는 역사에도 불구하고 신경신학을 비롯한 다양한 학문 분야를 탄생시킨 뇌과학 연구의 공로는 인정할 만하다. 다양한 학문 분야들과 접목을 시도한 뇌과학은 인문사회과학과 자연과학의 연결을 지향하는 융합학문을 주도하는 디딤돌 역할을 담당할 것으로 보인다.

이어지는 장에서는 몸과 분리되어 독립적으로 존재하는 영혼을 부정하는 뇌과학적 인간관과 각기 고유한 영혼을 가진 영적 존재이자 주체적 존재로서의 신학적 인간관을 비교하면서 뇌과학적 인간관의 한계를 지적하고자 했다. 현재 우리는 뇌의 작용을 가장 낮은 수준인 뉴런의 수상돌기와 축색돌기, 시냅스에서부터 가장 높은 수준인 대뇌피질까지 모두 다 파악하고 있는 것은 아니다. 인간의 뇌에는 1천억 개가 넘는 뉴런이 있고 한 개의 뉴런은 수천 개의 시냅스로, 수천 개의 다른 뉴런과 정보를 교환하므로 총 시냅스의 수는 10^{14}~10^{15}개나 된다. 우주 전체의 별 수보다도 많을지도 모르는 시냅스의 작용과 뉴런의 움직임을 속속들이 이해하고 있는 것은 아니다.

물질적 뇌 환원론자들은 "뇌의 기계적 작용이 모든 판단을 내려놓고 의식은 나중에 그 결과를 통보 받기만 한다"면서 "'나'라는 주체라고 생각되는 의식은 단지 뇌 활동의 부산물로 생겨나는 어떤 현상"이라고 한다. 따라서 "인간의 '자유의지'는 환상이며 '자아'는 뇌 속의 유령에 불과하고 잠재의식이 오히려 의식을 지배한다"고 본다. 하지만 신학에서는 이와 전적으로 대치되는 자유의지적 인간관을 표방해 왔다. 신학적 인간관에 따르면 인간은 단순히 물질의 한 영역에 불과한 신경작용에 의한 존재가 아니라 하느님의 창조를 받은 영적 존재이다. 비록 불완전한 피조물이지만 기계적으로만 움직이는 존재가 아니라 결단할 수 있는 자유의지를 가진 존재이다.

과학자들이 실험적 뇌연구를 통해 뉴런의 수상돌기가 정보를 받아들여 세포체로 전하고, 여기서 신호가 발생해 축색돌기를 통해 축색종말로 전송되며 축색종말은 다시 다음 뉴런의 수상돌기와 연결되는 현상을 발견했을 뿐, 그것이 어떻게 '나'라는 의식을 만들어 자아 체험을 형성하는지, 뇌가 어떻게 의미를 창출하는지는 과학자들의 인식 범위를 벗어나는 것이다. 그러므로 의식과 자유의지, 나아가 영혼에 관한 문제는 뇌과학이 다룰 수 있는 범위를 넘어선 종교나 여타의 인문학 영역에 속하는 것으로 보여진다.

앞으로 뇌과학 연구에서 비환원론 패러다임이 나올 수 있기를 희망하면서 뷰리가드가 제안한 비환원론적 접근의 성공 사례를 소개했다. 그는 "비환원론적 접근 방법은 비옥하고 핵심적인 전통으로, 진퇴양난에 빠져 있는 환원론적 접근 방법보다 훨씬 탁월하게 증거를 설명할 수 있다"고 했다. 비환원론적 접근 방법은 환원론적 접근 방법으로는 설명이 불가능한 현상들을 설명할 수 있을 뿐만 아니라 실질적인 혜택과 치료 효과를 발생시킬 수 있다는 것이다. 뷰리가드의 깊은 분석과 직관적인 통찰력은 인간의 정신세계를 이해하는 새로운 시각을 제공하고 있다. 뷰리가드의 인간적인 양심과 연구 성과를 깊이 신뢰하는 논자는, 그가 시행한 수많은 실험들과 학문적 노력을 종합해 도달한 이러한 제안을 예사롭게 여기지 않는다. 논자 역시 학문적 지성을 동원한 결단과 인간적인 의지를 동원한 마음으로 동의하고 있기 때문이다.

논자는 인문학에 속하는 종교학을 전공한 사람이지만 종교의 주체인 인간이해에 큰 도움이 되는 뇌과학에도 관심과 시간을 투자해 왔다. 이 연구를 통해 다양한 문헌들을 고찰하여 뇌과학 연구의 현황과 성과를 살펴보고, 뇌과학적 의의와 한계를 탐색하고자 하였다.

참고문헌

국내 저서

강건일(2007), 『영혼의 세계』, 서울: 참과학.

______(2007), 『초자연의 세계』, 서울: 참과학.

공병호(20044), 『두뇌 가동률을 높여라』, 서울: 21세기북스.

김건열 외(2015) ,『의사들, 죽음을 말하다』, 서울: 허원미디어.

김미경(2002), 『뇌, 춤추는 미로』, 서울: 성우.

김용정(1996), 『과학과 철학』, 서울: 범양사.

김종성(20012), 『뇌에 관해 풀리지 않는 의문들』, 서울: 지호.

김호기 외 다수(2002), 『지식의 최전선: 정신작용의 메카, 뇌의 기능을 밝힌다』, 서울: 한길사.

도정일 · 최재천(2005) ,『대담-인문학과 자연과학이 만나다』, 서울: 휴머니스트.

대한총명학회(2003), 『공부가 쉬워지고 일이 즐거워지는 두뇌혁명』, 서울: 조선일보사.

류영주(2005), 『뇌와 마음』, 경산: 대구가톨릭대학교출판부.

______(2007), 『뇌과학에 의한 자기계발법(상)』, 경산: 대구가톨릭대학출판부.

______(2013), 『성공두뇌 만들기-성공한 사람들의 뇌 활용법』, 경산: 대구가톨릭대학출판부.

______(2014), 『인성교육』, 경산: 대구가톨릭대학 인간과영성연구소.

______(2015), 『재미있는 뇌 이야기 I』, 경산: 대구가톨릭대학 인간과영성연구소.

______(2015), 『재미있는 뇌 이야기 II』, 서울: 홍릉.

______(2015), 『사람의 참모습 I』, 경산: 대구가톨릭대학 인간과영성연구소.

______(2015), 『사람의 참모습 II』, 경산: 대구가톨릭대학 인간과영성연구소.

박만상(20014), 『한국인의 두뇌 개발 I; 총명한 두뇌 만들기』, 서울: 지식산업사.

______(19942), 『한국인의 두뇌 개발 II; 정상인과 기억력 개발』, 서울: 지식산업사.

박재갑 외(1993), 『인간생명과학』, 서울: 서울대학교출판부.

박찬웅(1998), 『뇌-학습과 기억의 구조』, 서울: 서울대학교출판부.

성영신 외 12인(2004), 『마음을 움직이는 뇌, 뇌를 움직이는 마음』, 서울: 해나무.
신경인문학회(2012), 『뇌과학, 경계를 넘다』, 서울: 바다출판사.
심상태(1989), 『인간; 신학적 인간학 입문』, 서울: 서광사.
이길용(2013), 『뇌과학과 종교연구』, 서울: 늘품플러스.
이승헌(2010), 『뇌교육원론』, 천안: 국제뇌교육종합대학원출판부.
임　혁(2002), 『인체: 부드러운 톱니바퀴』, 서울: 동아사이언스.
전헌호(1995), 『종교인류학 강의록』(미간행, 경산: 대구가톨릭대학).
______(2000), 『현대신학 강의록』(미간행, 경산: 대구가톨릭대학).
______(2000), 『영성신학 강의록』(미간행, 경산: 대구가톨릭대학).
______(2000), 『인간 그 전모』, 서울: 위즈앤비즈.
조용현(1996), 『정신은 어떻게 출현하는가?』, 서울: 서광사.
KBS 파노라마 〈신의 뇌〉 제작진(2015),『뇌, 신을 훔치다』, 서울: 인물과사상사.

번역서

가미카와 키요오(2000), 『뇌를 만들어낸 생물의 불가사의: 생명의 구조와 진화의 탐구』, 문만용 · 강신성 역, 서울: 아카데미서적.
다치바나 다카시(2004), 『뇌를 단련하다』, 이규원 역, 서울: 청어람미디어.
______________(1994), 『임사체험 상』, 윤대석 역, 서울: 청어람미디어.
______________(1994), 『임사체험 하』, 윤대석 역, 서울: 청어람미디어.
다케다 유타카(19947), 『자기개발법: 대뇌생리학에 의한 재능개조』, 오영근 역, 서울: 전파과학사.
오키 고스케(1996), 『뇌로부터 마음을 읽는다; 어떤 뇌 이야기』, 김수용 · 하종덕 역, 서울: 전파과학사.
하루야마 시게오(199744), 『뇌내혁명 1』, 반광식 역, 서울: 사람과책.
Alexander, Eben(2013), 『나는 천국을 보았다』, 고미라 역, 서울: 김영사.
Aristotle(2001), 『영혼에 관하여』, 유원기 역주, 서울: 궁리.
Aumann, Jordan(1991), 『가톨릭전통과 그리스도교 영성』, 이홍근 · 이영희 역, 왜관: 분도출판사.

Bear, Mark F · Connors, Barry W · Paradiso, Michael A(2009), 『신경과학』뇌의 탐구 제3판, 강봉균 외 22명 역, 서울: 바이오메디북.

Beauregard, Mario 외(2010), 『신은 뇌 속에 갇히지 않는다』, 김영희 역, 서울: 21세기북스.

Carter, Rita(2010), 『뇌』, 장성준 역, 서울: 21세기북스.

Cohen, David(2004), 『마음의 비밀』, 원재길 역, 서울: 문학동네.

Coreth, Emerich(1986), 『철학적 인간학』, 진교훈 역, 서울: 종로서적.

Dispenza, Joe(2009), 『꿈을 이룬 사람들의 뇌』, 김재일 · 윤혜영 역, 서울: 한언.

Duweke, Peter(2005), 『두뇌의 비밀을 찾아서; 데카르트에서 에클리스까지』, 이미옥 역, 서울: 모티브북.

Dürr, Hans Peter외 4인(2000), 『신, 인간 그리고 과학』, 여상훈 역, 서울: 시유시.

Eccles, John C(1998), 『뇌의 진화: 자아의 창조』, 박찬웅 역, 서울: 민음사.

Fischer, Ernst Peter(2005), 『인간; 사람이 알아야 할 모든 것』, 박규호 역, 서울: 들녘.

Ganten, Detlev 외 2인(2005), 『지식; 생명 + 자연 + 과학의 모든 것』, 인성기 역, 서울: 이끌리오.

Gazzaniga, Michael S(2011), 『뇌로부터의 자유』, 박인균 역, 서울: 추수밭.

____________________(2009), 『윤리적 뇌』, 김효은 역, 서울: 바다출판사.

Gleitman, Henry(1989), 『일반심리학』, 임능빈 외 7인 역, 서울: 교육과학사.

Greenfield, Susan(2004), 『브레인 스토리』, 정병선 역, 서울: 지호.

Hagerty, Barbara(2013), 『신의 흔적을 찾아서』, 홍지수 역, 서울: 김영사.

Haught, John F(2004), 『신과 진화에 관한 101가지 질문』, 신재식 역, 서울: 지성사.

Hirschberger, Johannes(1996), 『서양철학사(上, 下)』, 강성위 역, 서울: 이문출판사.

Hubert, Martin(2007), 『의식의 재발견』, 원석영 역, 서울: 프로네시스.

Kauffman, Stuart(2012), 『다시 만들어진 신』, 김명남 역, 서울: 사이언스북스.

LeDoux, Joseph(2005), 『시냅스와 자아; 신경세포의 연결 방식이 어떻게 자아를 결정하는가?』, 강봉균 역, 서울: 소소.

McKhann, Guy · Albert, Marilyn(2004), 『젊은 뇌를 지녀라』, 박동수 역, 서울:

시그마프레스.
Mithen, Steven(2001), 『마음의 역사』, 윤소영 역, 서울: 영림카디널.
Nelson, Kevin(2013), 『뇌의 가장 깊숙한 곳』, 전대호 역, 서울: 해나무.
Noe, Alva(2009), 『뇌과학의 함정』, 김미선 역, 서울: 갤리온.
Peursen, Cornelis Anthonie van(19894), 『철학적 인간학 입문; 몸 · 영혼 · 정신』, 손봉호 · 강영안 역, 서울: 서광사.
Pinker, Steven(2004), 『빈 서판』, 김한영 역, 서울: 사이언스북스.
Quartz, S. R · Sejnowzki, T. J(2002), 『거짓말쟁이, 연인, 그리고 영웅; '우리는 누구인가' 에 대한 뇌과학의 대답』, 최장욱 역, 서울: 소소.
Rees, David A(2010), 『새로운 뇌과학』, 김재영 외 역, 서울: 한울.
Restak, Richard(2004), 『새로운 뇌』, 임종원 역, 서울: 휘슬러.
Ross, Elisabethkubler(2014), 『인생수업』, 류시화 역, 서울: 이레.
Sasso, G. Dal · Cogi, R(1993), 『성 토마스 데 아퀴노의 신학대전 요약』, 이재룡 · 이동익 · 조규만 역, 서울: 가톨릭대학교출판부.
Schacter, Daniel L · Scarry, Elaine(2004), 『뇌와 기억 그리고 신념의 형성』, 권준수외 11인 역, 서울: 시그마프레스.
Scott, Alwyn(2001), 『마음에 이르는 계단: 새로운 의식의 과학에 대한 논쟁』, 안창림 · 백은경 역, 서울: 이화여자대학교출판부.
Shanor, Karen Nesbitt(2004), 『마음을 과학한다』, 변경옥 역, 서울: 나무심는 사람.
Strange, Christopher M(2013), 『손안의 브레인』, 곽영직 역, 서울: Gbrain.
Trace, Rebecca(2004), 『생각하는 뇌』, 윤소영 역, 서울: 대교출판.
Tiger, Lionel(2012), 『신의 뇌』, 김상우 역, 서울: 와이즈북.
Wade, Nicholas(1996), 『그림으로 만나는 심리학 세계』, 이상훈 · 이병택 역, 서울: 새길.
Wallace, Robert A 외(19988), 『생물학; 생명의 과학』, 이광웅 외 7인 역, 서울: 을유문화사.
Weismayer, Josef(1996), 『넉넉함 가운데서의 삶; 그리스도교 영성의 역사와 신학』, 전헌호 역, 왜관: 분도출판사.

국외 저서

Damasio, Antonio R(2004), Descartes' Irrtum; Fühlen, Denken und das menschliche Gehirn, Ullstein Buchverlag GmbH, München.

Edelman, Gerald M. · Tononi, Giulio(2004), Gehirn und Geist; Wie aus Materie Bewusstsein entsteht, Deutscher Taschenbuch Verlag(München).

Grün, Anselm(1998), Die eigene Freude wiederfinden, Stuttgart.

____________(1995), Selbstwert entwickeln - Ohnmacht meistern, Kreuz Verlag.

Habermas, Gary R. · Moreland, J. P(1998), Beyond Death: Exploring the Evidence for Immortality (Wheaton: Crossway Books).

Kempen, Thomas(1987), Die Nachfolge Christi, Übersetzt und herausgegeben von Wendelin Mezer OFM, Butzon & Bercker Kevelaer Verlag.

McGinn, Colin(1999), The Mysterious Flame: consciousness Minds in a Material World (New York: Basic Books).

Moody, Raymond A(1975), Life After Life (Atlanta: Mockingbird Books).

Moreland, J. P(1987), Scaling the Secular City: A Defense of Christianity. (Grand Rapids: Baker Book).

______________(1997), Love Your God with Your Mind (Colorado Springs: NavPress).

______________(2002), What Is The Soul: Recovering Human Personhood in a Scientific Age (Norcross: RZIM).

Nagel, Thomas(2012), Mind & Cosmos: Why the Materialist Neo-Darwinian Conception of Nature Is Almost Certainly False (New York: Oxford University Press).

Newberg, Andrew · d′Aquili, Eugene · Rause, Vince(2003), Der gedachte Gott; Wie Glaube im Gehirn entsteht, Piper(München · Zürich).

Libet, Benjamin(2005), Mind Time; Wie das Gehirn Bewusstsein produziert, Suhrkamp Verlag Frankgurt am Main.

Roth, Gerhard(1997), Das Gehirn und seine Wirklichkeit; Kognitive Neurobiologie und ihre philosophischen Konsequenzen, Suhrkamp Verlag Frankgurt am Main.

______________(2003), Gerhard Roth, Fühlen, Denken, Handeln; Wie das Gehirn unser Verhalten steuert, Suhrkamp Verlag Frankgurt am Main.

Sales, Francois(1995), Philothea; Einführung in das Leben aus christlichem Glauben, Franz-Sales-Verlag, Eichstätt und Wien.

Schilson, A(1986), Perspektiven theologischer Erneuerung: Studien zum Werk Romano Guardinis, Patmos Verlag, Düsseldorf.

Weismayer, Josef(1983), Leben in Fülle; Zur Geschichte und Theologie christlicher Spiritualität, Innsbruck.

논문

강문균(2014), 신경신학과 바울의 소명사화, 서울신학대학교 신학대학원, 석사학위논문.

강봉균(2001), 우리나라의 뇌과학 연구현황과 문제점, 한국과학기술정보연구원(KISTI), 과학과 기술(한국과학기술단체총연합회) 제34권 5호.

김경진(2001), 주요 선진국의 뇌과학 연구현황과 전망, 한국과학기술정보연구원(KISTI), 과학과 기술(한국과학기술단체총연합회) 제34권 5호.

김성일(2006), 뇌기반 학습과학, 인지과학, 제17권 4호.

______(2011), 동기에 대한 신경교육학적 접근, 한국교육심리학회, 교육심리연구 제25권 1호.

김은준(2001), MRI 이용 뇌기능 실시간대 관찰 가능, 뇌구조 변화없이도 기능은 움직이는 섬, 한국과학기술정보연구원(KISTI), 과학과 기술(한국과학기술단체총연합회) 제34권 5호.

______(2002), Shank 유전자 도입을 이용한 smart mice 생산, 한국연구재단, [NRF] 특정연구개발사업/원자력연구개발사업 학술기사.

______(2008), 뇌신경 작용의 기본 단위 '시냅스', 한국과학기술정보연구원 (KISTI), 과학과 기술(한국과학기술단체총연합회) 제41권 11호.

김주남(2014), 뇌교육 인성프로그램이 초등학생의 자아존중감, 자아효능감, 정서 조절능력에 미치는 영향, 박사학위논문, 국제뇌교육종합대학원대학교.

김학진(2009), 인지뇌과학적 연구의 소개, 정보과학회지 제27권 4호.

김효은(2011), 보는 것이 다가 아닌 이유: 뇌신경과학의 응용에 관한 과학철학적 조망, 철학과 현실 2011 봄호.

박명룡(2015), 인간의 영혼은 과연 존재하나요?, 제4회 기독교변증컨퍼런스, '죽음 후에도 삶이 존재하는가?'

박은주(2006), 뇌호흡 프로그램이 학업적 동기와 자기조절에 미치는 영향, 석사학위논문, 서강대학교 교육대학원.

박일준(2013), 뇌의 종교적 경험에 대한 신학적 고찰, 종교연구 제71집, 한국종교학회.

백정희(2015), 뇌운영시스템(BOS)의 척도개발연구, 박사학위논문, 국제뇌교육종합대학원대학교.

서유헌(2001), 뇌과학이란 무엇인가, 한국과학기술정보연구원(KISTI), 과학과 기술(한국과학기술단체총연합회) 제34권 5호.

석영중(2013), 신경신학과 도스토예프스키, 슬라브학보 제28권 4호.

손정우 외(2013), 신경미학이란 무엇인가?: 정신의학에서의 새로운 패러다임, Korean Neuropsychiatric Association.

신재한(2015), 뇌교육적 관점의 인성교육 방안 탐색, 뇌교육연구 제2권 0호.

신현정(2004), 뇌호흡지감이 중학생의 주의산만도에 미치는 영향, 석사학위논문, 국제뇌교육종합대학원대학교.

오미경(2011), 뇌교육 수련 활동의 심리치료적 요소에 관한 고찰, 뇌교육연구 제8권.

오재호(2005), 신경과학과 규범윤리학의 관련성 연구, 철학논총 제79권, 새한철학회.

오홍미(2007), 뇌교육인성프로그램이 고등학생의 자아정체감에 미치는 영향, 석사학위논문, 국제뇌교육종합대학원대학교.

이상헌(2009), 인간 뇌의 신경과학적 향상은 윤리적으로 잘못인가?, 서강대학교

철학연구소 논문집, 철학논집 제18집.

_____(2009), 신경윤리학의 등장과 쟁점들, 서강대학교 철학연구소 논문집, 철학논집 제19집.

이승헌(2006), 뇌교육의 미래와 비전, 뇌교육연구 제1권 1호.

이승호(2014), 뇌교육의 신성 개념과 신경과학적 접근을 통한 신성 인식에 관한 시론적 이해, 국제뇌교육종합대학원 국학연구원, 선도문화 제16권 0호.

이천무(2011), 뇌과학연구 동향 및 시사점, 과학기술 및 연구개발사업 동향브리프, 한국과학기술기획평가원.

전헌호(1986), GOTT SUCHEN IN ALLEN DINGEN; Eine Untersuchung über den Hauptgedanken der Spiritualität des Ignatius für das heutige Alltagsleben(Diplomarbeit, eingereicht an der katholisch-theologischen Fakultät der Universität Wien, Juni 1986).

_____(1990), SORGE UM DEN MENSCHEN; Romano Guardini als prophetischer Mahner in der Kirse moderner Technik und Kultur(Doktorarbeit, eingereicht an der katholisch-theologischen Fakultät der Universität Wien, April 1990).

정종진(2016), 학습에서 정서적 중요성에 대한 교육신경과학적 고찰, 뇌교육연구 제17권.

정현채(2014), 죽음, 또 하나의 시작, 영매들이 말하는 사후세계와 아이들이 기억하는 전생, 죽음 이후는 과연 알 수 없는 세계인가(2), 춘천: 한림대학교 생사학연구소.

_____(2014), 죽음, 또 하나의 시작, 죽음은 존재하지 않는다. 다른 차원으로의 이동이 있을 뿐. 근사체험의 의학적 연구(1), 춘천: 한림대학교 생사학연구소.

_____(2014), 죽음, 또 하나의 시작, 죽음을 체험한 사람들, 근사체험의 의학적 연구(2), 춘천: 한림대학교 생사학연구소.

추정인(2014), 학대피해 노인을 위한 뇌교육활용 용서프로그램 개발과 효과 연구, 박사학위논문, 국제뇌교육종합대학원대학교.

최훈석(2006), 사회심리학과 신경과학의 만남, 한국심리학회 연차 학술발표 논문집, 제1호.

탁희성 외(2012), 뇌과학의 발전과 형법적 패러다임 전환에 관한 연구(I), 형사정책연구원 연구총서, 한국형사정책연구원.

하태민(2008), 심리적 안녕감 향상을 위한 뇌교육프로그램 개발연구, 박사학위논문, 국제뇌교육종합대학원대학교.

한일조(2014), 교육신경과학의 윤리문제와 교육철학의 역할, 한국교육철학회, 교육철학 제52권 0호.

한정균(2005), 뇌호흡수련과 인지행동개입이 우울한 학생에게 미치는 효과, 석사학위논문, 충북대학교대학원.

허균(2001), 신경과학과 신학, 우원사상 논총 제10권, 강남대학교.

허정남(2015), 뇌교육을 통한 창의 · 인성 교육 운영 사례 및 실태 분석 연구, 석사학위논문, 한국교원대학교 교육정책전문대학원.

사전, 잡지 및 총서

『국어대사전』, 서울: 민중서림, 1990.

『공동번역 성서』, 서울: 대한 성서공회, 1990.

『성서백과대사전』8, 서울: 성서교재간행사, 1981.

『신약전서 새번역』, 서울: 대한성서공회. 1973.

『신약전서 개역버클레이역판』, 개역한글판, 서울: 대한성서공회, 1976.

『위키백과』, 인터넷 사전, 2016.

『제2차 바티칸 공의회 문헌』, 서울: 한국천주교중앙협의회, 1973.

『철학대사전』, 서울: 학원사, 1976.

『한국가톨릭대사전』, 서울: 한국교회사연구소, 2002

『한국세계대백과사전』3 · 14 · 16 · 24 · 25 · 27, 서울: 동서문화사, 1995.

『현학활용옥편』, 서울: 문지사, 1985.

『200주년 신약성서』, 200주년 신약성서 번역위원회, 왜관: 분도출판사, 1991.

Lexikon für Theologie und Kirche, Freiburg, 9, 1986.

Neue Jerusalemer Bibel, Einheitsübersetzung Mit dem Kommentar der Jerusalemer Bibel, Freiburg, Basel, Wien: Herder, 1980.

The Jerusalem Bible Standard Edition, London: Darton, Longman & Todd, 1966.

Theologische Realenzyklopädie Band 28, Walter de Gruyter Verlag, Berlin, New York, 1997.

『과학동아』, 동아사이언스, 1995. 9-10, 1999. 1-2, 1999, 5. 2000. 12, 2003. 10, 2004. 6, 2005. 3, 2009. 10, 2012. 10.

「경이로운 사람의 몸: 과학 상식 시리즈 3」, 『리더스 다이제스트』, 서울: 두산 동아, 19982.

「신비로운 정신의 세계: 현대인의 정신건강 가이드-과학 상식 시리즈 2」,『리더스 다이제스트』, 서울: 두산 동아, 19942.

가톨릭신문, 2000년 5월 7일자.

가톨릭신문, 2000년 6월 4일자.

가톨릭신문, 2000년 6월 11일자.

교수신문, 2000년 3월 27일자. 2004년 9월 10일자.

동아일보, 2001년 12월 26일자.

바른 중국뉴스-시사중국, 2012년 5월 17일자.

서울신문, 2011년 5월 17일자.

영남일보, 2010년 3월 9일자.

이화여대 대학저널, 2013년 4월 1일자.

조선일보, 2002년 11월 7일자. 2008년 8월 4일자. 2016년 3월 25일자.

주간조선, 2007년 9월 3일자.

중앙일보, 2001년 1월 17일자.

한겨레신문, 2003년 11월 7일자.

인터넷 검색

http://anatomy.yonsei.ac.kr/LWT/WA_Neurohistory.php.

http://blog.daum.net/judalm/7073435.

http://blog.daum.net/hwanyoungcha/1509.

http://blog.naver.com/PostView.nhn?blogId=jinlezza&logNo=220074123139.

http://cafe.daum.net/stalking21.

http://cafe.daum.net/neuream.

http://career1.tistory.com/10.

http://m.pub.chosun.com/mobile/news/view.asp?cate=C01&mcate=M1003&nNewsNumb=20160319808&nidx=19809.

http://scienceon.hani.co.kr/92516.

http://blog.naver.com/yoonh20/220237822678(수프림 마스터 텔레비전, 과학과 영성, 두뇌 속에서 신을 찾는 여정1~2, 캐나다 신경과학자 마리오 뷰리가드 박사).

The meanings and limitations of brain science in human understanding

The main purpose of this study is to consider the meanings and limitations of brain science in human understanding through the examination of remarkable achievement of brain science in recent decades. For this purpose, we basically examined the situations and prospects of brain science research, and the mechanism of the brain discovered by brain science research, generally looked into the main research fields of brain science and analyzed the brain science research materials about the problem of the brain and soul that the brain science had a significant role in attracting public attention. This study selected four research's subject on the basic foundation.

First one is by understanding about brain science situation, which is about looking for it's research situation by focusing on major industrialized nations, especially US and Japan, We are trying to find out the reason why the brain science is in the middle of centurial interest and why many other countries invest tons of money in brain science as national strategic industry.

Second one is by understanding about brain's mechanism (which is) have shown brain science research, we studied the various functions of the brain that control body parts, recognize external stimuli, informations and operate complex mental processes. Studying hormone, electric action, consciousness, sense, emotions and memory in detail didn't seem to come to an end, As a view of looking at the whole picture, we have generally considered about each part needed just to understand the human.

Third one is by studying about the meanings of brain science, we have considered about the meanings of brain science and the results of brain science's major research fields in medical, economical, sociocultural, legal aspect. The fields which have been considered exterior of brain science area are now one by one, trying to multidisciplinary approach by fusing with brain science.

Fourth one is by studying about human understanding of brain science and limitation, we have checked about human understanding through brain science research and human understanding through humanities. Brain science observes the human's mental operation that can be reverted to the brain's certain electrical, chemical state, Humanities, especially in the theological man of Christianity is claiming another opinion.

We are trying to examine situation and results of brain science research by considering various literatures through this research and search deep understanding about the meanings and limitations of brain science.

Keyword : brain, brain science, neuro-science, soul, neurotheology, human understanding, the meanings and limitations of brain science.

정가 20,000원

인간이해에서 뇌과학의 의의와 한계

2016년 12월 10일 초판 인쇄
2016년 12월 20일 초판 발행
저 자 : 류영주
발행자 : 우명찬 · 송 준
발행처 : 홍릉과학출판사
주 소 : 서울시 강북구 인수봉로 50길 10
01093
등 록 : 1976년 10월 21일 제5-66호
전 화 : (02) 999-2274~5, 903-7037
팩 스 : (02) 905-6729
e-mail: hongpub@hongpub.co.kr
http://www.hongpub.co.kr
ISBN: 979-11-5600-475-2

저자와의 협의하에 인지생략